U0623106

河道整治与防洪

主 编/昝 鹏 向晓华

副主编/张 雄 吴雨昕 陈燕萍

主 审/陈 昊

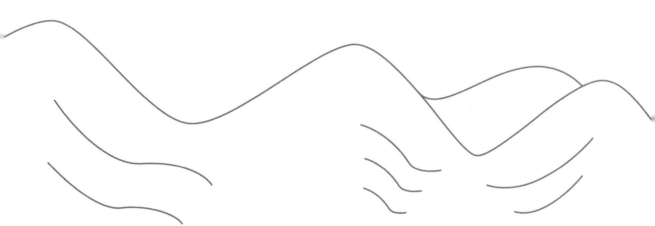

HEDAO ZHENGZHI
YU FANGHONG

重庆大学出版社

内容提要

本书根据高等职业教育教学改革的需要，面向高等职业院校水利水电建筑工程、水利工程、水利水电工程智能管理等专业，依据国家最新标准、新规范编写而成。本书共 11 章 50 节，主要包括绪论、河流和洪水、河流泥沙、河床演变、水库、堤防、分蓄洪工程、河道整治及建筑物、防洪非工程措施、防汛抢险、工程泥沙问题和治水记等内容。

本书可作为高等职业院校水利工程与管理类专业教材，也可作为相关工程技术人员和管理人员的参考用书。

图书在版编目(CIP)数据

河道整治与防洪 / 昝鹏，向晓华主编. -- 重庆：
重庆大学出版社，2025. 8. -- ISBN 978-7-5689-5455-6

Ⅰ. TV8

中国国家版本馆 CIP 数据核字第 2025U5M864 号

河道整治与防洪

主　编　昝　鹏　向晓华
副主编　张　雄　吴雨昕　陈燕萍
主　审　陈　昊
策划编辑：肖乾泉

责任编辑：姜　凤　　版式设计：肖乾泉
责任校对：关德强　　责任印制：赵　晟

*

重庆大学出版社出版发行
社址：重庆市沙坪坝区大学城西路 21 号
邮编：401331
电话：(023) 88617190　88617185（中小学）
传真：(023) 88617186　88617166
网址：http://www.cqup.com.cn
邮箱：fxk@ cqup.com.cn（营销中心）
全国新华书店经销
重庆巍承印务有限公司印刷

*

开本：787mm×1092mm　1/16　印张：15.25　字数：373 千
2025 年 8 月第 1 版　　2025 年 8 月第 1 次印刷
ISBN 978-7-5689-5455-6　定价：49.00 元

本书如有印刷、装订等质量问题，本社负责调换

版权所有，请勿擅自翻印和用本书
制作各类出版物及配套用书，违者必究

前言

2021 年 4 月 13 日，习近平总书记对职业教育工作作出重要指示强调，在全面建设社会主义现代化国家新征程中，职业教育前途广阔、大有可为。要坚持党的领导，坚持正确办学方向，坚持立德树人，优化职业教育类型定位，深化产教融合、校企合作，深入推进育人方式、办学模式、管理体制、保障机制改革，稳步发展职业本科教育，建设一批高水平职业院校和专业，推动职普融通，增强职业教育的适应性，加快构建现代职业教育体系，培养更多高素质技术技能人才、能工巧匠。各级党委和政府要加大制度创新、政策供给、投入力度，弘扬工匠精神，提高技术技能人才社会地位，为全面建设社会主义现代化国家、实现中华民族伟大复兴的中国梦提供有力人才和技能支撑。

遵循习近平总书记对职业教育工作的重要指示精神，按照《中华人民共和国教育法》《中华人民共和国职业教育法》《职业院校教材管理办法》《"十四五"职业教育规划教材建设实施方案》，本着"治水兴国、治水强国"的原则编写了本教材。

圣人之治，其枢在水。4000 多年前，大禹因势利导、疏堵结合的治水之道，福荫着中国几千年，福荫着灿烂的中华文明。盛世之治，其枢亦在水。如今的华夏大地，近 10 万座水库、5 万多条河流、180 个大型引调水工程，织就了一张绿色高效的国家水网。每天有近 15 亿 m^3 的清水，在神州大地有序调配、纵情流淌。中国以占全球 6% 的淡水资源，养育着全世界近 20% 的人口；40 万 km 骨干渠道，浇灌着 10.55 亿亩耕地，生产了全国 77% 的粮食和 90% 以上的经济作物。中国以有限的水资源，支撑着全世界最完备的工业体系。习近平总书记深刻指出："水是生存之本、文明之源，要想国泰民安、岁稔年丰，必须善于治水。"

治水必先治河，治河即治理河道、河道整治。河道整治是指通过一系列技术手段和管理措施，对河流、溪流、湖泊等水体进行保护、修复、改善，以确保水体的健康、生态系统的平衡以及周边环境的安全。河道整治不仅包括防洪抗灾，也涉及水质改善、生态恢复和可持续利用等多个方面。河道整治不仅是应对水灾、保护水资源和生态系统的重要手段，也是建设宜居环境、实现可持续发展的必要举措。随着人口增长和城市化进程的加速，河道整治的意义愈加突出，它涉及水资源保护、灾害预防、生态恢复以及社会经济等多个层面，是现代社会发展中的一项重要任务。

防洪抢险是指在洪水发生或即将发生时，为保护人民生命财产安全、减轻洪水灾害损失而采取的紧急应对措施。这些措施包括防止洪水漫延、疏散人员、加固防线、处理险情等一系列行动。防洪抢险不只是应急救援，也包括洪水预警、疏导等系统性应对措施。科学的防洪抢险，可以有效减轻洪水灾害的负面影响，保护人民的生命财产安全，促进经济恢复和社会稳定，同时也提升了社会的防灾减灾能力、生态环境保护和恢复水平。防洪抢险是社会可持续发展的重要组成部分，是应对日益频繁的极端天气和气候变化挑战的必要措施。

本书的编写工作由四川水利职业技术学院教师完成，由昝鹏承担主持编写工作，由四川省水利科学研究院教授级高级工程师陈昊担任主审。具体编写分工如下：绪论、第二章、第七章由昝鹏编写；第一章、第八章、第十一章由向晓华编写；第三章、第五章由张雄编写；第四章、第六章由吴雨昕编写；第九章、第十章由陈燕萍编写。本书中引用文献、资料较多，未在参考文献中逐一列出，在此表示衷心的感谢。本书中图片资源部分来自网络，视频资源主要来自央视、北京卫视、澎湃新闻、大象视频等，在此表示感谢。

由于编者水平有限，书中疏漏之处在所难免，敬请广大读者批评指正。

编　者

2024 年 10 月

目录
CONTENTS

绪　论

【学习任务】

了解我国河道整治发展情况及取得的成就；掌握河道整治的任务、必要性；掌握我国在河道整治上取得的成果及存在的不足；掌握河道整治体系及措施。

【课程导入】

从古至今，中华民族一直同洪水进行着艰苦卓绝的斗争。中华人民共和国成立以前，肆意妄为的洪水给中华民族造成了沉重的灾难和损失；中华人民共和国成立以后，经过70多年的建设和发展，基本上做到了"水旱从人"，基本实现了人与自然和谐共生。党的二十大报告中指出："中国式现代化是人与自然和谐共生的现代化。人与自然是生命共同体，无止境地向自然索取甚至破坏自然必然会遭到大自然的报复。我们坚持可持续发展，坚持节约优先、保护优先、自然恢复为主的方针，像保护眼睛一样保护自然和生态环境，坚定不移走生产发展、生活富裕、生态良好的文明发展道路，实现中华民族永续发展。"

一、河道整治的研究对象

河流与人类活动密切相关，人类可以在峡谷陡坡河段开发水利资源，也可以在具有一定水深的平顺河段发展航运事业。但自然状态下的天然河流，由于存在水量在时间和空间上的分布不均匀、泥沙冲淤不定、河道迁徙多变等问题，不仅不能满足人类活动日益增长的需要，还会带来严重的灾害。

在开发水利资源的过程中，水利工程的修建导致天然河道产生了新的问题，如水土流失，泥沙侵蚀、输移、沉积，水库淤积，坝下冲刷等。这些问题反过来又影响甚至威胁着水利工程的安全和使用寿命。因此，无论是天然河流，还是已开发利用的河流，均存在着河道整治的必要。

河道整治应在收集社会经济、水文气象、河床演变、地形地质、相关工程和其他基本资料的基础上，根据国民经济各部门对河道在防洪、河势控制、灌溉供水、航运、排涝、水力发电、文化景观、生态环境及岸线利用等方面的基本要求（图0.1），合理确定河道整治任务，进行河道水力计算和河床演变分析，确定河道整治设计标准，因势利导制定治导线，确定整治工程总体布置，以改善河道边界条件和水流流态，达到适应经济社会发展、保护生态环境、维护河流健康的需要。

图0.1　河道整治任务图

二、河道整治的必要性

我国幅员辽阔,江河众多,洪涝灾害频繁。全国约有35%的耕地、40%的人口和70%的工农业产值处于江河洪水位以下。全国每年的洪涝灾害直接损失少则几百亿元,多则几千亿元。

1950—1994年,我国大江大河发生大洪水的年份有:1954年(长江、淮河)、1956年(海河、淮河)、1963年(海河、淮河)、1985年(辽河)、1991年(淮河、太湖流域)、1994年(珠江)。上述年份中全国洪涝受灾面积均突破2亿亩(1亩=666.67平方米),成灾面积均突破1亿亩,分别是多年平均值的1.5~2.8倍。具体数据见表0.1。

表0.1　1950—1994年大江大河发生洪涝灾害受灾面积及成灾面积　　　　　单位:万亩

年份	受灾面积	成灾面积	备注
1950—1994年平均	13754	7811	缺1967—1969年资料
1954年	24197(1.8)	16958(2.2)	长江、淮河发大水
1956年	21566(1.6)	16358(2.1)	海河、淮河发大水
1963年	21107(1.5)	15719(2.0)	海河、淮河发大水
1985年	21296(1.5)	13424(1.7)	辽河发大水
1991年	36894(2.7)	21921(2.8)	淮河、太湖流域发大水
1994年	28288(2.1)	17234(2.2)	珠江发大水

注:括号中的数字为该年受灾面积和成灾面积是1950—1994年平均值的倍数。

1995年初至2023年底,我国大江大河发生大洪水的年份有:1996年(长江流域)、1998年(长江流域)、2010年(长江、黄河、淮河、辽河等)、2016年(西江、柳江等)、2017年(长江、黄河)、2023年(海河、松花江)。上述年份中全国洪涝灾害损失均超过2100亿元,其中,洪涝灾害损失金额最高的是2010年,达3745亿元;洪涝灾害损失占全国自然灾害损失百分比最高的是1995年,占比88.73%。具体数据见表0.2。

表 0.2 1995—2023 年洪涝灾害与自然灾害损失对比表 单位:亿元

年份	洪涝灾害损失	自然灾害总损失	占比（%）	主要发生流域（或河流）
1995	1653	1863	88.73	长江中下游、东北中南部、东南沿海
1996	2208	2882	76.61	长江、汉江、资水、柳江、海河
1997	930	1975	47.09	西江、北江、钱塘江
1998	2551	3007	84.84	长江流域、嫩江流域、松花江流域
1999	930	1960	47.45	长江中下游、洞庭湖、鄱阳湖、太湖、新安江等
2000	712	2045	34.82	淮河流域沙颍河和洪汝河、雅鲁藏布江支流年楚河
2001	623	1942	32.08	郁江、南丁河、大汶河、沱江、芒市大河等
2002	838	1717	48.81	长江中游干流、汉江支流、湘江
2003	1300	1884	69.00	黄河中游干流、渭河、汉江
2004	714	1602	44.57	长江流域、淮河支流、怒江、鸭绿江、楚河
2005	1662	2042	81.39	珠江、淮河、辽河流域、闽江
2006	1333	2528	52.73	北江干流、闽江流域、湘江中上游、淮河里下河
2007	1213	2363	51.33	淮河流域、长江中上游、珠江流域、闽浙沿海
2008	955	11752	8.13	珠江、滁河
2009	846	2524	33.52	长江上游、太湖、柳江、黄河上游、浙江鳌江等
2010	3745	5340	70.13	长江、黄河、淮河、西江、松花江、辽河、太湖等
2011	1301	3096	42.02	钱塘江干流、渠江、汉江、渭河
2012	2675	4186	63.90	长江干流、黄河干流、海河流域、拒马河、滦河等
2013	3145	5808	54.15	松花江、黑龙江、辽河流域、珠江流域
2014	1574	3374	46.65	北江支流、湘江支流、钱塘江中游、资水中游等
2015	1661	2704	61.43	湘江、赣江、昌江、闽江、资水、湘江支流等
2016	3661	5033	72.74	西江、柳江、北江、桂江、贺江、北流河等
2017	2143	3019	70.98	长江中下游、黄河支流
2018	1061	2645	40.11	金沙江、雅鲁藏布江
2019	715	3271	21.86	黑龙江、松花江
2020	1790	3702	48.35	长江中下游、黄河、淮河
2021	2459	3340	73.62	长江、汉江、黄河、海河南系
2022	1289	2387	54.00	珠江流域、北江、辽河
2023	2446	3455	70.80	海河、松花江

注:以上数据来自历年《全国洪涝灾情》或《全国洪涝灾情综述》。

洪涝灾害损失已成为制约国民经济和社会发展的重要因素。江河治理是我国 21 世纪防灾减灾的重要任务之一,也是解决水资源短缺问题的出路之一,直接关系到社会的安定和经济的可持续发展。

三、河道整治与防洪的发展

我国是最早开发利用水资源的文明古国之一,千百年来,中华民族同洪水进行了艰苦卓绝的长期斗争。远古时期,百姓遇到洪水只能采取消极的逃避措施而"择丘而居";崇伯鲧采用简单的堤埝把居住区和农田围护起来用以阻挡洪水;禹改变鲧的策略,采用比较积极的疏导方法"凿龙门,疏九河",以"疏""分"结合的方法希冀达到消除洪水灾害的目的。

春秋时期,黄河下游开始出现筑堤御水的现象。战国时期,黄河下游堤防已有相当规模。秦统一六国后,对堤防进行改造,改变了黄河洪水肆虐的状况,但却带来河床逐年淤高的新情况;到西汉时期,黄河已经成了"地上悬河"。西汉贾让提出的"治河三策";东汉王景采取"筑堤、理渠"的办法治水,使"河汴分流,复其旧迹";明代潘季驯总结前人的治河经验,创造性地提出"束水攻沙"的治河方略,对黄河治水治沙的实践及后代治黄都有着深远的影响。

中华人民共和国成立以来,进行了一系列大规模的防洪工程建设,建立健全了河道治理和防洪的管理机构,形成了完善的防洪体系,使我国抵御洪水灾害的能力得到极大提高。各主要江河基本上形成了以水库、堤防、蓄滞洪区或分洪河道为主体的拦、排、滞、分相结合的防洪工程体系,防洪非工程措施也得到了重视和加强。这些成就具体表现如下:

(一)水库和枢纽

截至 2023 年年底,全国已建成各类水库 94877 座,水库总库容 9999 亿 m³。其中,大型水库 836 座,总库容 8077 亿 m³;中型水库 4230 座,总库容 1210 亿 m³。

《2023年全国水利发展统计公报》

(二)堤防和水闸

截至 2023 年底,全国已建成 5 级及 5 级以上江河堤防 32.5 万 km,累计达标堤防 25.7 万 km,堤防达标率为 79.0%;其中 1 级、2 级达标堤防长度为 4.0 万 km,达标率为 88.3%。全国已建成江河堤防可保护人口 6.4 亿人,保护耕地 41874×10³ ha(1 ha=0.01 km²)。全国已建成流量为 5 m³/s 及以上的水闸共有 94460 座,其中大型水闸有 911 座。按水闸类型分,可分为分洪闸(7300 座)、排(退)水闸(16857 座)、挡潮闸(4522 座)、引水闸(12461 座)、节制闸(53320 座)。

(三)水土保持工程

截至 2023 年底,全国水土流失综合治理面积达 162.7 万 km²,目前,累计封禁治理保有面积达 32.5 万 km²。

(四)水文站网

截至 2023 年底,全国已建成各类水文测站 127035 处,包括国家基本水文站 3312 处、专用水文站 5169 处、水位站 20633 处、雨量站 56279 处、蒸发站 9 处、地下水站 26576 处、水质站 9187 处、墒情站 5809 处、试验站 61 处。目前，向县级以上水行政主管部门报送水文信息的各类水文测站共有 84921 处，其中可发布预报站 2575 处，可发布预警站 2729 处；配备在线测流系统的水文测站 3537 处，配备视频监控系统的水文测站 7379 处。基本建成由中央、流域、省级和地市级共 330 个水质监测（分）中心和水质站（断面）组成的水质监测体系。

（五）加强水利网信工作

截至 2023 年底，全国省级以上水利部门累计配置各类服务器 10495 台（套），形成存储能力 58.32 拍字节，存储各类信息资源总量达 6.37 拍字节；县级以上水利部门累计配置各类卫星设备 3766 台（套），利用北斗卫星短文传输报汛站达 10809 个，应急通信车 49 辆，集群通信终端 2827 个，宽、窄带单通信系统 464 套，无人机 3351 架。全国省级以上水利部门各类信息采集点达 60.35 万处，其中，水文、水资源、水土保持等信息采集点约 30.35 万个，大中型水库安全监测采集点约 30 万个。

四、河道整治与防洪存在的问题

中华人民共和国成立以来，我国的防洪设施建设虽已取得显著的成就，但仍存在以下弱点和问题。

①防洪标准与经济发展不适应。大江大河一般只能抵御常见的洪水，中小河流防洪标准更低。对于经济发展迅速的东南沿海地区，江河和海堤的防洪标准与经济发展不匹配。

②中小流域洪涝灾害突出。目前中小流域治理仍在实施中，中小流域洪涝灾害在未来一段时间内仍将持续存在且突出。

③河道行洪能力和湖泊调蓄能力普遍下降。河道滩区人为设障，盲目围垦湖泊洼地，与水争地，野蛮伐木毁林，破坏地表植被，造成水土流失，江、河、湖泥沙淤积严重。

④蓄滞洪区安全运用方面存在的问题。目前蓄滞洪区仍是发生大洪水时避免和降低洪水灾害的重要环节，但是蓄滞洪区人口密集和经济发展过快，增加了分洪运用的经济损失和安全撤离工作的难度。

⑤冬汛灾害突出。冬汛历来有之，如 1961 年的湖南冬汛、1991 年的淮河流域冬汛等；近期如 2015 年的冬汛，有 30 条河流水位超警戒线，76 县 85 万人受灾，直接经济损失多达 15 亿元，属历史罕见。全球气候变化的影响，极易导致冬汛灾害的产生。

⑥防洪非工程措施需继续加强。今后应抓紧气象与洪水预报及洪水调度工作，完善蓄滞洪区通信预警系统，制定城乡安全建设条例与蓄滞洪区管理法规，逐步施行防洪基金与防洪保险制度等。

五、河道整治与防洪新思路

以往的河道整治工程，大多是从人类自身需求出发去开发河流资源，力图使原先自然的、动态的、难以预测其演变发展方向的河流转变为静态的、可以预见的人工河流，以方便管理和最大限度地获取各种利益。许多工程措施在给人类带来发展的同时，也引发了许多严重后果。如河流水文活力消退，甚至造成断流；流域的自然风貌面目全非；湿地开发利用，蚕食蓄滞洪空间；水质污染，使生态环境和人类的生存环境受到严重威胁；河床逐年淤积抬升，堤防越修越高,洪水危害不断加剧等。为了减小这些消极影响又采取了新的工程措施,最终导致恶性循环。

人类在对河流的开发和管理进程中,越来越深刻地认识到对自然资源的索取与自然和谐相处的重要性。我国在1998年特大洪水之后,根据国情提出的一系列河道管理政策、河道整治措施和防洪减灾工作体系,协调人与自然的关系,正是传统河道整治管理模式和理念的转变。所谓河道整治与防洪减灾工作体系,就是由各种旨在减少灾害损失的工程措施和非工程措施组合而成,互相配合,达到防洪减灾的目的。防洪工程是通过改变自然环境来改变洪水特性、洪泛范围和淹没程度的工程建筑物,一般包括修建堤防、护岸、裁弯、稳定洲滩工程、蓄洪水库、分蓄洪区以及上游水土保持等多种措施。它们可以单独承担或与其他工程配合共同承担防洪任务。防洪非工程措施不是控制洪水,而是通过立法形式,对洪泛区的开发利用方式进行调整和控制,以减轻洪灾损失,节约防洪基建投资和工程管理维修费用。非工程措施涉及立法、政策、行政管理、经济、技术等各方面,包括分蓄洪区的管理运用和补偿、河道管理、洪水保险、洪水预报和警报系统、防御特大洪水预案等内容。它是一种遵循自然、适应自然、减少洪水损失的有效办法。

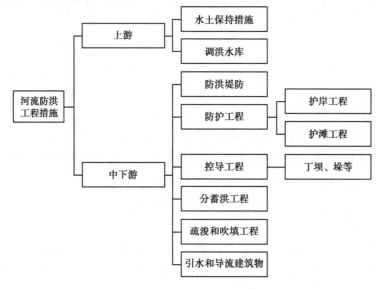

图0.2　河流防洪工程措施

1997年8月,在日本召开的世界河流会议上发表的《长良川宣言》,呼吁全世界人民从全球环境与流域可持续发展的更广阔的视角关注人类与流域的关系,为实现人类与环境和谐共处及流域的可持续发展而努力。《长良川宣言》是人类与洪水长期斗争实践经验的总结,也是人类与洪水斗争策略的战略性转变。洪水是一种自然现象,要完全消除洪水灾害是不可能的,一个防洪工程的设计标准,被下一次大洪水超过的概率是始终存在的。而且有不少工程在建设的同时,又往往给生态环境带来不良影响和严重后果,甚至会遭到大自然的惩罚。洪水灾害就是人类在开发江、河、湖、海、冲积平原的过程中,进入洪泛的高风险区而产生的问题。人类既要适当控制洪水,改造自然,又应该从无序的、无节制的与洪水争地以建设防洪工程体系为主的战略,转变为在防洪工程体系的基础上建成全面的、有序的防洪减灾工作体系,做到人与洪水和谐共处的战略。在江河发生常遇洪水和较大洪水时,防洪工程设施能有效运用,国家经济活动和社会活动不受影响,保持正常工作;在发生特大洪水时,除了保证防洪工程设施有效运用,还应有计划地让出一定数量的土地,为洪水提供足够的蓄泄空间,以免发生影响全局的毁灭性灾害,并将灾后救济和重建作为防洪工作的必要组成部分。

1998 年,中国水利学会泥沙专业委员会和中国地理学会地貌专业委员会,在宜昌联合召开"河床演变与河流地貌学术讨论会"。会议纪要指出:"河流水系是一个整体,不少经济建设部门对河流特性重视不够,特别对修建大型工程后对整个河系带来的深远影响,事先没有做出必要的研究和论证,往往强调局部受益,而对整体可能出现的问题估计不足,这种情况必须引起足够的重视"。因此,现代河道整治管理思路是把流域作为一个大的系统进行考虑,采取动态管理模式,利用高新信息监测技术和模拟技术,研究实施各项措施的可行性,并依据生态与社会的反应及时加以修正,使河道整治与防洪管理工作建立在更有效、更经济、更符合实际且风险更小的科学基础之上。

洪水具有巨大的危害性,但洪水也是一种资源,特别是对于我国北方地区来说,由于淡水资源严重短缺,降水量时空分布极不均匀,在这种情形下,洪水实际上是一种珍贵的淡水资源。如何正确认识和充分利用洪水的淡水属性,也是河道整治研究的方向之一。

六、我国河湖的基本情况

根据《第一次全国水利普查公报》,截至 2011 年 12 月 31 日,我国(未计港、澳、台)共有流域面积 50 万 km² 及以上的河流 45203 条,总长度为 150.85 万 km;流域面积 100 km² 及以上的河流 22909 条,总长度为 111.46 万 km;流域面积 1000 km² 及以上的河流 2221 条,总长度为 38.65 万 km;流域面积 10000 km² 及以上的河流 228 条,总长度为 13.25 万 km。

《第一次全国水利普查公报》

表 0.3　河流分流域数量汇总表

流域(区域)	流域面积			
	≥50 km²(条)	≥100 km²(条)	≥1000 km²(条)	≥10 000 km²(条)
黑龙江	5110	2428	224	36
辽河	1457	791	87	13
海河	2214	892	59	8
黄河流域	4157	2061	199	17
淮河	2483	1266	86	7
长江流域	10741	5276	464	45
浙闽诸河	1301	694	53	7
珠江	3345	1685	169	12
西南西北外流诸河区	5150	2467	267	30
内流区诸河	9245	5349	613	53
合计	45203	22909	2221	228

根据《第一次全国水利普查公报》,截至 2011 年 12 月 31 日,我国(未计港、澳、台)常年水面面积 1 km^2 及以上的湖泊 2865 个,水面总面积 7.80 万 km^2(不含跨国界湖泊境外面积)。其中,淡水湖 1594 个,咸水湖 945 个,盐湖 166 个,其他湖泊 160 个。

表 0.4　湖泊分流域数量汇总表

流域(区域)	流域面积			
	≥1 km^2(条)	≥10 km^2(条)	≥100 km^2(条)	≥1000 km^2(条)
黑龙江	496	68	7	2
辽河	58	1	0	0
海河	9	3	1	0
黄河流域	144	23	3	0
淮河	68	27	8	2
长江流域	805	142	21	3
浙闽诸河	9	0	0	0
珠江	18	7	1	0
西南西北外流诸河区	206	33	8	0
内流区诸河	1052	392	80	3
合计	2865	696	129	10

第一章　河流和洪水

【学习任务】

了解我国江河洪水的特点;掌握河流的基本知识及相关概念;掌握河道水力要素;掌握流域和水系基本知识与相关概念;掌握洪水基本知识与相关概念及洪水灾害。

【课程导入】

治理河流、改造河流,防止或减轻洪水给国民经济造成的影响,首先要充分认识河流、认识洪水,一切从河流和洪水实际出发,解决河流、洪水在防洪减灾中的实际问题。党的二十大报告指出:"我们必须坚持解放思想、实事求是、与时俱进、求真务实,一切从实际出发,着眼解决新时代改革开放和社会主义现代化建设的实际问题……作出符合中国实际的和时代要求的正确回答,得出符合客观规律的科学认识,形成与时俱进的理论成果,更好地指导中国实践。"

第一节　河流基本知识

河流是自然景观中的重要组成部分,河流的形成和发展会引起自然景观的变化。河流也是自然物质循环的重要通道,全世界河流每年向海洋输送数万立方千米的水量,数十亿吨泥沙和化学物质。河流对人类生存环境有着重大意义,人类通过对河流的开发和利用,不断改善生存环境,提高社会生活质量。河流也不时逞凶作恶、危害人类,如有时河水泛滥,决口成灾;有时淤滩碍航,隔断交通;严重时甚至出现断流,威胁人类社会经济发展和生态平衡。人类面对自然界的河流,一方面要研究河流的自然规律,设法让河流造福于人类;另一方面要顺应河性,善待河流,与河为友,与河长期和谐共存。

长江之源　　九曲黄河第一湾

一、河流的概念

河流是指在一定气候和地质条件下形成的天然泄水输沙通道。河道与河流是同义词,两者在使用时一般可互为通用。河流包括水流与河床两个部分。水流与河床相互依存、相互作用、相互促使其变化发展。水流塑造河床,适应河床,改造河床;河床约束水流,改变水流,受水流所改造。

天然河谷中被水流淹没的部分,称为河床或河槽(图1.1)。河谷是河流在长期流水作用下形成的狭长形凹地。水面与河床边界之间的区域称为过水断面,相应面积为过水断面面积,它随水位的涨落而变化。显然水位的高、低不同,过水断面面积的差异较大。

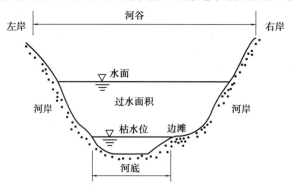

图1.1　河槽形态示意图

天然河道的河床,包括河底与河岸两个部分。河底是指河床的底部;河岸是指河床的两边。河底与河岸的划分以枯水位为界,以上为河岸,以下为河底。在从事河流的相关工作中,一般以左、右岸区分,即人面向河流下游,位于左手侧的河岸称为左岸,位于右手侧的河岸称为右岸。

二、河流的功能

河流的功能是多方面的,只是在不同的时空条件和社会需求的前提下,强调的侧面不同。一般来说,河流除具有行洪、排涝、航运、蓄水发电、供水灌溉等基本功能外,还有生态、环保、景观、亲水、休闲、旅游和辅线交通等其他扩展功能。

三、河流的分类

①按河流的归宿不同,可分为外流河和内流河(内陆河)。外流河最终流入海洋,内流河则注入封闭的湖沼,或消失于沙漠,不与海洋相通。

②按河流所在的地理位置不同,可分为南方河流和北方河流。南方河流水量丰沛,四季流水不断;而北方河流水量相对贫乏,年际、季际水量相差悬殊,有些河流在每逢枯水期便断流,成为季节性河流。

③按河水含沙量的大小不同,可分为少沙河流和多沙河流。少沙河流河水清澈,每立方米水中的泥沙含量常在数千克甚至不足1千克;而多沙河流,每立方米水中的泥沙含量常在数十千克、数百千克甚至千余千克。

④按河流是否受到人为干扰,可分为天然河流和非天然河流。天然河流其形态特征和演变过程完全处于自由发展之中;而非天然河流或半天然河流,其形态和演变受人工干扰或约束,如在河道中修建的丁坝、矶头、护岸工程、港口码头、桥梁、取水口和人工裁弯等。自然界的河流,完全不受人为干扰的并不多见。

⑤河流动力学中通常将河流分为山区河流和平原河流两大类。山区河流流经地势高峻、地形复杂的山区,在漫长的历史过程中,由水流不断地切割和拓宽而逐步发展形成;平原

河流则流经地势平坦、土质疏松的冲积平原,河床演变剧烈而复杂。

四、河流的分段

发育成熟的天然河流一般可分为河源、上游、中游、下游和河口5段。

①河源是河流的发源地。河源可以是溪涧、泉水、冰川、湖泊或沼泽等。

②上游是紧接河源的河流上段。多位于深山峡谷,河槽窄深,流量小,落差大,水位变幅大,河谷下切强烈,多急流险滩和瀑布。

③中游即指河流的中段。两岸多为丘陵岗地,或部分处于平原地带,河谷较开阔,两岸见滩,河床纵坡降平缓,流量较大,水位涨落幅度相对较小,河床善冲善淤。

④下游即指河流的下段。位于冲积平原,河槽宽浅,流量大,流速、比降小,水位涨落幅度小,洲滩众多,河床易冲易淤,河势易发生变化。

⑤河口是河流的终点,即河流流入海洋、湖泊或水库的地方。

入海河流的河口又称为感潮河口,受径流、潮流和盐度三重影响。一般把潮汐影响所及之地称为河口区。河口区可分为河流近口段、河口段和口外海滨3段(图1.2)。河流近口段又称为河流段,水流始终向海洋方向流动;河口段的径流与潮流相互消长,流路突然扩大,流速锐减,泥沙大量沉积,形成河口三角洲或三角港,其水流流动方向取决于河道径流与海洋潮流的强弱关系。因此,可以将河流近口段与河口段的分界处视为河流真正意义上的终点。

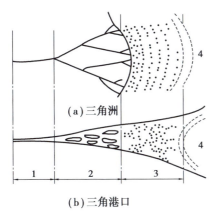

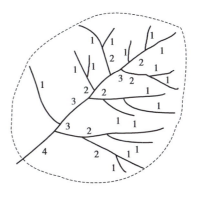

图1.2 河口区分段图　　　　图1.3 河流分级示意图
1—河流近口段;2—河口段;3—口外海滨;4—前缓急滩

五、河流的分级

流域水系中各种大小不等的沟道与河流,可用河流的级别来表示。

河流分级的方法主要有两类:一类是传统分级方法,即把流域内的干流作为一级河流,汇入干流的大支流作为二级河流,汇入大支流的小支流作为三级河流,以此类推;另一类是现代分级方法,即从河流水系的研究分析考虑,把最靠近河源的细沟作为一级河流,最接近河口的干流作为最高级别的河流(图1.3)。

第二节　河流其他概念

一、河流的长度、宽度与深度

河流长度是指从河源到河口的河道中轴线长度。任意两断面间的轴线长度,称为河段长度。

河流宽度是指河槽两岸之间的距离,随着水位的变化而变化。水位常有洪水、中水、枯水之分,因而河槽宽度相应有洪水河宽、中水河宽和枯水河宽 3 种。通常意义下的河宽多指中水河槽宽度,即河道两侧河漫滩和滩唇间的距离(图1.4)。

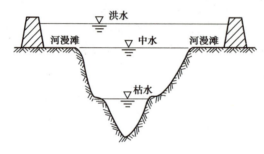

图1.4　洪水、中水、枯水河槽示意图

河流的深度在河道中不同地点是不同的,也随着水位的变化而变化。通常所说的河深,是指中水河槽以下的平均深度。

二、河流的深泓线、主流线与中轴线

深泓线是指沿程各断面河床最深点的平面平顺连线。

主流线又称为水流动力轴线,即沿流程各断面最大垂线平均流速处的平面平顺连线。主流线两侧一定宽度内的带状水域,称为主流带。在某些河流上,主流带在洪水期往往呈现出浪花翻滚、水流湍急的现象,肉眼可以看得很清楚。从平面上看,主流线具有"大水趋直,小水走弯"的倾向。主流线与深泓线,两者在河段中的位置通常相近但不一定重合,有的河段有时也可能相差较远(图1.5)。

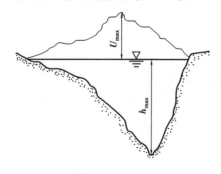

图1.5　主流线与深泓线断面位置示意图

中轴线是指河道在平面上沿河各断面中点的平顺连线,一般依中水河槽的中心点为据定线,它是量定河流长度的依据。河流的深泓线、主流线和中轴线的位置如图1.6所示。

此外,在通航河流中还有一条航迹线。它是船舶在航道中航行的线路,其位置与深泓线大致相近。河流中的航道是为了满足特定尺度的船舶能安全航行所划定的水域,通常用航标在水面上标示

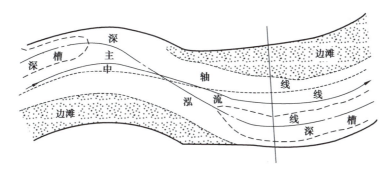

图1.6　河流的深泓线、主流线、中轴线示意图

出其范围和位置。为了确保船舶航行安全,同一河段航迹线(或航道)的位置可能会随着水位的涨落而进行调整和改变。

三、河流的纵剖面与横断面

河流纵剖面可分为河床纵剖面和水流纵剖面两大类。河床纵剖面是沿河床深泓线切取高程数据绘制的河床剖面,反映的是河床高程的沿程变化;水流纵剖面代表水面高程的沿程变化。两者的沿程变化趋势相同,但并非平行(图1.7)。河流纵剖面的形态能够很好地反映河流比降的变化。河流纵向坡降越大,流速越大,则反映着河流的动力作用越显著。

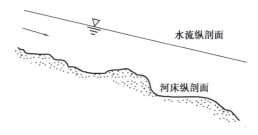

图1.7　河流纵剖面

河流横断面是指垂直于河道主流方向的河槽横剖面,可根据实测河道地形高程数据绘出横断面图(图1.4)。水面与河槽周界之间的面积即过水断面面积,在某种程度上反映了河流的过流能力,根据它可计算断面平均流速和平均水深等,因此它是水力计算和河床演变分析的基本资料。

天然河流中,不同水位下的过水断面面积不同。通常把对应于洪水、中水、枯水水位的河槽,分别称为洪水河槽、中水河槽和枯水河槽(图1.4)。其中,中水河槽为基本河槽,也称为主槽。它是水流与河床长期相互作用的产物,反映河道平面形态的主体轮廓,因此它是进行河道演变分析及实施河势控制工程规划设计的重要依据。

四、河流的河势与河型

河势是指河道在演变过程中水流与河床的相对态势,通常以主流线(水流动力轴线)与河岸线、洲滩分布的相对位置来表示。在河道演变分析及河道整治工程规划设计时,常常在实测河道地形图上勾绘河流的岸线、洲滩、深槽和深泓线的位置等,从而可以清楚地看出河岸、滩槽的相对位置,以及河道、主流的基本走向,这种图称为河势图。

在河道演变过程中,河势常随主流线与河床边界的相对位置变化而变化。通常所说的有利河势,包含两层含义:一种是指河势较平顺,主流线与河岸线的相对位置较为适应,不会出现大的河势调整;另一种是指河势对两岸经济社会发展与城市建设较为有利,常需在有利时机采取工程措施将这种有利河势稳定下来,这就是所谓的河势控制工程。

河型是指河流在一定来水来沙和河床边界条件下,通过长期的自动调整而形成的典型河床形态。天然河道是地质构造作用、水流侵蚀作用与泥沙堆积作用的产物。河道由水流与河床两部分构成。水流作用于河床,河床反作用于水流,两者通过泥沙的迁移而实现相对平衡的河床形态。一般来说,山区河流的河型较为复杂,主要受两岸山岩控制,河床形态随山势走向而变,多急弯、卡口和峡谷。冲积平原河流按河道平面形态及演变特点,常分为顺直型、蜿蜒型、分汊型和游荡型4种基本河型。

五、河流侵蚀基准面与侵蚀基点

河流在冲刷下切过程中其侵蚀深度并非无限度,往往受某一基面控制,河流下切到这一基面后侵蚀下切即停止,此平面称为河流侵蚀基准面。它可以是能控制河流出口水面高程的各种水面,如海面、湖面、河面等,也可以是能限制河流向纵深方向发展的抗冲岩层的相应水面。这些水面与河流水面的交点称为河流的侵蚀基点(图1.8)。河流的冲刷下切幅度受侵蚀基点的限制。

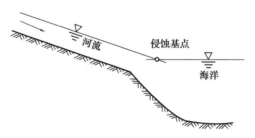

图1.8 河流侵蚀基准面示意图

应该说明的是,所谓的侵蚀基点并不是说在此点之上的床面不可能侵蚀到低于此点;而只是说,在此点之上的水面线和床面线都要受到此点高程的制约,在特定的来水来沙条件下,侵蚀基点的情况不同,河流纵剖面的形态、高程及其变化过程可能有明显差异。

上述侵蚀基准面可进一步分为终极侵蚀基准面和局部侵蚀基准面两大类。地球上绝大多数的河流注入海洋,海平面是这些河流的共同侵蚀基准面;河流注入湖泊,湖面大致是该河流的侵蚀基准面。因此,海平面和大的湖泊水面,可以被认为是终极侵蚀基准面。支流汇入干流,汇合点处干流河床的高度成为支流的侵蚀基准面;河流壅塞、山体崩塌、人工筑堤、坚硬的岩石等形成的侵蚀基准面,这些侵蚀基准面不仅本身不断变化,而且存在的时间较短,影响也仅限于局部,可以统称为局部侵蚀基准面。

六、河流的落差与比降

河流落差是指河流上、下游两地的高程差。河源与河口的高程差,即河流的总落差。某一河段两端的高程差,称为河段落差。

河流比降有水面比降与河床比降之分,两者不尽相同,但因河床地形起伏变化较大,故通常以水面比降代替河流比降。

水面比降有横比降和纵比降之分。横比降是指河流横断面上,左、右岸的水位高差与河宽之比。纵比降是指沿流程方向,任一河段上、下游两断面的水位差与其水平距离之比,即单位河长的落差,也称坡度(图1.9)。

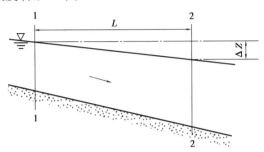

图1.9 河段落差、比降示意图

由定义可知,河段纵比降为:

$$J = \frac{\Delta Z}{L} = \frac{Z_1 - Z_2}{L} \tag{1.1}$$

式中 J——某河段的水面比降,常用百分率(%)、千分率(‰)表示;

Z_1,Z_2——河段上、下游断面的水面高程,m;

L——河段长度,m。

一条河流的比降沿程各处不同。为了说明较长距离的河流比降情况,通常需要计算其平均比降 J。其计算公式为:

$$J = \frac{(Z_0 + Z_1)L_1 + (Z_1 + Z_2)L_2 + \cdots + (Z_{n-1} + Z_n)L_n - 2Z_0 L}{L^2} \tag{1.2}$$

式中 Z_0,Z_1,$\cdots$,Z_n——沿程各断面的水面高程;

L—— 各河段长度之和,$L = \sum L_i$;

n——河段数。

第三节 河道水力要素

一、水位

水位是指水体的自由水面的高程,其单位为 m。水位变化较复杂,研究目的的不同,所需水位也不同。显示水位变化的特点并具有普遍实用意义的水位,称为特征水位。常见的特征水位有以下几种。

最高水位:在某一时期内出现的最高水位,如洪峰水位、历年最高水位、月最高水位和年最高水位。

最低水位:在某一时期内出现的最低水位,如月最低水位、年最低水位、历年最低水位。

平均水位:在某一时期内水位的算术平均值,如日平均水位、月平均水位、年平均水位、历年平均水位等。每年最高水位的算术平均值称为平均最高水位;每年最低水位的算术平均值称为平均最低水位。

正常水位:多年平均水位值。

保证率水位:在一年内保证一定天数出现的水位,常用的有 15 d、30 d、90 d、180 d、270 d 的保证率水位。在有灌溉或航运的河流上,常需要一定的保证率水位。保证率水位从水位历时曲线上求得。

相应水位:沿河上下游水位过程线上,一次水位涨落过程相应的特征水位(如最高水位、最低水位),称为相应水位。根据上下游相应水位可绘出相应水位关系曲线(图 1.10),以此来检验上下游站水位观测的成果,插补缺测水位,进行短期洪水预报及分析沿河的水位变化等。

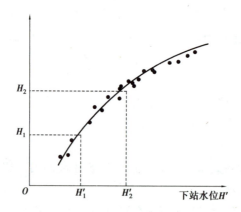

图 1.10   上下游站水位关系曲线

水位按防汛要求,又分为设防水位、警戒水位和保证水位。当洪水达到堤脚时的水位称为设防水位;设防水位与保证水位之间的某一水位称为警戒水位;洪水水位达到设计水位时的水位称为保证水位。

二、流速

流速是指水流质点每秒流过的水平距离,用 m/s 计。通常所说的河道水流流速,指的是过水断面上各点流速的平均值,即断面平均流速。天然河道的断面平均流速既可通过实测获得,也可根据水力学中的谢才公式计算。

$$U = C\sqrt{Ri} \qquad (1.3)$$

式中 U——断面平均流速,m/s;

R——水力半径,m,等于过水面积 A 与湿周 X 的比值;

i——水面比降;

C——谢才系数,可由曼宁公式计算:

$$C = \frac{1}{n}R^{\frac{1}{6}} \tag{1.4}$$

式中 n——河道粗糙系数，也称糙率。

糙率的选择可参考《水力计算手册》(第二版)中天然河道糙率选择表。

同一流量下河道流速的大小，与河流比降、河道形态和河床边界状况等因素有关。河流比降增加，流速增大；反之，流速减小。河道宽浅处流速较慢，窄深处流速较快。河道外形不规则，如急弯、卡口或突然放宽等，都会造成水流阻力的突变，从而影响流速的变化。如果河道内长满杂草或灌木，摩阻力会增大，流速随之减慢。河道水流流速沿水深的分布具有一定的规律性。实测资料表明，河道水流流速(纵向流速)沿水深方向的分布并非各处相等，而是接近河底处为零，向上增大，近水面处最大，如图 1.11 所示。

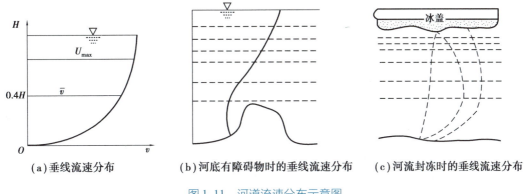

(a)垂线流速分布　　　　(b)河底有障碍物时的垂线流速分布　　　(c)河流封冻时的垂线流速分布

图 1.11　河道流速分布示意图

河道水流流速在横断面上的分布特点是：近底、近岸处流速最小，中央主流区附近水面流速最大。这种特点在图 1.12 所示的河道流速等值线图中清晰可见。

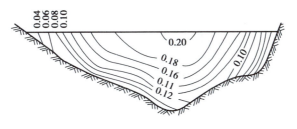

图 1.12　河道流速等值线图

三、流量

流量是指每秒通过河流某一断面的水量，常用符号 Q 表示，单位为 $\mathrm{m^3/s}$。

$$Q = UA \tag{1.5}$$

在实际工作中，需要绘制河流水文断面上流量随时间变化情况的连续曲线，这种曲线称为流量过程线。它以时间为横坐标，以流量为纵坐标，根据流量实测记录绘制而成。流量过程线是一条河流水文特性的综合反映，它可明显反映河流的洪水特征及其涨落规律。在水文工作中，通常需要绘制水文站的全年日平均流量过程线，如图 1.13 所示。

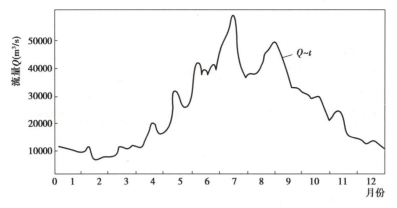

图 1.13　水文站的全年日平均流量过程线

在天然河流中,水位与流量的关系非常密切。在同一河流断面上,流量增大,水位就会升高;流量减小,水位就会降低。两者的关系可表示为:

$$Q=f(H) \tag{1.6}$$

这种关系可以用一条曲线来表示,即水位-流量关系曲线。

水位-流量关系曲线的绘制方法是:先根据某测站实测流量和相应水位资料,在以水位为纵坐标、流量为横坐标的方格纸上,在对应点绘出实测资料点数据,再通过点群中央绘出一条平滑曲线,该曲线为某站的水位-流量关系曲线。

天然河流的水位易于观测,而流量的测验则较为困难。因此,流量测验次数少、资料少,而水位观测次数多、资料多。为了解决流量实测资料的缺乏问题,一般需通过建立观测断面的水位-流量关系,再由实测河流水位,查算得出相应的流量。

对于某一测流断面,在根据实测资料点绘水位-流量关系曲线(Z-Q)时,通常还需同时绘出水位-面积(Z-A)关系曲线,以及水位-流速(Z-U)关系曲线,以方便根据实时水位查知相应的过水断面面积 A 和流速 U,如图 1.14 所示。

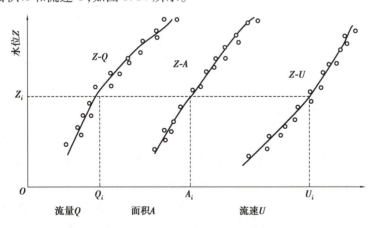

图 1.14　Z-Q、Z-A、Z-U 关系图

四、河流阻力

水流在其运动过程中要损失一定的能量。对于天然河流来说,在一般情况下,这种能量

损失主要表现在水位的降低上,即水流的势能损失上。产生这种能量损失的原因是具有黏滞性的水流在受边壁的阻滞作用时,流速做不均匀分布,低速液层对高速液层产生阻力,水流在运动过程中,为了克服阻力必须消耗能量。在水力学中,水流的能量损失常称为阻力损失,表示能量损失规律的公式称为水流阻力公式。最常用的公式为:

$$U = \frac{1}{n}R^{\frac{2}{3}}J^{\frac{1}{2}} \tag{1.7}$$

因此,求水流阻力损失问题可以归结为求糙率 n 值的问题。

第四节　水系与流域

水系是地表径流对地表土的漫长侵蚀,逐渐从面蚀到沟蚀、槽蚀以致发展到由若干条大小支流和干流所构成的河流系统。或者说,水系是河流的总称。河流、水系与流域是彼此相依、密切关联的一个整体。

水系的名称通常以干流的河名命名,如长江水系、黄河水系、珠江水系等。但有些干流的上游河段可能另有他名,如长江干流上游的名称为通天河、金沙江等,纳入岷江后才开始称为长江。此外,也有用地理区域或把同一地理区域内河性相近的几条河作为综合命名,如湖南省境内的湘、资、沅、澧4条河流共同注入洞庭湖,称为洞庭湖水系;江西省境内的赣江、抚河、信江、饶河、修水均汇入鄱阳湖,称为鄱阳湖水系;海河、滦河、徒骇河及马颊河都各自入海,称为华北平原水系。

一、水系的形态

根据干、支流的平面形态特征,常见水系可归纳为以下几种。

1. 树枝状水系

河流自上而下接纳较多的支流从两侧汇入,而各支流又有小支流汇入,平面上如同一棵干枝分明的树状。此类水系最为常见,如长江的支流嘉陵江,渭河的支流泾河、北洛河,浙江的瓯江水系(图1.15)等。

2. 平行状水系

平行状水系的特点是:各支流近于平行地先后汇入干流。一般出现在均匀、和缓下降的坡面上,干流多位于断层或断裂处。这种水系的来水随降雨的地区分布而异,若遇全流域降雨,各支流来水相继汇合,则常易形成较大洪水。我国淮河上游是一个典型的平行状水系(图1.16)。

3. 放射状水系

受火山口、穹丘、残蚀地形影响,水流自中央高地呈放射状外流,称为放射状水系(图1.17)。例如,发源于黑龙江省穆棱窝集岭的一些河流,高加索地区的阿拉盖兹山区也有这种水系。

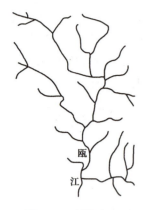

图 1.15 树状水系

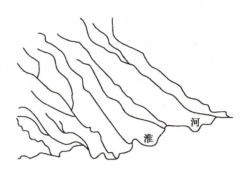

图 1.16 平行状水系

4. 辐合状水系

辐合状水系的流动方向与放射状水系相反,出现在四面环山的盆地地区,河流从四周高地向盆地中央低处汇集,形成向心辐合状水系。在没有被破坏的火山锥地区的水系,常呈现典型的辐合状。我国的四川盆地、新疆塔里木盆地(图 1.18)等处的水系,均属于这类水系。

图 1.17 放射状水系

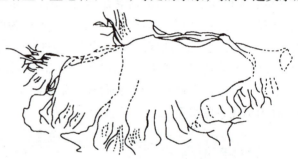

图 1.18 辐合状水系

5. 羽毛状水系

羽毛状水系从外形看有些像树枝状水系,但因其流域地形较狭长,支流大体呈对称状分布在干流两侧,形同一根羽毛,故称为羽毛状水系(图 1.19)。我国境内的沅江、澜沧江和怒江水系,陕北皇甫川支流的十里长川等,均属于这类水系。

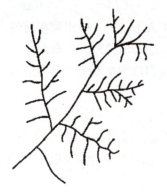

图 1.19 羽毛状水系

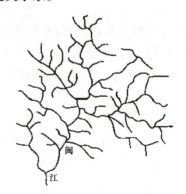

图 1.20 格状水系

6. 格状水系

格状水系中,各支流大致垂直汇入干流,干、支流分布在平面上呈格子状。这种水系的发育明显受地质构造的控制,干流通常与地层的走向大致平行。我国的闽江属于典型的格状水系(图1.20)。

7. 网状水系

在河口三角洲地区和滨海平原地区,河道纵横交错,在平面上呈网状分布,因此被称为网状水系(图1.21)。如我国黄河三角洲、珠江三角洲等均属于这类水系。

8. 混合水系

较大的河流水系通常由两种或两种以上不同类型的水系所组成,这类水系称为混合水系。如我国的长江流域水系就属于这类水系(图1.22)。

图1.21 网状水系　　　　　　　　　　图1.22 混合水系

自然界的水系形态千奇百怪。水系格局的形成及其变化,在很大程度上受地质构造及构造运动的影响。而水系的形态特征又在一定程度上影响流域的生产、汇流条件以及河流洪水的形成及传播规律。因此,河流水系形态的判断,不仅是航空地质调查的重要内容,也是流域水资源调查与防洪规划工作中需要引起重视的。

二、水系的特征

表示水系基本特征的指标主要有河长、河流密度、河流频度、河流发展系数、水系不均匀系数、河流弯曲系数、分汊系数等。

1. 河长

河长通常是指河流由河源至河口的河道中心线的长度。河长是确定河流比降、估算水能、确定航程、预报洪水传播时间等的重要参数。

2. 河流密度

河流密度是指单位流域面积内的河流长度,即干、支流河流的总长度与流域面积之比值,可用来表征流域内河流的发育程度。

3. 河流频度

河流频度是指单位流域面积内的河流数目。河流频度与河流密度从不同的角度反映流域被切割的程度。

4. 河流发展系数

河流发展系数是指某级支流的总河长与干流河长之比。其值越大,表明支流长度超过干流长度的倍数越高,河网对径流的汇集与调节作用就越强。

5.水系不均匀系数

水系不均匀系数是指干流一岸的支流总长与另一岸支流总长之比,表示整个水系两侧不对称的程度和两岸注入干流水量的不均衡性质。

6.河流弯曲系数

河流弯曲系数是指干流河源至河口两端点间的河长与其直线的距离之比。该系数表示河流平面形状的弯曲程度,是研究河流水力特性与河床演变的一个重要指标。其数值的大小取决于流域中的地形、地质、土壤性质和水流特性等因素。

7.分汊系数

分汊系数是指干流下游自出现分流汊河起,各分流汊河和干流的总河长与分汊点以下干流的河长之比。分汊系数越大,表示该河流分汊越多,水流越分散,流速减小,泥沙越易淤积,河床的稳定性越差。

研究水系的形态、形成与发展规律,以及水系的特征指标及其与河流地质、地貌、水文情势之间的关系,是探索水系发展与演变规律的一个重要内容,也是流域水资源开发利用和洪水治理规划的重要依据之一。

三、流域

1.流域的概念和分水线

流域是指河流的集水区域,凡降落在流域上的雨水都是沿着地面斜坡直接流入该河或经过支流注入该河。流域的周界称为分水线(或分水岭)。流域分水线通常是流域四周最高点的连线,或是流域四周山脉的脊线,如图1.23所示。

流域的地面分水线和地下分水线一般不重合,如图1.24所示。对于这种情况,将有部分降水渗入地下流到相邻流域而流失,这种流域称为非闭合流域;若地面分水线和地下分水线重合,全部降水都通过地面径流与地下径流流向该流域出口,这种流域称为闭合流域。通常情况下,可用地面集水区代表流域,即把流域视为闭合流域。

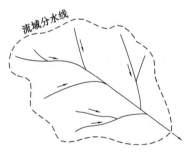

图1.23 流域平面示意图

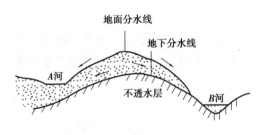

图1.24 流域分水线示意图

2.流域的等级

流域按集水面积大小,可分成不同等级,其计算公式为:

$$M = \lg F \qquad (1.8)$$

式中 M——流域等级;

F——流域面积，km^2。

流域根据不同等级，可分为山坡流域、小型流域、中等流域、大型流域、特大型流域和巨型流域6个规模类型，见表1.1。

表1.1　流域大小类型

流域	流域面积 $F(km^2)$	流域等级 M
山坡流域	$F<10$	$M<1$
小型流域	$10\leqslant F<300$	$1\leqslant M<2.5$
中等流域	$300\leqslant F<10000$	$2.5\leqslant M<4$
大型流域	$10000\leqslant F<100000$	$4\leqslant M<5$
特大型流域	$100000\leqslant F<1000000$	$5\leqslant M<6$
巨型流域	$F\geqslant 10000000$	$M\geqslant 6$

第五节　洪水

"洪水"一词，相传是从中国古代共工氏治水而沿用下来的。共工、勾龙父子治水比鲧、禹父子早两千多年。洪水的定义虽众说纷纭，但通常泛指大水。广义地讲，凡超过江河、湖泊、水库、海洋等容水场所的承蓄能力，造成水量剧增或水位急涨的水文现象，统称为洪水。洪水产生的时间称为汛期。

一、洪水的分类

（一）按发生的季节

可分为春季洪水（春汛或桃花汛）、夏季洪水（伏汛）、秋季洪水（秋汛）、冬季洪水（冬汛或凌汛）。有时伏汛和秋汛并不严格区分，合称为伏秋大汛。

（二）按发生地区

可分为山地洪水（山洪、泥石流）、河流洪水、湖泊洪水和海滨洪水（如风暴潮、天文潮、海啸）等。

（三）按流域范围

可分为区域性洪水和流域性洪水。

（四）按防洪设计要求

可分为标准洪水、超标准洪水、设计洪水和校核洪水。

（五）按洪水重现期

可分为常遇洪水（小于20年一遇）、较大洪水（20～50年一遇）、大洪水（50～100年一遇）与特大洪水（大于 100 年一遇）。

（六）按成因

可分为暴雨洪水、融雪洪水、冰凌洪水、暴潮洪水、溃口洪水、扒口洪水等。我国大多数河流的洪水都是暴雨洪水。

二、洪水的特点

河流某断面洪水从起涨至峰顶再退落的整个过程称为洪水过程。描述一场洪水的指标有很多，有洪峰流量和洪峰水位、洪水总量和时段洪量、洪水过程线、洪水历时与传播时间、洪水频率和重现期、洪水强度和等级等。其中，在水文学中，通常将洪峰流量（或洪峰水位）、洪水总量、洪水历时（或洪水过程线）称为洪水三要素，如图 1.25 所示。

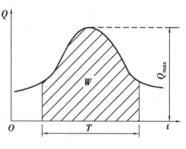

图 1.25　洪水三要素示意图

1. 洪峰流量和洪峰水位

洪峰流量（Q_{max}）是指一次洪水过程中通过某一个测站断面的最大流量（简称"洪峰"），单位为 m^3/s。洪峰流量在洪水过程线上处于流量由上涨变为下降的转折点，出现时间通常与最高水位出现时间一致或相近。研究洪峰流量对河道的防洪具有重要意义。

洪峰水位（Z）是指一次洪水过程中的最高水位，其出现时间和洪峰流量基本同步。但在多沙河流或不稳定的河段，最高洪水位通常与洪峰流量并非同时出现。在黄河下游，当河床发生冲刷时，最高洪水位可能出现在洪峰流量之前。如 1958 年，花园口站最高洪水位为 94.42 m，出现在 7 月 17 日 23 时 45 分，而洪峰流量为 22300 m^3/s，则见于 18 日 0 时；夹河滩站最高洪水位为 74.31 m 及洪峰流量为 20500 m^3/s，分别出现在 18 日 10 时和 14 时。相反，在河床发生淤积或出现高含沙量洪水时，最高洪水位通常出现在洪峰流量之后。

2. 洪水总量

洪水总量（W）是指一次洪水过程通过河道某一断面的总水量。W 等于洪水流量过程线所包围的面积（图 1.25）。严格来说，洪水总量不应包括基流（深层地下水），以便于和流域内其他场次的暴雨总量相比较。

3. 洪水历时和洪水过程线

洪水历时（T）是指河道某断面的洪水过程线从起涨到落平所经历的时间。由于形成洪水的流域空间尺度变幅极大，因此洪水的时间尺度也有巨大的变幅。洪水历时主要与流域面积及其地表、地貌、暴雨时空分布、河道特征及其槽蓄能力等因素有关。河道的洪水历时可分为短历时（2 h 内）、中等历时（大多小于 1 d）、长历时（5～10 d）和超长历时 4 种情况。

洪水过程线是在普通坐标纸上，以时间为横坐标，流量（或水位）为纵坐标，所绘出的从起涨至峰顶再回落到接近原来状态的整个洪水过程曲线（图 1.25）。从洪水起涨到洪峰流量出现为涨水段；从洪峰流量出现到洪水回落至接近于雨前原来状态的时段为退水段。

三、我国江河洪水的特点

(一)季节性明显

我国暴雨洪水具有明显的季节性。各地出现洪水的时间基本上与气候雨带的南北推移相吻合。一般年份,4~6月上旬,雨带主要分布在长江以南地区,华南出现前汛期暴雨洪水;6月中旬至7月上旬,是江淮地区和太湖流域的梅雨期;进入9月之后,雨带南撤,由"华西秋雨"引起的汉江、嘉陵江、黄河等河流"秋汛",以及通常所说的"巴山夜雨"都是指的这个时期内发生的洪水。"华西秋雨"是指秋季自青藏高原东部起,沿陕南、豫西至山东部分地区所形成的长时间降雨带,其中心区域位于长江上游四川省大巴山一带,见表1.2。

表1.2　我国七大江河汛期、主汛期划分表

流域	长江	黄河	淮河	珠江	海河	辽河	松花江
汛期(月)	5~10	6~10	6~9	4~9	6~9	6~9	6~9
主汛期(月)	6~9	7~9	6~8	5~7	7~8	7~8	7~8

(二)年际变化大

我国河流洪水年际变化大。同一河流同一站点的洪峰流量各年相差甚远,北方河流更为突出。如长江以南地区河流,大水年的洪峰流量一般为小水年的2~3倍,而海河流域大水年和小水年的洪峰流量之比则可能相差数十倍甚至数百倍。如海河流域子牙河朱庄站,流域面积为1220 km²。其中,最大年洪峰流量是最小年洪峰流量的856倍。历史上最大流量(调查或实测)与年最大流量多年平均值之比,长江以南地区河流比值一般为2~3倍;淮河、黄河中游地区可达到4~8倍;海河、滦河、辽河流域高达5~10倍。

(三)地域分布不平衡、来源和组成复杂

我国暴雨洪水的地域分布不均匀。一般来说,东部多,西部少;沿海地区多,内陆地区少;平原地区多,高原山地少。两广大部,苏、浙、闽沿海和台湾地区,长江中、下游,淮河流域和海河流域是受暴雨洪水影响最大的地区。

河流洪水的来源与组成很复杂。其主要影响因素是流域的自然地理环境和气候条件。特别是流域面积大、支流众多,各支流自然地理环境和气候条件差异较大的河流,更是如此。

(四)峰高量大、"胖瘦"有别

我国的地形特点是东南低、西北高,有利于东南暖湿气流与西北冷空气交汇;地面坡度大,植被条件差,汇流速度快,洪水量级大。与世界相同流域面积的河流相比,我国河流暴雨洪水的洪峰流量量级接近最大纪录。我国几条主要河流流域面积均较大,支流众多,干、支流洪水遭遇频繁,区间来水多,极易形成峰峰相叠的峰高量大型洪水。

江河某断面的洪水流量(或水位)过程,通常有涨水、峰顶和落水3个阶段。洪水过程线的形状有"尖瘦"与"肥胖"之分。一般来说,小河流域面积小,集流时间短,调蓄能力小,一次暴雨形成一次洪峰,洪水涨落较迅猛,过程线形状"尖瘦"单一;大河流域面积大,洪水来源多,不同场次的暴雨在不同支流所形成的多次洪峰先后汇集到大河时,各支流的洪水过程往

往相互叠加,加之受河网调蓄作用的影响,洪水历时延长,涨落速度平缓,过程线"肥胖",有的年份形成一峰接一峰的多峰形态。如1998年长江流域汛期,连续出现8次大面积暴雨,致使干、支流洪水相遇,洪峰叠加,高水位持续时间很长。

（五）灾害性洪水具有重复性、阶段性和连续性

对大量历史洪水资料的调查研究发现,我国主要河流的重大灾害性洪水在时间上具有一定的重复性、阶段性和连续性。

1. 重复性

重复性是指在相同流域或地区,重复出现与雨洪特征相似的特大洪水。如长江1998年大洪水类似于1954年大洪水;黄河上游1904年与1981年洪水,中游1843年与1933年洪水,其气象成因和暴雨洪水的分布都有相似之处;海河南系1963年发生的特大暴雨洪水与1668年(清康熙七年)的大洪水相似;河北系1939年著名大洪水,其雨洪特征与历史上1801年特大洪水相似;松花江1932年与1957年洪水,四川1840年与1981年大洪水,其暴雨洪水特点彼此均相似。纵观全国近年来发生的重大灾害性洪水,历史上几乎都曾发生过。通过对这种重复性现象的认识,可以预测今后可能再次发生的重大灾害性洪水的基本情势。

2. 阶段性

阶段性是指虽难以准确预测一个流域何时出现大洪水,但从较长时间观察发现,不少河流大洪水的发生频率存在高发期和低发期。例如,海河流域,19世纪后半叶进入频发期,50年中出现5次大洪水,平均10年出现1次;长江流域20世纪80年代以来步入频发期,洪灾损失呈指数上升之势,仅川、鄂、湘、皖、苏及重庆等6省、市的受灾面积约占全国水灾面积的40%,长江流域已成为真正的"洪水走廊"。

3. 连续性

连续性是指在高发期内大洪水往往连年出现。如长江中、下游连续发生了1848年、1849年、1850年3年大洪水,1995年、1996年、1998年、1999年、2002年等连续发生大洪水;松花江1956年和1957年发生大洪水;辽河1985年、1986年发生大洪水;珠江1994年、1996年、1998年发生大洪水等。大洪水的这种连续性现象,在防洪中不可忽视,特别是战胜了大洪水后的年份,防汛工作更是不可松懈。

桂林2024年洪灾

第六节　洪水灾害

洪水灾害是人们通常所说的水灾和涝灾的总称。水灾一般是指因河水或湖水泛滥淹没田地所引起的灾害;涝灾是指因降雨导致土地过湿致使作物生长不良而减产的现象,或因雨后地面排泄不畅而产生大面积积水造成社会财产受损的现象。由于水灾和涝灾往往同时发生,有时也难以区分,因此人们通常把水、涝灾害统称为洪水灾害(或洪涝灾害)。

一、洪水灾害的成因

①存在致灾洪水因素,即诱发洪灾的自然因素。

②存在洪水危害的对象,即洪泛区有人居住或分布有社会财产,并因被洪水淹没而受到损害。

③人为因素,即人在潜在的或现实的洪灾威胁面前,或逃避,或忍受,或作出积极抗御的对策反应。

自然因素是产生洪水和形成洪灾的主导因素;而洪水灾害的不断加重却是人口增多和社会经济发展的结果。洪水成灾是人与自然不相协调的结果。洪灾虽起因于自然,但其成灾与人为因素在很大程度上有关。在洪水威胁面前,人类既要主动适应洪水,协调人与洪水的关系;又要积极采取必要的对策、措施,最大限度地减轻洪灾造成的损失,这是防洪减灾工作的基本指导思想。

二、洪水灾害的分类

①按灾情严重程度,可分为微灾、小灾、中灾、大灾和巨灾;或一般洪灾、大洪灾和特大洪灾。

②按洪水成因,可分为暴雨洪水灾害、融雪洪水灾害、冰凌洪水灾害、暴潮洪水灾害、溃口洪水灾害,以及山洪、泥石流灾害等。

③按发生范围,可分为区域型洪灾和流域型洪灾两类。在长江流域,又进一步将区域型洪灾分为上游型和中、下游型两个亚类。

④按形成机理和成灾环境特点,可分为溃决型、漫溢型、内涝型、蓄洪型、山地型、海岸型、城市型等。

三、洪水灾害的影响

(一)洪水灾害对经济发展的影响

洪水一旦泛滥成灾,将给地区和国家的经济发展带来巨大的破坏作用。主要表现为:严重的洪涝灾害,常常造成大面积农田受淹,粮、棉、油等作物和轻工原料严重减产,甚至绝收;铁路、公路的正常运输和行车安全受到威胁,运输中断可能影响全国各地许多部门;各项市政建设和水利工程设施被毁坏;工厂、企业停产,机关、学校、医院、商店等单位关门,水、电、气、通信、道路等城市生命线告急,正常的生产、生活秩序被打乱;在抗洪抢险过程中,需要投入大量人、财、物,对于像长江1998年这样的洪水,高水位持续时间长,数百万军民在漫漫长堤上严防死守,时间长达数月,这在人力、物力和资金上都是巨大的消耗。此外,洪泛区大量人员的转移及生活安排,以及灾后重建和恢复生产、生活,也将耗费巨资。洪灾造成的上述影响和经济损失,不只限于洪灾发生的地区,还可能影响相邻地区甚至整个国家的经济稳定。

(二)洪水灾害对生态环境的影响

洪水灾害发生后,将对自然生态环境造成严重危害。主要有洪泛区内的居民住所、旅游胜地、自然景观、文物古迹、祠堂庙宇、古建筑等遭到毁坏;暴雨洪水引起水土流失,造成大量土壤及其养分流失,致使植被遭到破坏,土地贫瘠,入河泥沙增加,湖泊萎缩失调,河流功能退化,洪水不能正常排泄;洪水泛滥后,耕地遭受水冲沙压,使土壤盐碱化,对农业生产和居民生活环境带来严重危害;由于洪水的淹没与冲击,威胁到各种动植物的生死存亡,影响动植物种群的数量与多样性,尤其是对于珍稀或濒危动植物来说更为严重;洪水冲毁堤坝,将改变天然的河渠网络关系和水利系统,造成排水不畅、取水不便、饮水不洁,生态环境和居住环境严重恶化,而河流一旦决口改道,原有水系格局彻底改变,对多方面的影响将是深远的;洪水泛滥会引起水环境污染,包括病菌蔓延和有毒物质扩散,直接危及人民健康。所有这些变化,都将给灾区人民的生产和生活带来严重的不良后果,并由此引发一系列的社会问题。

(三)洪水灾害对社会生活的影响

洪水灾害对社会生活的影响是多方面的,其中最主要的是人员死亡、灾民流离、疫病蔓延与流行等问题。

1. 人员死亡

相关资料统计,全世界每年在自然灾害中死亡的人数约有 3/4 死于洪灾。我国历史上发生的几次大水灾,都有严重的人员死亡。1931 年发生的全国范围大水灾,灾情最重的湘、鄂、鲁、豫、皖、苏、浙等省,死亡人数达 40 万人;1935 年长江中游大水灾,淹死 14.2 万人;1932 年松花江大水灾,仅哈尔滨市就淹死 2 万多人,相当于当时全市总人口数的 7%;1938 年黄河花园口人为决口,死亡 89 万人。上述数字还不包括因水灾造成疫病、饥荒等间接死亡的人数。人口的大量死亡,不仅给社会生产力带来严重的破坏,而且给人们的心理造成巨大创伤。

中华人民共和国成立后,因水灾死亡的人数大幅度下降,但遇到特大暴雨洪水,人员伤亡仍很严重。例如,1954 年长江特大洪水死亡 3 万余人;1975 年河南特大洪水,淹死 2.6 万余人。相关资料统计,1950—1990 年全国累计洪灾死亡人数 22.55 万余人,平均每年死亡人数 5500 人。1998 年全国有 29 个省(市、区)受到水灾,共死亡 4150 人,其中长江流域死亡 1562 人。

2. 灾民流离

洪灾后原本赖以生存的环境因被水淹没,大量人群不得不流离失所,转移他乡。1593 年淮河流域发生特大水灾,洪水淹没广大淮北平原,经久不消,淹没范围约 11.7 万 km^2,受灾区域涉及河南、安徽、江苏、山东 4 省 120 个州县,水灾之后随之而来的是严重饥荒,大量灾民被迫逃往他乡,逃亡现象持续了两年之久。我国 20 世纪以来几次大水灾,1915 年珠江流域大水,两广灾民达 600 余万人;1939 年海河流域大水,灾民达 900 余万人;1931 年全国性大水灾,仅江淮 8 省灾民达 5100 余万人,农村人口流离失所的约占灾区总人口的 40%,大量灾民成群结队逃荒流离,无所栖身,饥寒交迫,社会动荡不安;1991 年淮河、太湖流域大水,156 个县(市),6858 万人受灾;1994 年我国南、北方同遭大水,受灾较重的辽宁、河北、浙江、福建、江西、湖南、广东、广西 8 省(自治区),受灾人口达 1.39 亿人等。

3. 疫病蔓延与流行

水灾之后常易引发疫病蔓延与流行。即便在分蓄洪区或一些条件较好的洪泛地区,通常只有少数人可以转移至附近的安全区或其他暂时避水之处,大多数人都得临时转移到堤上。堤上人员密集,饮水困难,人、畜、野生动物共居,粪便难以管理,生存环境恶劣,极易造成疫病暴发与流行。例如,1954 年,荆江分洪区分洪后,大量人员转移至原先安排的安全区,区内人口密度高达 9000 人/km^2,各种疾病流行,死亡率达 15%;实际上 1954 年因长江洪水死亡的 3 万余人中,真正淹死的比例并不大,大部分是间接死亡的。洞庭湖区圩垸大部分溃决,圩垸内的人口不得不转移他处或住在堤上,条件十分恶劣,也造成一定的人员死亡。

(四)洪水灾害对国家事务的影响

洪灾影响了国家的财政预算和经济生活。洪水灾害的发生,一方面导致国家经济收入减少,另一方面需要政府投入大量财政经费用于抗洪抢险和灾区的恢复生产与重建家园。这势必打乱整个国民经济的部署,迫使政府改变资金投向,影响国民的经济生活。

四、洪水灾害损失

洪水灾害损失按能否用货币计量分为经济损失和非经济损失两大类。经济损失可用货币计量,因而又称为有形损失;非经济损失难以用货币计量,故称为无形损失。

经济损失(有形损失)可分为直接经济损失和间接经济损失。直接经济损失是一个静态概念,是洪灾经济损失评估的中心内容;间接经济损失是指受直接经济损失影响带来的或派生的损失。间接经济损失与直接经济损失相关联,是一个动态的概念。

(一)非经济损失

洪水灾害非经济损失是指洪水引起的难以或不便于用货币计量的损失。如生态环境的恶化,文物古迹的破坏,灾民生命伤亡与精神痛苦,灾区疾病流行及其对公众健康的影响,正常生活秩序与环境破坏造成的社会混乱,由于房屋、家产的冲毁或损失而使人们的日常生活水平骤然下降,人们恐灾心理的形成及其对灾区投资建设信心的影响,洪灾对国家的政治稳定、社会安定和国际声誉的不利影响等。

(二)直接经济损失

洪水灾害直接经济损失是指洪水直接淹没造成的可用货币计量的各类损失。主要包括工业、农业、林业、牧业、副业、渔业、商业、交通、邮电、文教卫生、行政事业、粮油物资、工程设施、农业机械、居民房屋、家庭财产以及各种其他损失等。在具体计算时,应与社会经济资料及洪灾损失资料调查、洪灾损失率分析确定相对应,根据需要对每一类损失进行分解,从而对全社会各类损失建立一个完整的层次结构体系。例如,工业部门又可分为冶金、电力、煤炭、石油、化工、机械、建材、木材加工、纺织、造纸等行业,而每个行业又可按照企业规模(大、中、小)、经营性质(国营、集体、个人等)或损失种类(固定资产、流动资产、利税和管理费)再加以细分,据此来计算直接经济损失。

(三)间接经济损失

洪水灾害间接经济损失是指除直接经济损失以外的可用货币计量的损失。主要包括以下几个方面:

①由于采取各种措施,如防汛抢险,抢运物资,灾民救护、转移与安置,灾民生活救济,开辟临时交通、通信、供电与供水管线等而增加的费用。

②由于洪水淹没区内工商企业停产、农业减产、交通运输受阻或中断,以及其他地区相关工矿企业因原材料供应不足或中断而停工、停产及产品积压造成的经济损失,以及这些企业为解燃眉之急而被迫绕道运输所增加的费用。

③灾后重建恢复期间,淹没区农业净产值的减少、淹没区与影响区工商企业净产值的减少和年运行费用的增加,以及用于救灾与恢复生产、重建家园的各种费用支出等。

第二章 河流泥沙

【学习任务】

【学习任务】

了解水库和渠系异重流情况;了解我国河流泥沙情况;掌握泥沙来源、分类;掌握泥沙特性;掌握推移质运动和悬移质运动。

【课程导入】

泥沙是河床演变的主要因素之一,泥沙的输移或沉积决定了河床的稳定性以及河道的防洪能力。因此,治理或改造河流,首先要认识泥沙,其次要掌握泥沙运动规律,最后利用泥沙为治理或改造河流服务。党的二十大报告中指出:"必须坚持系统观念。万事万物是相互联系、相互依存的。只有用普遍联系的、全面系统的、发展变化的观点观察事物,才能把握事物发展规律。"

第一节　泥沙来源和分类

一、泥沙来源

泥沙是指随河水运动和组成河床的松散固体颗粒。河流泥沙主要源于两个方面:一是流域地表的侵蚀;二是上游河槽的冲刷。但归根求源,河流泥沙还是流域地表侵蚀的产物。

降水形成的地面径流,侵蚀流域地表,造成水土流失,携带大量泥沙直下江河。特别是一些山区河流,遇到特大暴雨容易引发山洪、泥石流,或因地震等原因引起山体滑坡的地质灾害,都可能导致大量泥沙在短时间内集聚江河,严重时堵江断流形成堰塞湖。

流域地表的侵蚀程度,与气候、土壤、植被、地形地貌及人类活动等因素有关。如若流域气候多雨、土壤疏松、植被覆盖差、地形坡陡以及人为影响如毁林垦地严重等,则流域地表的侵蚀就较严重,进入江河的泥沙量就多。

河道水流在奔向下游的过程中,沿程冲刷当地河床和河岸。从上游河槽冲刷下来的这部分泥沙,连同流域地表侵蚀而来的泥沙,共同构成河流输移泥沙的总体;其中除了少量沉积到水库、湖泊或下游河道,大部分将随水流长驱千里,最终汇入大海。

河流泥沙通常以含沙量、输沙率、输沙量和输沙量模数(侵蚀模数)等指标来表示。含沙量是指单位体积浑水中的泥沙质量(kg/m^3),常用 s 表示;输沙率是指单位时间内通过河流某断面的泥沙数量(t/s),常用 G_s 表示;输沙量是指一定时段内通过河流某断面的泥沙数量(t),常用 W_s 表示。输沙量模数(侵蚀模数)是指每平方千米地面每年冲蚀的泥沙数量 $[t/(km^2 \cdot a)]$,常用 M 表示。输沙量模数的大小可用来反映流域地表的侵蚀程度。

2023 年,全国水土流失面积为 262.76 万 km^2,占国土总面积的 27.44%,流失土壤约 35.80 亿 t。其中,长江流域水土流失面积为 32.18 万 km^2,占其土地总面积 179.11 万 km^2 的 17.97%;黄河流域水土流失面积为 25.11 万 km^2,占其土地总面积 79.47 万 km^2 的 31.60%。

一般来说,我国的输沙量模数分布情况:北方地区的地表侵蚀的严重程度甚于南方;特别是黄河中游黄土高原地区的支流流域,其输沙量模数 M 一般大于 1000 $t/(km^2 \cdot a)$。例如,陕北皇甫川流域多年平均输沙模数为 11300 $t/(km^2 \cdot a)$;窟野河流域多年平均输沙模数为 8500 $t/(km^2 \cdot a)$;无定河多年平均输沙模数为 3190 $t/(km^2 \cdot a)$;延河流域多年平均输沙模数为 6130 $t/(km^2 \cdot a)$。

二、泥沙分类

河流泥沙从不同的研究角度出发有不同的分类方法。下面分别按泥沙的粒径大小及泥沙在河流中的运动态势两种方法分类。

(一)按粒径大小

河流泥沙组成的粒径变化很大,粗细之间相差可达千百万倍。《土工试验方法标准》(GB/T 50123—2019)将泥沙粒径按大小分类,如图 2.1 所示。

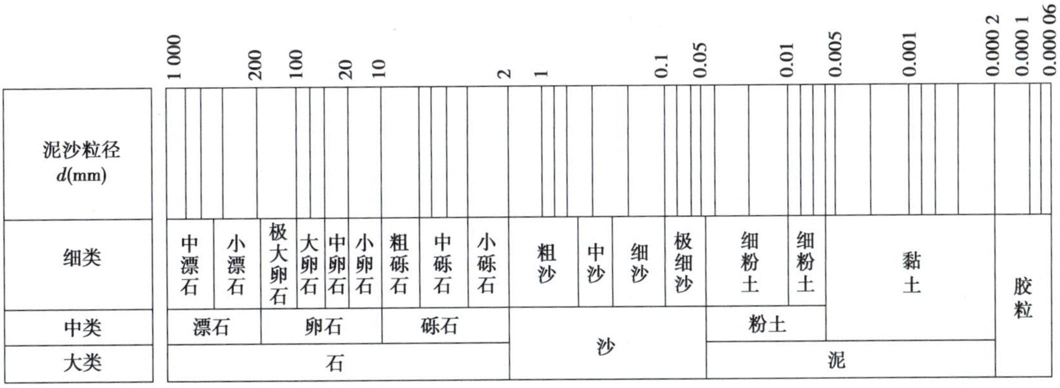

图 2.1　河流泥沙分类图

2010 年,水利部颁发的《河流泥沙颗粒分析规程》(SL 42—2010),规定河流泥沙按表 2.1 进行分类。

表 2.1　河流泥沙分类

类别	黏粒	粉砂	砂粒	砾石	卵石	漂石
粒径范围(mm)	<0.004	0.004~0.062	0.062~2.0	2.0~16.0	16.0~250.0	>250.0

(二)按运动态势

从河流泥沙的基本存在形式看,河道里既有组成河床相对静止的泥沙,又有随水流输移的运动泥沙。前者称为床沙(河床质),显然一般床沙的颗粒组成要比运动的泥沙粗,组成也较均匀。而后者又因其运动形式的不同分为推移质和悬移质两类,如图2.2所示。

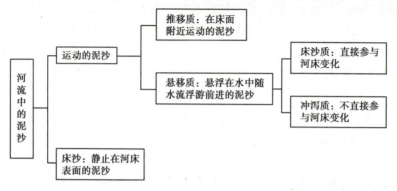

图2.2　泥沙按运动态势分类图

1. 推移质

推移质是指在床面附近随着水流以滑动、滚动或跳动的形式运动着的泥沙,又称底沙。一般来说,推移质是水流挟运的泥沙中较粗的一部分,可分为卵石推移质和沙质推移质,其运动范围均在床面附近 1~3 倍粒径区域内。推移质运动具有明显的间歇性,时进时停。运动时为推移质,停止运动时为床沙,即推移质与床沙间不断地进行交换。推移质运动速度要慢于水流速度,同时其运动还增加了水流的能量损失。在推移质运动达到一定强度时,往往在床面上形成起伏的沙波,从而对河流阻力和推移质输移速度产生影响。

2. 悬移质

悬移质是指悬浮在水中随水流浮游前进的泥沙,又称悬沙。悬移质是水流挟带的泥沙中较细的部分,其运动速度与水流速度基本一致。悬移质借助水流的紊动动能得以悬浮。悬移质尽管在运动形式和运动规律上与推移质不同,但它们之间无明显界线。在同一水流条件下,推移质中较细的颗粒有时可能短时以悬移质方式运动,悬移质中较粗的颗粒也可能短时以推移质方式运动。就同一泥沙而言,水流流速较弱时,悬移质变成推移质;水流流速较强时,推移质变成悬移质,即推移质与悬移质之间也进行互相交换。

河流中的泥沙,从水面到河床的运动是连续的。在床面附近,受水流条件影响,悬移质、推移质、床沙之间都在不断地进行交换,正是这种交换作用推动河床不断演变。

另外,从河床演变的角度来看,河流中的泥沙又可分为两大类:一类为造床质(床沙质),它既可以以推移质或悬移质的形式存在于水流层,也可以以静止的形式存在于床面层,这两种形式的泥沙可以相互交换、相互补给。显然,如果水流自床面补给得多,河床势必呈现冲刷的趋势,则河床发生粗化。反之,如果水流中的床沙质向床面落停得多,河床势必呈现淤积,则河床发生细化。另一类为非造床质(冲泻质),主要由流域侵蚀而来,以悬浮形式存在于水流层,自河底至水面,单位水体中含量相差甚微,在床面层中为数极少,当河段出现冲刷现象时,不可能由床面层得到充分补给。

第二节　泥沙特性

一、几何特性

泥沙的几何特性是指泥沙颗粒的形状和大小(粒径)。

(一)泥沙的形状

泥沙的形状各式各样。较大的卵石、砾石,外形比较圆滑,有圆球状的,有椭球状的,也有片状的,均无尖角和棱线。沙类和粉土类泥沙,外形不规则,尖角和棱线都比较明显。细颗粒黏土类泥沙一般棱角分明,外形十分复杂。

泥沙的不同形态,与泥沙在水流中的运动状态密切相关。较粗的颗粒沿河底推移前进,碰撞机会较多,碰撞时动量较大,容易磨损成较圆滑的外形。而较细的颗粒随水流悬浮前进,碰撞机会较少,碰撞时动量较小,不易磨损,往往保持棱角分明的外形。

泥沙颗粒的形状常用球度系数表示,它是指与沙粒等体积的球体的表面积和沙粒的实际表面积之比。

由于球度系数难以测定,对于粗颗粒卵石来说,可通过量测其颗粒的 3 个轴,即长轴 a、中轴 b、短轴 c,则球度系数 φ 可近似表示为:

$$\varphi = \sqrt[3]{\left(\frac{b}{a}\right)^2 \left(\frac{c}{b}\right)} \tag{2.1}$$

(二)泥沙的粒径

1. 粗颗粒泥沙的确定方法

对于较大颗粒的卵石、砾石,可通过称重来求其等容粒径。所谓等容粒径,就是体积 V 与泥沙颗粒体积相等的球体直径。设某一粒沙的体积为 V,则其等容粒径为:

$$d = \left(\frac{6V}{\pi}\right)^{\frac{1}{3}} \tag{2.2}$$

除等容粒径外,泥沙的粒径也可用其长、中、短 3 个轴的算术平均值 $(a+b+c)/3$ 或几何平均值 $\sqrt[3]{abc}$ 表示。其中,几何平均粒径 $d = \sqrt[3]{abc}$,实际上为椭球体的等容粒径。

应用时,对于单颗粒的卵石、砾石,先通过称重再除以泥沙的容重,得到沙粒的体积,然后按式(2.2)算得等容粒径;或直接量得它的长、中、短 3 轴长度,再求其平均值。

2. 细颗粒泥沙的确定方法

对于较细的颗粒而言,在通常情况下根本不可能采用上述办法确定它们的粒径,而是采用以下方法确定其粒径。

对于沙粒粒径为 0.062 ~ 32.0 mm,一般采用筛析法。我国采用的是公制标准筛,筛号与孔径存在对应关系。不难设想,用筛析法量得的粒径应相当于各粒径组界限沙粒的中轴长度。由于沙粒的中轴长度比较接近等容粒径,因此可近似将其看成等容粒径,或称为筛径。

对粒径在 0.062 mm 以下的粉粒或黏粒,已不可能进一步筛分,只能采用沉降法或水析法,如比重计法、粒径计法、吸管法等。这些方法的基本原理是:先测量沙粒在静水中的沉降速度,再按照粒径与沉降速度的关系式换算成粒径。这样所得的粒径实际上为相同比重、相同沉降速度的球体直径,也称为沉降粒径,或简称沉径。关于泥沙沉降速度的计算公式,将在本节后面介绍。

3. 泥沙的粒配曲线

天然河流的泥沙通常是由大小不等的非均匀沙组成的。天然泥沙的组成情况常用粒配曲线表示。通过上述沙样颗粒分析,可以求出其中各粒径级泥沙的质量以及小于某粒径的泥沙的总质量,从而绘制如图 2.3 所示的沙样粒配曲线。这种粒配曲线通常画在半对数坐标纸上,φ 横坐标表示泥沙粒径,纵坐标表示小于某粒径的泥沙在总沙样中所占的质量百分数。

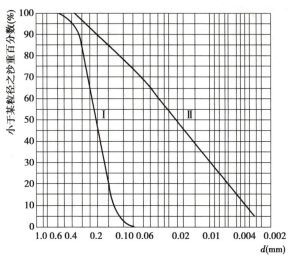

图 2.3 半对数坐标纸上的泥沙粒配曲线图

从粒配曲线上可以看出,沙样粒径的大小及其沙样组成的均匀程度。由图可知,与 I、II 两组沙样相比,沙样 I 的组成要粗些、均匀些;而沙样 II 的组成则要细些、不均匀些。

根据图示粒配曲线,易于查得小于某粒径的泥沙在总沙样中所占的质量百分数,将其标示在粒径 d 的右下角,则可用于表示该粒径的特征,如 $d_5, d_{10}, d_{50}, \cdots$ 其中 d_{50} 是一个重要的特征粒径,称为中值粒径。其意义是沙样中大于和小于这一粒径的泥沙质量各为 50%。

沙样的平均粒径 d_{pj},按下式计算:

$$d_{pj} = \frac{\sum_{i=1}^{n} \Delta p_i d_i}{\sum_{i=1}^{n} \Delta p_i} \qquad (2.3)$$

式中　d_i——第 i 组泥沙的代表粒径;

　　　Δp_i——第 i 组泥沙的质量占全体沙样的质量百分数;

　　　n——分组数。

沙样的均匀性可用均匀性系数表示:

$$\phi = \sqrt{\frac{d_{75}}{d_{25}}} \qquad (2.4)$$

式中　d_{75},d_{25}——小于该粒径的泥沙在总沙样中所占的百分数分别为 25%、75%。

ϕ 值越大于 1,表示沙样越不均匀。

二、重力特性

（一）泥沙的容重与密度

泥沙各个颗粒实有质量与实有体积的比值,称为泥沙的容重或重度 γ_s,单位为 N/m³,通常 $\gamma_s = 26$ kN/m³。

泥沙在水中的运动状态不仅与泥沙的容重 γ_s 有关,还与水的容重 γ 有关。因此,在河流泥沙研究中,常用相对数值 $\frac{\gamma_s - \gamma}{\gamma}$ 表示,即令:

$$\alpha = \frac{\gamma_s - \gamma}{\gamma} = \frac{\rho_s - \rho}{\rho} \qquad (2.5)$$

式中　ρ,ρ_s——水和泥沙的密度;

　　　α——有效容重系数,一般取 2.65。

（二）泥沙的干容重和干密度

沙样经 100～105 ℃温度烘干后,其质量与原状沙样整个体积的比值,称为泥沙的干容重 γ',单位为 N/m³。干容重 γ' 与干密度 ρ' 的换算关系为:

$$\gamma' = \rho' g \qquad (2.6)$$

泥沙干容重是确定河床冲淤泥沙质量与体积关系的一个重要物理量,分析计算中要经常用到。河床冲淤泥沙的质量 G 与体积 V 之间的换算关系为:

$$G = \gamma' V \qquad (2.7)$$

（三）沉降特性

泥沙因其容重比水大,在水中必然会往下沉降。泥沙的沉降特性是指泥沙在水中下沉时的运动状态及其沉降速度。

试验表明,泥沙颗粒在静水中下沉时的运动状态与沙粒雷诺数 $R_{ed} = \frac{\omega d}{v}$ 有关,式中 d 和 ω 分别为泥沙的粒径及沉速,v 为水的运动黏滞性系数。当 R_{ed} 较小时(<0.5),泥沙颗粒基本上沿铅垂线下沉,附近的水体几乎不发生紊乱现象,这时的运动状态称为滞性状态;当 R_{ed} 较大时(>1000),泥沙颗粒脱离铅垂线,以极大的紊动状态下沉,附近的水体产生强烈的扰动和涡动,这时的运动状态称为紊动状态;当 $0.5 < R_{ed} < 1000$ 时,泥沙颗粒下沉时的运动状态称为过渡状态(图 2.4)。

泥沙在静止的清水中等速下沉时的速度,称为泥沙的沉降速度,简称沉速,常用符号 ω 表示,单位为 cm/s。由于粒径越大,沉降速度越大,因此有些文献又称为水力粗度。

1. 球体沉速公式

① 滞流区($R_{ed} < 0.5$):

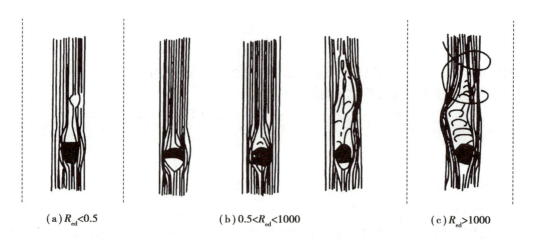

$(a) R_{ed} < 0.5$　　　　　$(b) 0.5 < R_{ed} < 1000$　　　　　$(c) R_{ed} > 1000$

图 2.4　泥沙在静水中下沉时的运动状态

$$\omega = \frac{1}{18} \frac{\gamma_s - \gamma}{\gamma} g \frac{d^2}{v} \tag{2.8}$$

②紊流区（$R_{ed} > 1000$）：

$$\omega = 1.72 \sqrt{\frac{\gamma_s - \gamma}{\gamma} gd} \tag{2.9}$$

③过渡区（$0.5 < R_{ed} < 1000$）：

$$\omega = \sqrt{\frac{4}{3C_d}} \sqrt{\frac{\gamma_s - \gamma}{\gamma} gd} \tag{2.10}$$

式中　C_d——阻力系数，与沙砾雷诺数 R_{ed} 有关，C_d 可由试验资料关系曲线确定。

2. 泥沙沉速公式

对于泥沙颗粒来说，虽然其形状与球体不同，但其沉降的物理特性与球体相似。分析认为，球体在滞流区和紊流区的沉速公式应同样适用于泥沙，只是因泥沙的形状不规则，公式前面的系数应有所不同。

由于河流泥沙沉降多属于过渡区状态，而此种状态的泥沙在下沉时的受力情况又很复杂，因此问题的关键在于推求过渡区泥沙的沉速公式。关于过渡区泥沙的沉速公式，国内外许多学者都做过研究。其中，值得首推的是张瑞瑾根据阻力叠加原理推导出的公式。

$$\omega = \sqrt{\left(13.95 \frac{v}{d}\right)^2 + 1.09 \frac{\gamma_s - \gamma}{\gamma} gd} - 13.95 \frac{v}{d} \tag{2.11}$$

值得指出的是，虽然式（2.11）是以过渡区的情况为出发点推导出来的，但经实测资料验证，它可以同时满足滞流区、紊流区以及过渡区的要求。因此式（2.11）可以被视为表达泥沙沉降速度的通用公式。该公式自提出以来，已在科研和生产设计中得到广泛应用，其详细推导过程及其应用方法可参阅有关文献。

泥沙沉速是河流泥沙的重要水力特性之一。在许多情况下，它反映了泥沙在与水流相互作用时对运动的抗拒能力。在同样的水流条件下，如果水流中的泥沙沉速越大，则这种泥沙发生沉降的倾向越大；如果河床上的泥沙沉速越大，则这种泥沙参与运动的倾向越小。因此，在研究泥沙运动问题与河道冲淤计算分析工作中常常需要使用到它。

第三节 推移质运动

推移质运动源于床面泥沙的起动。当床面泥沙由静止状态开始运动(或称起动)并达到一定程度时,床面往往会出现起伏不平的沙波,而沙波运动又通常是推移质运动的主要形式。因此,在介绍推移质运动时,需要涉及河床泥沙的起动、起动流速及沙波运动的相关概念。

一、泥沙的起动

设想在试验玻璃水槽的底部铺设一定厚度的泥沙,然后缓慢开闸进水,使水槽中的水流速度逐渐增大,直到床面泥沙(床沙)由静止转入运动,这种现象称为泥沙的起动。泥沙颗粒由静止状态变为运动状态的临界水流条件,称为泥沙的起动条件。泥沙的起动条件常用起动流速 U_c 表示,它相当于床面泥沙开始起动时的水流平均流速 U。

对于天然沙,其起动流速可由沙莫夫公式计算,即

$$U_c = 4.6 d^{\frac{1}{3}} h^{\frac{1}{6}} \qquad (2.12)$$

式中　d——泥沙粒径;

　　　h——水深。

泥沙的起动流速是判断河床冲刷状态的重要依据,因此对它的研究具有重要的理论和实践意义。例如,在研究坝下游河床冲刷时,首先需要计算河床泥沙的起动流速。当河道实际水流流速 U 超过床沙的起动流速 U_c 时,就可判定河床有可能被冲刷;反之,河床就不可能被冲刷。河床在冲刷过程中,水深随之增加,流速降低,当发展到水流条件不足以使床面泥沙继续流动时,冲刷便会自动停止。再如组成河床的泥沙粗细不均时,则细的颗粒被水流优先冲走,粗的颗粒留下来,逐渐形成一层抗冲覆盖层,冲刷便会逐渐停下来。河床冲刷前的高程与冲刷终止后的高程之差,即为河床的冲刷深度。

二、沙波运动

床面泥沙起动后,接下来可能变为推移质沿床面附近前进。从天然河道及实验室水槽中均可观测到,当推移质泥沙运动达到一定程度时,河床表面就会出现起伏不平但又看似规则的波浪状形态,称为沙波(或称沙浪)。沙波是推移质运动的外在表现形式,对水流结构、泥沙运动和河床演变均有重大影响。

沙波的纵剖面形态如图2.5所示。床面向上隆起的地方称为波峰,向下凹入的地方称为波谷。相邻两波谷或两波峰之间的距离称为波长 λ,波谷至波峰的垂直距离称为波高 h_s。沙波的运动态势是迎流面冲刷、背流面淤积,从纵剖面来看,整个沙波在水流的作用下往下游缓缓"爬行"。

天然河道中,沙波的尺度与形态差别很大。最小的一种称为沙纹,其波高、波长可能只有几厘米甚至十几厘米;最大的一种称为沙丘或沙滩,实际上是一种泥沙成型的堆积体,例

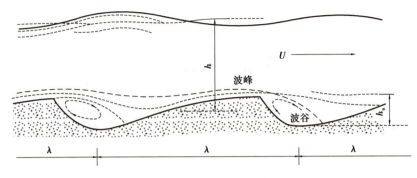

图 2.5　沙波的纵剖面形态

如,顺直河段在枯水期露出的犬牙交错状边滩就属此类,其波高一般为几米,波长则达几百米甚至上千米以上。图 2.6 所示为天然河道实测沙波形态及其运动情况实例。

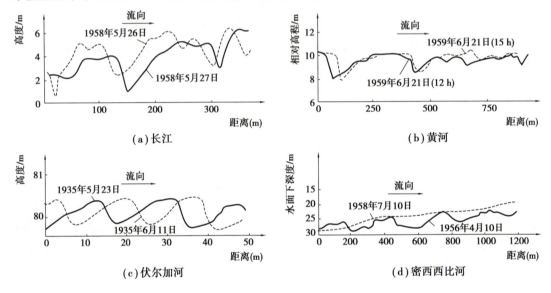

图 2.6　天然河道实测沙波形态及其运动情况实例

三、推移质输沙率

在一定水力、泥沙条件下,每秒通过过水断面的推移质数量称为推移质输沙率,用 G_b 表示,单位为 kg/s 或 t/s。由于河道沿河宽方向的水流条件变化很大,每秒通过横断面不同部位的推移质数量往往相差悬殊,故在工程实践中,常用单宽推移质输沙率 g_b 表示,单位为 kg/(m·s)或 t/(m·s)。两者之间的关系如下:

$$G_b = \sum_{i=1}^{n} g_{bi} b_i \tag{2.13}$$

式中　G_b——断面推移质输沙率;

　　　g_{bi}——i 垂线(流束)的单宽推移质输沙率;

　　　b_i——i 流束宽度。

在 Δt 时段(日、月、年)内,通过河流某断面的推移质数量称为推移质输沙量,用 W_b 表

示,常用单位为 t,可由下式表示为:

$$W_b = G_b \Delta t \tag{2.14}$$

确定推移质输沙率的方法主要有两种:一是水文测验法,即用推移质采样器直接放到河底实测;二是河流泥沙动力学方法,即先从理论上建立(单宽)推移质输沙率与水力、泥沙因子的关系表达式,并通过试验资料确定公式中的系数和指数,得出实用的(单宽)推移质输沙率公式,最后用于工程设计或生产实际计算。

从理论上建立(单宽)推移质输沙率公式的途径很多。为此国内外许多学者做了大量的科学研究工作,得到了一些形式各异的理论公式。从现阶段来看,各家公式优缺点皆有,其实用性暂时还难以得到公认。这里介绍其中一个理论公式,即以流速为主要参变数的推移质输沙率公式,仅供参考。其计算公式为:

$$g_b = \varphi \rho_s d (U - U_c) \left(\frac{U}{U_c} \right)^n \left(\frac{d}{h} \right)^m \tag{2.15}$$

式中　g_b——单宽推移质输沙率;

　　　ρ_s——泥沙密度;

　　　d——泥沙粒径;

　　　h——水深;

　　　U——垂线平均流速;

　　　U_c——泥沙起动流速;

　　　φ——综合系数;

　　　n,m——待定指数,可据实测资料反求。

推移质输沙率问题的研究具有重要的工程实际意义。例如,在山区河道修建水库之后,水库回水末端的推移质淤积碍航问题;水电站排沙底孔的推移质泥沙过机问题;山区河道模型试验研究等,均无一不涉及推移质输沙率的定量计算。从现阶段来看,推移质问题研究的理论成果虽然为数不少,但真正能用于解决工程实际问题的却不多。

还需要指出的是,当前急需改进野外推移质的观测手段与设备,以提高江河推移质的测验效率与资料精度。只有在天然实测资料精度与可靠性有了大的提高后,推移质问题的理论研究才有可能取得大的进展。

第四节　悬移质运动

悬移质是随水流悬浮前进的泥沙。自然界中的河流,完全不挟带悬移质泥沙的几乎没有。日常所见的许多河流,河水浑浊,汛期更是如此,表明河水总要挟带一定数量的悬移质泥沙。

江河中运动的泥沙主要有推移质和悬移质两种。从数量上来说,悬移质占江河输沙的绝大部分,推移质往往只占总输沙量的极小部分。例如,长江宜昌站历年实测推移质泥沙的年输沙量不足 1000 万 t,仅占多年平均悬移质年输沙量 3.76 亿 t 的 1% ~ 2%。因此,在河流蚀山造原(指平原)的进程中,悬移质至少在数量上起着更为重要的作用。

都江堰泥沙运动

一、悬移质泥沙的基本特性

悬移质泥沙在水中被紊动涡体所挟持而运动。其运动状态是,时升时降,时而接近水面,时而触及河床,具有随机性,运动迹线连续而不规则。

天然河流悬移质泥沙的组成特点是:颗粒较细、粗细不均匀。与山区河流相比,平原河流的悬移质泥沙更细、分布更不均匀。一般来说,河流越往下游,悬移质的泥沙组成越细、越不均匀。

含沙量是表示河水挟带悬移质泥沙多少的重要指标。在天然河流中,悬移质含沙量因河因时而异。不同的河流,悬移质含沙量的差别往往很大。有的河流含沙量不足 $1 \ kg/m^3$,而有的则达几十、几百甚至上千余。例如,我国黄河为世界著名的多泥沙河流,其含沙量一般都在每立方米几十千克以上。另外,在同一河流,不同的河段含沙量不同;即使是同一河段,在不同的时间,含沙量也会不同,如汛期的含沙量就比枯水季节要大。

天然河流中的水与沙,在年内一般有相对集中、峰峰相应的时遇规律。即在一个水文年中,汛期水大沙也大,非汛期水小沙也小。天然河流的水量和沙量主要集中在汛期,而泥沙量的集中程度则更为突出。不少江河汛期的输沙量占全年的 $80\% \sim 90\%$,如黄河汛期(7—9月)的输沙量约占全年总输沙量的85%,长江宜昌站汛期(5—10月)的输沙量约占全年总输沙量的95%。

图2.7所示为长江宜昌站1974年的流量、含沙量过程线。由图可知,年内水沙过程线反映的规律是:水沙过程峰起峰落,几乎是峰峰相应,但显示沙峰超前于洪峰,全年大部分泥沙集中在洪水期的前半期。

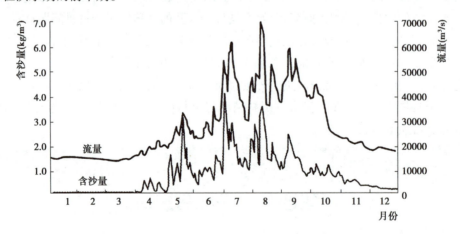

图2.7 长江宜昌站1974年的流量、含沙量过程线

二、悬移质含沙量沿垂线分布

悬移质含沙量沿垂线(水深)分布不均匀。实测资料表明,含沙量沿垂线的分布特征是"上小下大"或"上稀下浓"。也就是说,河流含沙量沿垂线自水面向河底逐渐增大,水面最小,河底最大(图2.8)。含沙量沿垂线分布的这种不均匀的规律,泥沙颗粒越粗越明显。

含沙量在横断面上的分布可用含沙量的断面等值线图表示。图2.9为长江武汉天兴洲河段1957年实测的含沙量断面等值线图。由图可知,水面含沙量小,河底含沙量大,即含沙量沿水深"上小下大"的分布特征十分显著。

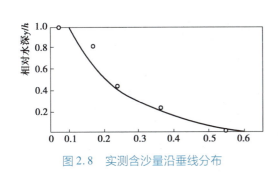

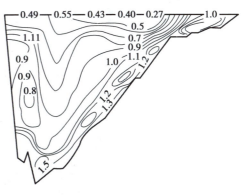

图2.8　实测含沙量沿垂线分布　　图2.9　长江武汉天兴洲河段1957年实测含沙量断面等值线图(单位: kg/m³)

关于悬移质含沙量沿垂线分布的理论公式有很多。其中,最有代表性的是罗斯(H. Rouse)公式。该式表达的是,在二维均匀流的平衡情况下,悬移质含沙量沿垂线分布的规律:

$$\frac{S}{S_a} = \left[\frac{\dfrac{h}{y}-1}{\dfrac{h}{a}-1} \right]^{\frac{\omega}{kU_*}} \qquad (2.16)$$

式中　S, S_a——垂线上y处及参考点$y=a$处的含沙量;

h——水深;

$\dfrac{\omega}{kU_*}$——悬浮指标;

k——卡门常数,可取值0.4;

ω——泥沙沉速;

U_*——摩阻流速,$U_* = \sqrt{ghJ}$;

g——重力加速度;

J——河道比降。

有了悬移质含沙量沿垂线分布的理论表达式,便可根据河流的水力泥沙因子公式算出垂线各点的含沙量,并可绘出含沙量的垂线分布图形。进一步地,可以与流速U的垂线分布公式相结合,分析悬移质输沙率的沿垂线分布规律,并用于计算悬移质输沙量。

河流悬移质含沙量沿垂线分布的规律具有很高的工程实际和生产、生活应用价值。当我们从河流中引水时,应尽可能地引取接近表层含沙较少的水;若希望水库泄流排走更多的泥沙时,就应把排沙洞(孔)设置在大坝底部,以尽可能地排走水库底层含沙较多的水,所谓水库异重流排沙就是利用的这一原理。图2.10所示为黄河流域小浪底水库底孔排沙时的情景。

图 2.10　小浪底水库底孔排沙时的情景

三、悬移质水流挟沙能力

天然河流的河床之所以会出现有时冲刷,有时淤积的现象,从根本上讲,是在一定的水流、河床条件下,泥沙输移不平衡造成的。或者说,是上游来沙量与当地水流的挟沙能力不协调的结果。若上游来沙量过多,而当地水流的挟沙能力有限时,水流无力带走全部泥沙,势必卸下一部分于河床中,这就表现为河床的淤积;相反,若上游来沙量过少,而当地水流的挟沙能力有富余,且河床又有大量的可冲性沙源时,则水流将会本能性地从河床上冲起一部分泥沙,以满足自身挟沙之需。这就是所谓的水流挟沙的饱和倾向性,也就是悬移质水流挟沙能力的基本概念。

在一定的水流和河床条件下,河道水流挟带泥沙的能力是有限的。在水流挟沙极限情况下的含沙量,称为临界含沙量或饱和含沙量。上游来水中的泥沙较之过多或过少,都会引起河床作出淤积或冲刷的反应。

因此,河道水流挟沙能力的定义为:它是指在一定的水流和河床条件下,每立方米水体所能挟带的悬移质泥沙的能力(指泥沙质量),通常用符号 S_* 表示,单位同含沙量,即 kg/m^3。

在实际情形中,当上游来水含沙量(床沙质)大于当地水流挟沙能力时,这种情况被称为挟沙过饱和或超饱和;反之,则被称为次饱和或欠饱和。若水流挟沙处于超饱和状态,河床将发生淤积,河床淤积抬高之后,过水断面减小,流速增大,水流挟沙能力随之提高,当水流挟沙能力提高到与来水含沙量相当,即水流输沙达到平衡或饱和状态时,河床淤积停止。相反的情况是,若水流挟沙欠饱和时,且当地河床为沙质组成且可冲的话,水流势必冲刷河床,河床高程下降,过水断面增大,流速减小,水流挟沙能力随之降低,当水流挟沙能力降至与来水含沙量相等时,水流输沙达到新的平衡或饱和状态,河床冲刷停止。这就是天然河流水流与河床的自动调整作用。

悬移质水流挟沙能力是河流动力学中一个很重要的概念,在很多情况下都要用到它。

如在河流上修建水库和江河治理规划设计中,通常都要进行关于泥沙输送以及河床的冲刷和淤积等方面的计算,这些工作都必须了解某种条件下水流能够挟带的沙量,即水流挟沙能力。因此水流挟沙能力问题的研究,一直受到国内外学者的高度重视。张瑞瑾在理论推导和大量实测资料分析的基础上,提出如下水流挟沙能力公式:

$$S_* = k\left(\frac{U^3}{gR\omega}\right)^m \tag{2.17}$$

式中　U——断面平均流速;

　　　R——水力半径,一般取等于断面平均水深 h;

　　　ω——泥沙沉速;

　　　g——重力加速度;

　　　k,m——待定系数和指数,由江河实测资料确定。

在实际应用时,对于某特定河段,只要根据该河段的已有实测水流、泥沙资料,定出公式中的系数 k 和指数 m,就可得到实用的水流挟沙能力公式的具体形式。这样得到的水流挟沙能力公式,虽从原则上讲只能适用于本河段,但在许多情况下,可供同一河流的其他河段参考应用。在实际计算时,只要已知河道的水流泥沙因素(U、R、w)便可算出相应的水流挟沙能力 S_*,再将所得的 S_* 与来流悬移质含沙量(床沙质)S 相比,即可判定河床是冲或淤。

四、悬移质输沙量

在 Δt 时段(日、月、年)内,通过河流某断面的悬移质数量,称为断面悬移质输沙量,用 W_s 表示,单位为 t。其计算公式为:

$$W_s = G_s\Delta t \tag{2.18}$$

式中　G_s——断面悬移质输沙量,t/s;

　　　Δt——时段,s。

通过单位河宽的悬移质输沙量,称为单宽悬移质输沙率,用 g_s 表示,单位为 kg/($s\cdot m$)或 t/($s\cdot m$)。

断面悬移质输沙率的确定方法有两种:一种是水文测验法,即在河道上选定水文测验断面,通过实测垂线各点的流速、含沙量,按照泥沙测验规范的方法与步骤求得;另一种是河流动力学法,即根据水力、泥沙因素建立二维流悬移质输沙率公式并进行计算。其做法是:根据流速 U 和含沙量 S 的沿垂线分布公式,将 U 与 S 两者相乘,得单宽悬移质输沙率 $G_s = US$ 的分布公式,再沿水深积分(求和),求得单宽悬移质输沙率,继而沿河宽方向求和即得。若近似按一维流断面平均来考虑,根据悬移质输沙率的定义,可得:

$$G_s = SQ \tag{2.19}$$

$$g_s = Sq \tag{2.20}$$

式中　G_s——断面平均或垂线平均含沙量,当河床处于不冲不淤相对平衡状态时,它等于水流挟沙能力 S_*,kg/m³;

　　　Q——断面流量,m³/s;

　　　q——单宽流量,m³/($s\cdot m$)。

第五节　异重流

一、异重流的一般特性

在水库大坝泄水孔下游,汛期有时会有浑浊的泥水流出,而此时的库水却澄澈晶莹,毫无浑浊迹象。这说明从上游来的浑水,在库中某处潜入库底,行经长距离不与清水相混,直至通过泄水孔排出。潜入点附近往往有大量漂浮物集聚,这是水库中产生这种现象的重要标志(图2.11)。引水渠道中,在闸门关闭期间,如果大河水位较高,含沙量较大,往往会出现严重淤积。这说明尽管闸门关闭,泥沙仍能源源不断地从河流进入引水渠道落淤。在水深较浅的引水渠道中,有时可以看到大河浑水在口门附近潜入引水渠道,向渠首闸内溯;借助于水面漂浮物,还可看到引水渠道中的表层清水缓缓向大河回流(图2.12)。这些现象称作异重流。

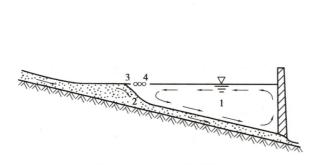

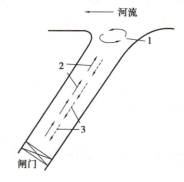

图2.11　水库中的异重流　　　　　　　图2.12　引水渠中的异重流

1—清水;2—异重流;3—潜入点;4—漂浮物　　　1—回流;2—表面水面;3—底层水流

我们只限于讨论水流因携带泥沙而形成的浑水异重流。这种异重流通常以浑水在清水下面流动的下异重流(或称潜流)的形式出现。以上所说的水库及引水渠道中的异重流,都是这种类型。研究异重流的目的在于摸清它的运动规律,并加以有效利用。如利用水库异重流排泄入库泥沙,减少引水渠道中因异重流造成的泥沙淤积等。在我国多沙河流域上,这些都是值得重视的问题。

异重流的产生必须满足两个条件:一是两种流体异重;二是重率差异不大。河流中含沙量的差异是形成浑水异重流的根本原因。清水与浑水之间,重率存在着微小的差异,这将导致形成流体间的压力差,从而形成异重流。

异重流是两种或两种以上的流体互相接触,重率有一定的但是较小的差异,如果其中一种流体沿着交界面的方向运动,在交界面以及其他特殊的局部处所,虽然不同流体间可能有一定程度的掺混现象发生,但是整体来说,在运动过程中不会出现全局性的掺混现象,这种流动称为异重流。

清、浑水的重率差异是产生异重流的根本原因。设想位于垂直交界面两侧的流体具有不同的重率,如一侧为清水,另一侧为浑水。显然,交界面上任一点所承受的压力两侧是不同的。由于浑水的重率较清水略大,因此浑水一侧的压力应大于清水一侧的压力。这种压力差的存在必然促使浑水向清水一侧流动。由于越接近河底,压力差越大,因此流动又必然采取向下潜入的形式。这就是产生浑水异重流的物理实质。

河道中形成异重流后,由于异重流处于清水包裹之中,并受到上层水流的影响,因此具有以下特性:

1. 重力作用大大减弱

由于异重流的重率比清水重率稍大,又受清水浮力作用,浑水的重力作用大大减弱,浑水的有效重力只是清水重率的 $1/100 \sim 1/1000$。这是异重流的显著特点。

2. 由于重力作用减弱,惯性力作用变得十分突出

通过用弗汝德数对比同流速、同水深的清水和浑水的关系,知道浑水弗汝德数远大于清水弗汝德数。完全可以说明浑水惯性力与重力的相对关系比一般水流大,因此异重流在流动过程中能够比较容易地超越障碍物和爬高(图 2.13 和图 2.14)。

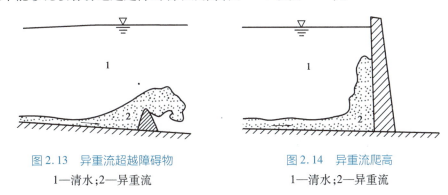

图 2.13　异重流超越障碍物
1—清水;2—异重流

图 2.14　异重流爬高
1—清水;2—异重流

3. 阻力作用相对突出

与水力半径、底坡、阻力系数相同的一般水流相比,异重流的流速比一般水流的流速要小得多,反映了阻力作用的相对突出。

二、水库异重流

水库蓄水时,泥沙大部分沉淀,库水的重率与清水相近。洪水期携带大量细泥沙的水流进入水库后,较粗泥沙先在库尾淤积,较细泥沙随水流继续前进。这种浑水,与水库中原有的清水相比,重率较大。在一定条件下,浑水水流便可插入库底,以异重流的形式向前运动。如果洪水能持续一定的时间,库底又有足够的比降,异重流则能运行到坝前。在坝体设有适当孔口并能及时开启的条件下,异重流便可排出库外。

从实践中认识到,利用异重流排沙是减少水库淤积的一条有效途径。特别是多沙河流上的中小型水库,回水短,比降大,产生异重流的机会多,且有足够的能量运行到坝前,只要调度得当,异重流排沙的效果是很好的。我国陕西黑松林水库,对异重流排沙共观测了 7 次,进沙 95.39 万 t,排沙 58.37 万 t,平均排沙效率为 61.2%,最高达 91.4%。但并不是所有的异重流都能够运行到坝前,它可能运行到半途便自行消灭;另外,如果坝体没有相应的泄流装置,或者开闸不及时,异重流不能排往库外,它的淤积量也是比较大的。官厅水库曾统

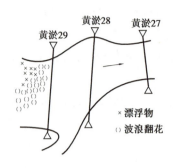

图 2.15　三门峡水库异重流
潜入点附近的水面流态

计,异重流的淤积量可占进库总沙量的 44.5%。异重流造成的坝前淤积,不仅会增加拦河坝的侧压力,给水库造成不利影响,而且淤积物会减少库容,缩短水库寿命。相反,如果控制得好,利用异重流排出库外的浑水,还可作放淤之用,有利于农业生产。因此,在水库的规划设计和运行管理过程中,都应考虑这些问题。当水库发生异重流时,在异重流上面的较轻的库水,受到异重流的带动形成纵向环流,导致水库表面呈现出反向(向上游)流动。浑水潜入库底的地方,正是顺流而下的浑水与逆流而上的清水的交界处。在这里,可以观察到明显的清浑水分界线,分界线附近有漂浮物积聚。分界线前面和两侧,泥沙翻出水面,可以看到一团团的浑水漩涡,如图 2.15 所示。

异重流形成后,能否持续运动到达坝前,取决于一系列的因素。这些因素除含沙量差异及在水流中含有大量细颗粒泥沙外,还包括以下几个方面:

1. 进库流量

在一般情况下,进库流量越大,产生异重流的强度就越大,这样可以产生较大的初速,因而运行速度快,故能在较短时间内流到坝前。

2. 洪峰持续时间

如果洪峰持续时间较长,则异重流运动的历时也会更长。上游进入的浑水流量减小,含沙量也减小,同原来运动着的异重流便不能保持连续,异重流很快停止而消失。在水槽试验中,一旦上游来水中断,异重流则很快停止运动。

3. 地形

异重流通过地形局部变化的地方将损失一部分能量。如果开始的异重流流速很小,经过扩大段或弯道段的局部损失,流速会变得更小,甚至不能继续向前运动。

4. 库底坡降

要使产生的异重流能够持续下去,水库库底必须有一定的坡降。如同天然河道中的一般水流一样,异重流只有凭借势能的消耗去克服沿程的阻力损失。如果坡降较大,异重流的流速也较大,能较快地到达坝前。

当然,异重流运行到坝前并不等于泥沙就能排出库外。一方面要设计好泄水孔的高程和形式,才能有效地排沙;另一方面要及时打开闸门,让浑水排出去。前者属于异重流孔口出流问题,后者与异重流运行速度有关。

三、河渠异重流

闸门关闭情况下的无坝引水渠、低水头枢纽的上下引航道或人工运河,均只有一头与河道相通,另一头是封闭的,形成盲肠河段。乍一看,"盲肠"内似乎是一片死水,泥沙无法进入。实际上,在某些条件下将形成异重流,大量泥沙源源不断地随异重流进入"盲肠",造成严重淤积。黄河下游许多无坝引水渠,在大河出现沙峰关闸停止引水时,如不采取有效措施,短期内就有可能将引水渠淤死。我国长江青山运河,设计时没有考虑异重流淤积,计算淤积量与实际淤积量竟相差 20 倍之多,以致每年都需要疏浚来维持航道的正常运行,严重影响了生产运营(图2.16)。不少低水头枢纽的上下引航道,也同样存在异重流淤积问题,须采取措施才能保证通航。

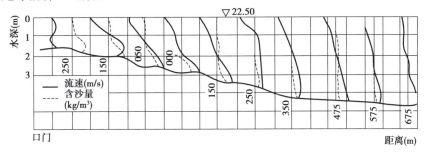

图2.16　青山运河垂线流速分布和含沙量分布沿程变化图

　　形成河渠异重流的根本原因还是重率的差异。"盲肠"内的水基本上呈静止状态,重率近似清水;而江河的水,挟有一定数量的泥沙,两种水体重率上的差异形成了压力差。口门处的含沙量越大,水深越大,则二者的压力差也越大。由于底部的压力差远较水面为大,重率较大的浑水便沿着河底向"盲肠"内流去。通过水流的连续作用,清水以相反的方向流向江河(图2.17)。浑水潜入运河后流速沿程降低,含沙量也随之沿程递减,造成泥沙沿程落淤。口门附近落淤量最大,距口门越远则落淤量越少。淤积体具有临河外坡较陡较短的拦门坎形式(图2.17)。异重流的淤积物粒径很细,一般都在0.025 mm以下,并自口门向内沿程递减。图2.18反映了同一盲肠河段异重流及回流淤积物级配的沿程变化,由图可知,在异重流淤积区内,d_{50}在0.01~0.02 mm范围内。

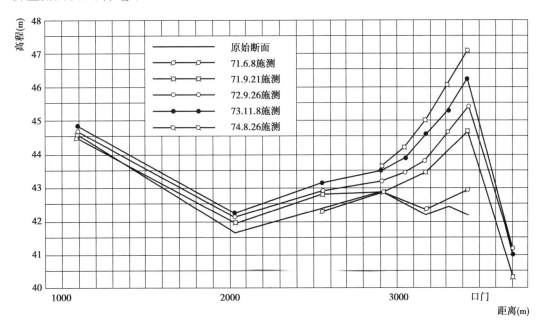

图2.17　长江某盲肠河段河岸异重流及回流淤积纵剖面图

　　河渠异重流的一个突出特点是受回流的影响比较大。在存在盲肠河段的条件下,由于静水对动水的阻滞作用,必然在口门处形成回流。回流区将主流区和静水区隔离开来。主流区含沙量较回流区大,存在含沙量梯度。在紊动扩散作用下,主流区的泥沙穿过主流与回

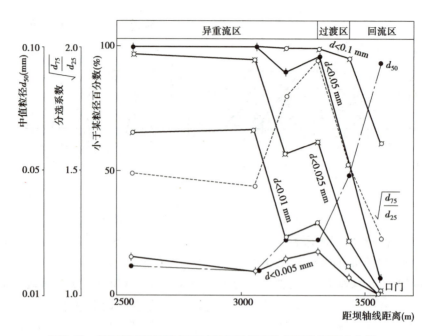

图 2.18　长江某盲肠河段异重流及回流淤积物级配的沿程变化图

流的交界面,向回流区转移;其中较粗的一部分,进入回流区后,很快就沉淀下来了,形成拦河坎;较细的一部分,以异重流形式进入静水区落淤。回流淤积量一般较异重流淤积量少,仅为总淤积量的 1/6～1/4,但淤积比较集中,淤厚较大。回流淤区的存在不但会影响异重流的输沙量,而且起拦截粗泥沙的作用。

河渠异重流一般因水深不大,潜入速度较小,受外在因素干扰较大。部分野外及室内试验资料表明,如果在盲肠河段内存在流向口门的客水,即使流量甚小,也会严重限制异重流的发展。

异重流淤积和与之相伴的回流淤积,对无坝引水渠、低水头枢纽的上下引航道、人工运河等的正常运用,是一个很大的威胁,必须采取妥善措施加以解决。

第六节　我国河流泥沙情况

中国河流泥沙公报(2023)

一、概况

我国江河众多,泥沙问题突出。受流域环境及气候因素影响,我国不同地理位置的河流的径流、泥沙特征差异很大。相对来说,北方地区的河流,水少沙多;而南方地区的河流,则水多沙少。从河流含沙量来看,北方河流的含沙量,特别是黄河中游干、支流,年平均含沙量一般在每立方米几十千克以上,有时高达几百千克,其中,汛期最大实测含沙量有的竟达千余千克以上;而南方一些河流,年平均含沙量常常不足 $1\ kg/m^3$。不同地区河流的这种极不均等的泥沙现状,与我国各地区的水土流失程度紧密相关。表 2.2 是我国 2023 年主要河流多年平均水沙特征值的统计资料。

表 2.2　2023 年主要河流实测水沙特征值

河流	控制流域面积（万 km²）	年径流量（亿 m³）			年输沙量（万 t）		
		多年平均	近 10 年平均	2023 年	多年平均	近 10 年平均	2023 年
长江	170.54	8983	9051	6720	35100	10600	4450
黄河	68.22	335.3	302.1	270.3	92100	16100	9530
淮河	13.16	282.0	271.2	216.8	997	384	190
海河	14.13	73.68	46.92	62.55	3770	301	936
珠江	45.11	3138	3057	2035	6980	2400	885
松花江	42.18	480.2	536.8	564.0	692	590	997
辽河	14.87	74.15	71.97	78.03	1490	264	480
钱塘江	2.43	218.3	237.6	136.1	275	298	62.8
闽江	5.85	576.0	580.5	457.0	576	219	75.3
塔里木河	15.04	72.76	81.31	78.30	2050	1600	2200
黑河	1.00	16.67	19.90	13.48	193	97.2	89.0
疏勒河	2.53	14.02	18.79	15.71	421	552	383
青海湖区	1.57	12.18	19.23	13.53	49.9	79.4	85.2
合计	396.93	14280	14300	10660	145000	33500	20400

注：以上数据来自水利部编著的《中国河流泥沙公报（2023）》。

二、长江泥沙的主要特点

长江是世界第三、中国第一大河，干流全长 6300 余 km，自西向东流经青海、四川、西藏、云南、重庆、湖北、湖南、江西、安徽、江苏、上海等 11 个省（自治区、直辖市）注入东海。支流展延至贵州、甘肃、陕西、河南、浙江、广西、广东、福建等 8 个省。流域面积为 170.54 万 km²，相当于黄河流域面积的 2.5 倍。约占全国国土面积的 18.8%。

长江水量丰沛，入海多年平均年径流量为 9000 亿 m³，占我国江河入海总水量的 1/3 以上，位居亚洲江河第一位，世界江河第四位。长江的水量约 46% 来自上游（宜昌以上）。长江干、支流水量的年内分配，明显分为汛期和非汛期。干流汛期（5—10 月）水量占全年径流量的百分数，上游为 79%～82%，中下游为 71%～79%。

长江泥沙的主要特点如下：

①含沙量不高，输沙量大，输移泥沙主要为悬移质。例如，宜昌水文站 1950—2020 年平均含沙量约为 0.869 kg/m³，年均输沙量为 3.76 亿 t。相对于多泥沙河流而言，长江水流含沙量虽不高，但因其水量丰沛，输沙量仍然很大。

②年内泥沙主要集中在汛期。长江干流各站的年输沙量，有 85%～96% 集中在汛期（5—10 月）。在上游各支流年输沙量中，约有 95% 集中在汛期。

③泥沙主要来自上游（宜昌以上）。来自金沙江和嘉陵江两江的泥沙，合计约占宜昌站

泥沙的72%。长江干流主要水文站年均输沙量沿程变化(图2.19)显示,自青海玉树直门达871万t开始,逐渐向下游递增,至宜昌最大输沙量为5.0亿t。宜昌以下,由于部分泥沙淤积在湖泊与河道中,下游各站的输沙量均比宜昌有所减少。下游控制站大通站的多年年均输沙量约为4.33亿t,在世界江河中居第五位。

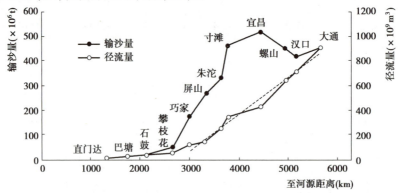

图2.19　长江年径流量、输沙量沿程变化图

④中下游河道河势总体稳定,泥沙冲淤大致平衡,防洪问题不突出。长江中下游河道的河势,虽局部河段变化较大,但从总体看相对稳定。泥沙冲淤除部分河段变幅较大外,特别是宜昌—城陵矶—武汉河段,但总体看冲淤相对平衡。长江中下游河道泄洪能力普遍较低,特别是荆江河段,上游洪水来量大于河道安全泄量,汛期洪水位高于两岸地面数米以上,因而有"万里长江,险在荆江"之说。

⑤江湖关系复杂。长江中下游河道与许多天然湖泊相通。如"千湖之省"的湖北省,大多数湖泊与长江、汉江相通。江与湖的水沙进出关系复杂,进而影响河道的河床演变以及地区的防洪安全。例如,洞庭湖地区,接纳荆江松滋、太平、藕池和调弦四口分流和湘、资、沅、澧四水来流,于城陵矶出流汇入长江,构成复杂的江湖关系。洞庭湖是长江中下游重要的调蓄湖泊,担负着长江分流、分沙和洪水调蓄的任务,对分泄荆江洪水起着十分重要的作用。近几十年来,受四口分流道淤积等自然因素和下荆江裁弯等人为因素的影响,荆江三口分流分沙逐渐减少,形成了江湖关系调整变化的新动向。主要表现为荆江与洞庭湖出流的相互顶托关系的改变,及其引起的(如洪水位抬高等)诸方面的问题。

⑥下荆江裁弯及河势控制工程影响。近50年来,长江中游下荆江分别于1967年、1969年实施了中洲子、上车湾裁弯。1972年发生了沙滩子自然裁弯,以及实施以护岸工程为主的河势控制工程建设。这些事件使长江河道的自然演变属性发生了某些改变,如裁弯缩短了航程,提高了河道泄洪能力。河势控制工程有效地抑制了河岸的冲刷,增强了河岸的稳定性,从而有利于河道朝稳定的方向发展。

⑦干、支流水库影响。近几十年来,长江流域干、支流上游修建了大量水库。这些水库相继建成后,因蓄水拦沙改变了下游河道的自然水沙过程,主要表现为洪峰削减,枯水流量增大,下泄水流含沙量显著减小。特别是三峡水库建成运用后,"清水"下泄,水流挟沙能力严重不饱和,因而长江中下游河道特别是荆江河段,发生长时间的沿程冲刷。在河床冲刷的总趋势下,洪水位降低,对防洪总体有利。但也可能出现新的问题,如因局部河势调整而出现新的险工,或对已建护岸工程安全构成威胁。

此外,从航道条件讲,汛期沙量减少、浅滩淤积减轻,枯期泄量加大又有利于浅滩冲刷,因而对航道有利。但也应注意的是,河床冲刷调整有可能形成新的滩险而危害通航。

三、黄河泥沙的主要特点

1. 水少沙多

黄河水沙搭配不协调,即水少沙多。黄河多年平均径流量为335.3亿 m^3,仅占全国河川径流量的2%,约相当于长江的1/27;多年平均输沙量9.21亿 t,约为长江的3倍;平均含沙量(三门峡水文站)24.5 kg/m^3,约为长江(宜昌水文站平均含沙量0.869 kg/m^3)的28倍。黄河干流(龙门水文站)实测最大含沙量达933 kg/m^3(1966年7月18日)。可见黄河的沙量之多,含沙量之高,在世界江河中是绝无仅有的。如果把9.21亿 t泥沙堆成高、宽各1 m的土堤,可以绕地球赤道26圈。

2. 水沙异源

黄河的水量主要来自上游,而沙量则主要来自中游。兰州以上,控制流域面积占花园口以上流域面积的30%,水量占56%,沙量极少。黄河沙量的90%来自中游河口镇至三门峡区间(图2.20)。其中,河口镇至龙门区间,流域面积只有11万 km^2,区间径流量占花园口水文站径流量的13%,而区间年输沙量占全河总输沙量的56%。

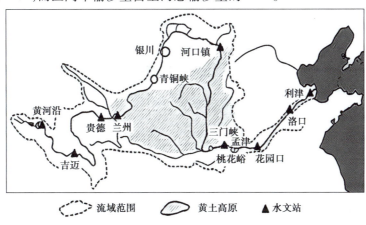

图2.20　黄河水沙异源态势图

3. 水土流失严重

黄河流经的黄土高原地区,土层深厚,土质疏松,地形破碎,水土流失极为严重。黄土高原面积约为64万 km^2,而水土流失面积达45.4万 km^2,占总面积的71%(图2.21)。其中,侵蚀模数大于8000 $t/(km^2 \cdot a)$的极强度水蚀面积为8.5万 km^2,占全国同类面积的64%;侵蚀模数大于15000 $t/(km^2 \cdot a)$的剧烈水蚀面积为3.7万 km^2,约占全国同类面积的90%。

把黄河染成"黄"河的主要是黄土高原地区的众多支流。该地区支流的泥沙含量很大。例如,泾河张家山站多年平均年水量为15.55亿 m^3,沙量为1.98亿 t,平均含沙量为127 kg/m^3;北洛河洑头站多年平均年水量为7.679亿 m^3,沙量为0.65亿 t,平均含沙量为84.3 kg/m^3。黄河支流窟野河温家川站,1958年7月10日实测最大含沙量竟达1700 kg/m^3,其数字十分惊人。

图 2.21　黄土高原

4. 年内、年际分布不均

黄河水沙年内、年际分布很不均匀。年内 85% 的泥沙和 60% 的水量产自汛期。年内最大月输沙量一般出现在 7 月、8 月,这两月的输沙量占年输沙量的百分数,干流站约为 50%,支流站达 70% 以上。从输沙量的年际变化看,干流站最大、最小年输沙量变幅在 5 倍以上,而支流站的变幅则更大。此外,水量与沙量并非完全相应,如 1977 年为枯水多沙年,花园口站年径流量只有 327 亿 m³,而年输沙量却达 20.8 亿 t。

5. 河床持续淤积抬高

黄河年均约有 4 亿 t 泥沙淤积在下游河道,使河床平均每年抬高约 10 cm,多年来呈持续淤积抬高之势,形成著名的"地上悬河"。目前,河床滩面高出背河地面一般在 4~6 m,有的地方达 10 m 以上。河南省新乡市的地面低于黄河河床 20 m,开封市的地面低于黄河河床 13 m(图 2.22)。

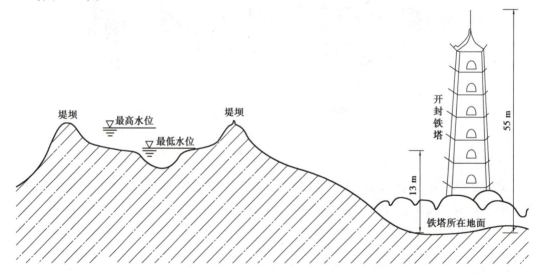

图 2.22　开封附近地上悬河示意图

1958 年以后,黄河下游两岸滩区群众"与河争地",在黄河滩上修建生产堤,缩窄了河道行洪宽度,以致大量泥沙淤积在河槽内。于是在一些局部河段,在原"地上悬河"的基础上,出现了河槽高于滩地的"二级悬河"现象(图 2.23)。其特征是"槽高、滩低、堤根洼"。20 世纪 70 年代以来,"二级悬河"发展迅速,尤其在

地上悬河

夹河滩至高村河段表现更为突出,由此带来的防洪问题更为严峻。"地上悬河"形成后,黄河下游郑州以下河道现已成为淮河、海河两大水系的分水岭,因此,从严格意义上讲,黄河下游两岸已不属于黄河流域了。

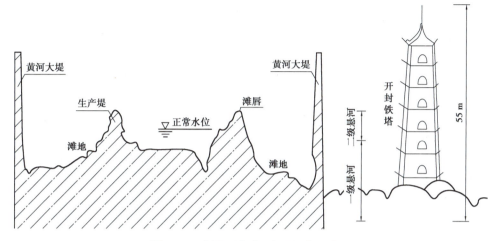

图 2.23　黄河下游"二级悬河"示意图

6. 河道断流

1965 年以来,随着我国经济的增长,黄河两岸工农业引水量逐年增大。自 1972 年黄河下游河道首次发生断流以来,断流现象频繁发生。特别是 20 世纪 90 年代,黄河下游几乎年年断流,断流河长也逐渐增大。在 1972—1999 年的 28 年中,黄河断流年份为 23 年,占 82.1%。其中,断流长度超过艾山的有 5 年,占 17.8%;超过高村的有 4 年,占 14.3%;最为严重的是 1997 年,断流河长达 700 km,已超过了夹河滩。黄河下游频频出现断流后,泥沙不能排入海中,河槽不能冲刷,反而淤积抬高,对大洪水年的行洪泄洪极为不利。

7. 人类活动影响

人类活动对黄河水沙影响的表现形式有很多,如水土保持、引水引沙,特别是水库的蓄水拦沙和调水调沙等。自 20 世纪 50 年代以来,黄河干流已建和在建大型水库 12 座,总库容已大于黄河天然径流量,其中尤以龙羊峡、刘家峡、三门峡、小浪底等水库对水沙的调节作用最显著。特别是自 1999 年 10 月小浪底水库投入运行以来,进入下游的水沙条件发生了较大改变,下游河道处于持续冲刷状态。近年来,国家采取黄河水量统一管理与调度等一系列措施后,黄河下游断流现象不再出现。

第三章 河床演变

【学习任务】

了解长江、黄河的形成与演变简史;掌握河床演变分类;掌握河相关系及河床稳定性;掌握河床演变的基本规律;掌握山区河流和平原河流的基本特性。

【课程导入】

河床演变是水流与河床以泥沙为媒介永不停止的相互作用的结果,表现为河床变形。河床变形必然导致自然环境的变化,如影响水生生物栖息环境、影响区域水文循环、导致洪水或泥石流等自然灾害的增加等。研究河床演变,掌握河床演变规律,就是要在河道整治的同时减少对自然环境的影响,甚至变不利为有利。因为自然是人类生存的基础,党的二十大报告中提出:"大自然是人类赖以生存发展的基本条件。尊重自然、顺应自然、保护自然,是全面建设社会主义现代化国家的内在要求。"

第一节 河床演变的概念及分类

一、河床演变的概念

静止的、不变的河床是不存在的。天然河流总是处在不断发展变化过程之中。在河道上修建水利工程、河道整治工程或其他工程后,受建筑物的影响,河床变化将更为显著,要有效地整治河流,就必须掌握河床演变的基本原理。

河床演变的含义有广义和狭义两个方面。广义的河床演变是指从河源到河口所流经河谷各个部分的形成和发展的整个历史过程;狭义的河床演变则仅限于近代冲积河床的演变发展。前者主要属于河流地貌学的研究范畴,后者则属于河床演变学的研究范畴。本章所说的河床演变是针对后者而言的。但应指出的是,由于近期的河床演变是建立在历史的河床和河谷各个部分的变化基础之上的,因此二者有着内在的联系,不能加以截然分开。

二、河床演变的分类

天然河流中,河床演变的现象多种多样,同时也是极其复杂的。根据河床演变的某些特征,可将冲积河流的河床演变现象分为以下几类。

1. 长期变形和短期变形

按河床演变的时间特征分,可分为长期变形和短期变形。即使撇开年代久远的历史变形不计,仅就河流当前演变的所谓近期变形而言,也会因时间尺度的不同,演变性质差异很大。例如,由河底沙波运动引起的河床变形通常不过数小时甚至数天;而由水下成型堆积体引起的河床变形则可能长达数月乃至数年;此外,发展成蛇曲状的弯曲河流,经过裁直后再度向弯曲发展,其历时可能长达数十年、百年之久;至于修建巨型水库造成的坝上游淤积、坝下游冲刷,其变形可能持续数百年以上。值得注意的是,有些短时间尺度的变形,如果放在长时间尺度下衡量,其平均情况可以认为是不变的。前述沙波运动是如此,成型堆积体也是如此,甚至弯曲河流的演变也可以认为基本上是如此。但有些变形则不然,如修建大型水库后发生的坝上淤积、坝下冲刷,最终虽然也可能导致恢复输沙平衡,但原来斜坡式的河流纵剖面将一去不复返地改变成阶梯式的河流纵剖面。

2. 整体变形和局部变形

按河床演变的空间特征分,可分为整体变形和局部变形。整体变形一般是指大范围的变形,如黄河下游的河床抬升遍及几百千米的河床;局部变形一般是指发生在范围不大的区域内的变形,如浅滩河段的汛期淤积、桥墩附近的局部冲刷等。

3. 纵向变形、横向变形和平面变形

按河床演变形式特征分,可分为纵向变形、横向变形和平面变形。纵向变形是指河床沿纵深方向发生的变形,如坝上游的沿程淤积、坝下游的沿程冲刷;横向变形是指河床在与流向垂直的两侧方向发生的变形,如弯道的凹岸冲刷、凸岸淤积;平面变形是指从空中俯瞰河道发生的平面变化,如蜿蜒型河段的河湾在平面上的缓慢向下游蠕动。

4. 单向变形和复归性变形

按河床演变的方向性特征分,可分为单向变形和复归性变形。河道在较长时期内沿着某一方向发生的变化称为单向变形,如单向冲刷或淤积、修建水库后较长时期内的库区淤积以及下游河道的沿程冲刷;河道有规律的交替变化现象称为复归性变形,如弯道过渡段浅滩的汛期淤积、汛后冲刷,分汊河段的主汊发展、支汊衰退的周期性变化等。

5. 自然变形和人为干扰变形

按河床演变是否受人类活动的干扰分,可分为自然变形和人为干扰变形。近代冲积河流的河床演变受人为干扰十分严重。除水利枢纽的兴建会使河床演变发生根本性的变化外,其他如河工建筑物、桥渡、过河管道以及从河床上大规模取土等,也会使河床演变发生巨大变化。时至今日,完全不受人类活动干扰的河床自然变形已经不存在了,河床自然变形和人为变形总是交织在一起的。

上述河床演变分类,是为了从不同侧面描述同一事物,使十把握其物理机制,而实际河流的河床演变现象则往往是错综复杂、难以分离的。例如,水库变动回水区的浅滩演变,既是水库长时期、长距离、沿纵深方向的单向变形的组成部分,其本身又具有短时期、短距离、沿纵深方向的复归性变形的某些特点。

三、影响河床演变的主要因素

影响河床演变的主要因素,包括进口条件、出口条件和河床周界条件 3 个方面。

1. 进口条件

河段上游的来水量及其变化过程;河段上游的来沙量、来沙组成及其变化过程。这两个条件也可以理解为河流作为一条输水输沙通道所必须完成的基本任务。为此,河流必须进行自我塑造,使之具有在平均情况下输送来水来沙的能力。当来水来沙发生波动时,则适时地作出自我调整来适应这种变化。

2. 出口条件

出口条件主要是出口处的侵蚀基点条件。通常是指控制河流出口水面高程的各种水面(如河面、湖面、海面等)。在特定的来水来沙条件下,侵蚀基点高程的不同,河流纵剖面的形态及其变化过程会有明显的差异。

3. 河床周界条件

河床周界条件泛指河流所在地区的地理、地质条件,包括河谷比降,河谷宽度,组成河底、河岸的土层系较难冲刷的岩层、卵石层、黏土层,抑或较易冲刷的沙层等。即使进、出口具有完全相同的来水来沙条件及侵蚀基点条件,不同的河床周界条件仍会带来不同的河床演变特点。

四、河床演变的分析方法

由于天然河流的来水来沙条件瞬息多变,河床周界条件因地而异,河床演变的形式及过程极其复杂,现阶段要进行精确的定量计算,尚有不少困难,但可借助某些手段对河床演变进行定性分析或定量估算。现阶段常用的几种分析途径如下:

①天然河道实测资料分析。这是最基本、最常用的方法之一。该方法主要包括以下分析内容:

a. 河段来水来沙资料分析:来水来沙的数量、过程;水、沙典型年;水、沙特性值;流速、含沙量、泥沙粒径分布等。

b. 水道地形资料分析:根据河道水下地形观测资料,分别从平面和纵、横剖面对比分析河段的多年变化、年内变化;计算河段的冲淤量及冲淤分布;河床演变与水力泥沙因子的关系等。

c. 河床组成及地质资料分析:包括河床物质组成、河床地质剖面情况等。

d. 其他因素分析:如桥渡、港口码头、取水工程、护岸工程等受人类活动干扰影响的分析等。

②运用泥沙运动基本规律及河床演变基本原理,对河床变形进行理论计算。

③运用模型试验的基本理论,通过河工模型试验,对河床演变进行预测。

④利用条件相似河段的资料进行类比分析。

上述几种分析方法既可以单独运用,也可以综合运用。对于一些重要河流的重要研究课题,有条件时应运用各种方法进行综合研究和论证,以求得到可靠的结论。

在对上述诸多因素的分析后,再由此及彼、由表及里地进行综合分析,探明河床演变的基本规律及主要影响因素,预估河床演变的发展趋势,为制订合理可行的整治工程方案提供科学依据。

五、河床演变基本原理

河床演变的具体原因尽管千差万别,但根本原因可以归结为输沙平衡的破坏。任意考察河流某一特定区域 BL(B、L 分别为河宽及河长),如图 3.1 所示。当进出这一特定区域的沙量 G_0、G_1 不等时,河床就会发生变形,写成数学表达式为:

$$G_0\Delta t-G_1\Delta t=\rho'BL\Delta y_0 \tag{3.1}$$

式中　G_0,G_1——流入及流出该区域的输沙率;

　　　Δy_0——在时段 Δt 内的河床冲淤厚度,正为冲,负为淤;

　　　ρ'——淤积物的干密度。

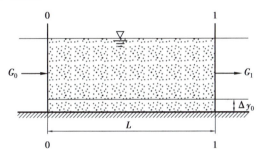

图 3.1　某一特定河段的输沙关系

显然,如果进入这一区域的沙量大于这一区域水流所能输送的沙量,河床将会产生淤积,使床面升高;相反,如果进入这一区域的沙量小于这一区域水流所能输送的沙量,河床将会产生冲刷,使床面降低。这就是说,河床演变是输沙不平衡的直接后果。只是当进一步追溯输沙不平衡的根本原因时,可以区分两种不同的情况:一种起因于动床水沙两相流的内在矛盾,另一种则是由外部条件的不恒定性造成的。

当外部条件,也就是前述所说的进口水沙条件、出口侵蚀基点条件和河床周界条件保持恒定,且整个河段处于输沙平衡状态时,河段的各个部分仍可能处于输沙不平衡状态。这是由于推移质运动往往采取沙波运动形式,而在天然河流上还往往采取成型堆积体运动形式。沙波和成型堆积体的存在将原来均匀一致的水流改造成为在近底部分收缩段和扩张段,也就是加速区和减速区交替出现的非均匀水流,泥沙在水流加速区发生冲刷,而在水流减速区则发生淤积,其结果使得整体上仍处于输沙平衡状态的河床在局部上已处于输沙不平衡状态,同一瞬间河床高程沿流程呈波状变化,同一空间点河床高程沿时程呈波状变化。值得注意的是,水沙两相流动床的平直状态是不稳定的,施加一个小的扰动波后就会转变成波动状态,并在相当大的范围内,有能力将这种波动状态保持下去,这是由水沙两相流的内在矛盾决定的,这种现象反映了输沙不平衡的绝对性,从而也反映了河床演变的绝对性。

使河流经常处于输沙不平衡状态的另一重要原因是,河流的进出口条件经常处于发展变化过程中。任何一条河流,其进口水沙条件几乎总在变化,这主要是由气候因素,特别是其中的降水因素在数量及地区分布上的不稳定性造成的,由此产生的水沙量的因时变化比较显著。如地形、土壤、植被等其他因素也存在一些缓慢的变化,这些变化可能会对进口水沙条件的变化产生一定的影响。至于出口条件,如果着眼点是前面提到的侵蚀基面,其变化是很缓慢的;如果着眼点是水流条件的变化,如干支流的相互顶托、潮汐波对洪水波的影响等,仍可能产生很大的变化。上述进出口条件的变化会使河床由输沙平衡状态转为输沙不平衡状态。

影响河床演变的另一个重要因素是河床周界条件,通常比较稳定。但当周界发生急剧变形时,如周界的形态和地质组成出现急变,也可能激发新的输沙不平衡。

综上所述,河流内部矛盾的发展和外在条件的变化都可能使输沙平衡遭到破坏,从而使河床变形得以持续进行,这就是河床演变的基本原理。

六、河床的自动调整作用

河床的自动调整作用,通常是指基本上处于输沙平衡状态的河流,当外部条件改变使河流遭受输沙平衡破坏的冲击时,所产生的反响。反响的方向趋向于使输沙平衡恢复,河床冲淤停止,也就是吸收外部条件改变所产生的影响。

对于外部条件稳定的、基本上处于输沙平衡状态的河流,由于内部矛盾的发展,河床上各个部分仍可能处于输沙不平衡状态,这里的河床冲淤变形能克服河床某些部分的输沙不平衡,抑制其冲淤变形的发展;但同时又激发另一些部分的输沙不平衡,引起新的冲淤变形,河底沙波或沙丘的运动就是这种情况的实例。这种情况虽然也可以看成河流的自动调整,但与前述有原则上的不同,它不是外部条件改变的后果,也不吸收改变所产生的影响,因此,一般倾向于不将其纳入河流自动调整作用的范畴内。

河床的自动调整作用是河流为了适应外部条件而采取的一种手段,认识这一调整作用有助于预测或控制河流的发展方向。

第二节　河相关系及河床稳定性

一、河相关系的概念

能够自由发展的冲积平原河流的河床,在水流的长期作用下,有可能形成与所在河段具体条件相适应的某种均衡的河床形态,这种均衡的河床形态的有关因子(如水深、河宽、比降等)和表达来水来沙条件(如流量、含沙量、泥沙粒径等)及河床地质条件(它们往往又与来水来沙条件有关)的特征物理量之间,常存在某种函数关系,这种函数关系称为河相关系。

需要指出的是,由于河床形态常处在发展变化过程中。所谓均衡形态并不意味着一成不变,而是就空间和时间的平均情况而言。某一个特定河段完全偏离或在特定时间内暂时偏离的这种均衡形态是可能甚至必然的。产生这种现象是因为来水来沙条件因时而异,河床地质条件因地而异,而两者的变异均具有一定的偶然性。当然,所谓的均衡形态也不是变化不定、不可捉摸的。它出现的概率毕竟是较大的,就所在来水来沙条件及河床地质条件而言,是一种有代表性的形态。当条件发生变化时,这种代表性的形态虽然也会跟着变化,但它是可以逆转的。而且因河床形态的变化一般滞后于水沙条件的变化,因此其变化的强度和幅度一般不大。

通常所说的河相关系,是指相应于某特征流量的河相关系。利用这样的河相关系,对于某一断面,只能确定唯一的河宽、水深和比降。这样的河相关系适用于一个河段的不同断面,同一河流的不同河段,甚至不同河流。它只涉及断面的宏观形态,而不涉及其细节,因此,在文献中有时也称为沿程河相关系。

既然河相关系所描述的是与所在来水来沙条件及河床地质条件相适应的均衡形态,它就应该是冲积河流水力计算和河道整治设计的依据。正因为如此,研究河相关系问题具有重大的理论和实际意义。

二、造床流量

无论是讨论河相关系,还是计算河床的稳定系数,都要用到单一特征流量,即造床流量。实际上,影响河床形态及其演变特性的流量是变化不定的,因此这个单一的造床流量应该是其造床作用与多年流量过程的综合造床作用相当的某一种流量。这种流量对塑造河床形态所起的作用最大,但它不等于最大洪水流量。尽管最大洪水流量的造床作用剧烈,但时间较短,所起的造床作用并不大;它也不等于枯水流量,因为尽管枯水流量作用时间较长,但流量过小,所起的造床作用也不可能很大。因此造床流量应是一个虚拟流量,相当于一个较大,但又并非最大的洪水流量。在实际工作中,确定造床流量常用马卡维也夫(H. И. Маккавеев)法、平滩水位法和造床流量保证率法。

人们在工作中发现,应用马卡维也夫法计算所得的造床流量水位大致与河漫滩齐平,因此在具体确定一个河段的造床流量时,就直接取用与河漫滩水位相应的流量(称为平滩流量)作为造床流量。其理由是,只有当水位平齐河漫滩时,造床作用为最大,因为当水位再升高漫滩后,水流分散,造床作用反而降低;水位低于河漫滩时,流速较小,造床作用也不强。

在具体运用这一方法时可能遇到的困难是,有些横断面的河漫滩高程不易准确确定。为了避免用一个断面的地形资料确定河漫滩高程所遇到的困难或其代表性不强的缺点,可用河段作为分析对象,即先在河段内选取若干个有代表性的断面,再取其平均情况的平滩水位相应的流量作为平滩流量(造床流量)。此法概念清楚、简便易行,在实际工作中应用较广。

余文畴、卢金友等人通过资料分析,得到长江中下游各河段的平滩流量(造床流量)为:宜昌至枝城附近约为29000 m³/s;沙市附近约为27000 m³/s;监利附近约为22000 m³/s;螺山至汉口约为36000 m³/s;汉口以下约为40000 m³/s;大通附近约为45000 m³/s。

三、河相关系

早期研究的河相关系基本上是经验性质的。其做法是,选取比较稳定或冲淤幅度不大,年内输沙接近平衡的可以自由发展的人工渠道和天然河道进行观测,在河床形态因素与水力泥沙因素之间建立经验关系。

在这方面,许多学者进行过研究并提出了相应的经验关系式。其中,值得推荐的是格鲁什科夫(В. Г. ГДушков,1924)提出的宽深关系式:

$$\frac{\sqrt{B}}{h} = \zeta \qquad (3.2)$$

其中,河宽 B 及平均水深 h 是相对于平滩流量而言的,m;ζ 通称河相系数,山区河段为1.4,

细沙河段为 5.5。我国荆江蜿蜒型河段，$\zeta = 2.23 \sim 4.45$；黄河下游高村以上游荡型河段，$\zeta = 19.00 \sim 32.00$；高村至陶城埠过渡河段，$\zeta = 8.60 \sim 12.40$。

此外，阿尔图宁（С. Т. Алтунин）在整理中亚细亚河流资料时，提出了类似公式：

$$\frac{B^m}{h} = \zeta \qquad (3.3)$$

其中，m 由定值 0.5 改为变值 $0.5 \sim 1.0$，平原河段取较小值，山区河段取较大值；河相系数 ζ 的变幅也相应增大，河岸不冲和难冲的河流为 $3 \sim 4$，平面稳定的冲积河流为 $8 \sim 12$，河岸易冲的河流为 $16 \sim 20$。

上述两种河相公式都属于经验公式，其量纲不和谐，也缺乏坚实的理论基础。尽管如此，现阶段仍在科研与生产设计中被大量应用。

四、河床的稳定性

冲积河流的河床演变分析时，常常需要分析河床的稳定性，而河床的稳定性是通过河床的稳定指标来反映的。河床的稳定指标主要有纵向稳定系数、横向稳定系数和综合稳定系数 3 个。

1. 纵向稳定系数

$$\varphi h_1 = \frac{d}{hJ} \qquad (3.4)$$

式中　h——平均水深；

　　　d——床沙平均粒径；

　　　J——比降。

式(3.4)推导的理论思想是，河床在纵深方向的稳定性取决于河床泥沙抗拒运动的力与水流作用于泥沙的力的对比。因此，φh_1 值越大，表明泥沙运动的强度越弱，河床因沙坡、成型堆积体运动及与之相应的水流变化产生的变形越小，因而越稳定；相反，φh_1 值越小，表明泥沙的运动强度越大，河床产生的变形越大，因而越不稳定。例如，长江下荆江蜿蜒型河段的纵向稳定系数 $\varphi h_1 = 0.27 \sim 0.37$，较黄河下游游荡型河段 $\varphi h_1 = 0.18 \sim 0.21$ 大。

此外，河床纵向稳定系数还可用以下洛赫庆系数表示：

$$\varphi h_2 = \frac{d}{J} \qquad (3.5)$$

这是一个有量纲的数，当 d 取 mm 时，比降 J 应取千分数或以 mm/m 计；下荆江蜿蜒型河段 $\varphi h_2 = 2.9 \sim 4.1$，黄河下游游荡型河段 $\varphi h_2 = 0.31 \sim 0.34$。

2. 横向稳定系数

$$\varphi b_1 = \frac{Q^{0.5}}{J^{0.2}B} \qquad (3.6)$$

式中　Q——平滩流量；

　　　B——河宽；

　　　J——比降。

φb_1 值越大，河岸越稳定；反之，则河岸越不稳定。长江下荆江蜿蜒型河段 $\varphi b_1 = 0.87 \sim 1.56$，黄河下游游荡型河段 $\varphi b_1 = 0.18 \sim 0.45$。

此外,还可采用枯水河宽 b 与中水河槽平滩河宽 B 的比值来表征河岸的稳定性:

$$\varphi b_2 = \frac{b}{B} \tag{3.7}$$

φb_2 值越大,说明枯水期露出的河滩较小,河身相对较窄,河岸较稳定;反之,则较不稳定。长江下荆江蜿蜒型河段 $\varphi b_2 = 0.67 \sim 0.77$,黄河下游游荡型河段 $\varphi b_2 = 0.09 \sim 0.17$。

3. 综合稳定系数

河流是否稳定,不仅决定于河床的纵向稳定,也决定于河床的横向稳定。因此,很自然地会联想到将这两个稳定系数联系在一起,构成一个综合的稳定系数。为此,谢鉴衡提出同时包含纵向稳定和横向稳定的综合稳定系数为:

$$\varphi = \varphi h_1 (\varphi b_1)^2 = \frac{d}{hJ} \left(\frac{Q^{0.5}}{J^{0.2} B} \right)^2 \tag{3.8}$$

根据长江、黄河的资料,计算得到:游荡段与过渡段的分界点的 φ 值,为 $0.082 \sim 0.095$;过渡段与蜿蜒段的分界点的 φ 值,为 $0.127 \sim 0.235$。

第三节　河床演变的基本规律

一、顺直型河段

(一) 形态特性

从平面看,顺直型河段河身比较顺直,河槽两侧分布有犬牙交错的边滩和深槽,上下深槽之间存在较短的过渡段,常称浅滩。图 3.2 分别表示浠水关口河段和韩江高坡河段,清晰地表现出这一特征。顺直型河段深泓线纵剖面沿程起伏相间,但变幅较小。

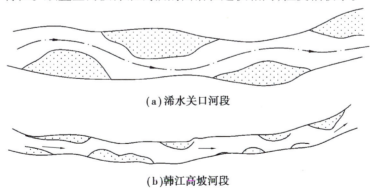

(a)浠水关口河段

(b)韩江高坡河段

图 3.2　顺直型河段示意图

判断顺直型河段的主要指标是曲折系数。根据长江、北江等 30 余处顺直型河段的资料,其曲折系数都小于 1.15。河相系数 ζ 在 $1.39 \sim 7.8$ 之间,变化范围较大,但对同一河流则变化较小。例如,东江、浠水的顺直型河段,ζ 值可达 $7 \sim 8$,河道较为宽浅;汉江一些顺直型河段的 ζ 值只有 1.4 左右,断面窄深。这表明顺直型河段普遍存在于不同尺度和断面形态的河流之中。

(二)水沙特性

对顺直型河段水面比降的观测表明,在造床流量下边滩头部水位沿程降低,滩尾水位沿程略有升高,而深槽部分则恰好相反。由于边滩的存在,水流在边滩高程以下呈弯曲状态,产生离心力,因而深槽一侧的水位高于边滩一侧的水位,形成横比降,其大小与纵比降属同一数量级,且随流量的减小而增大。图3.3边滩中部的横比降显示了这一特点。

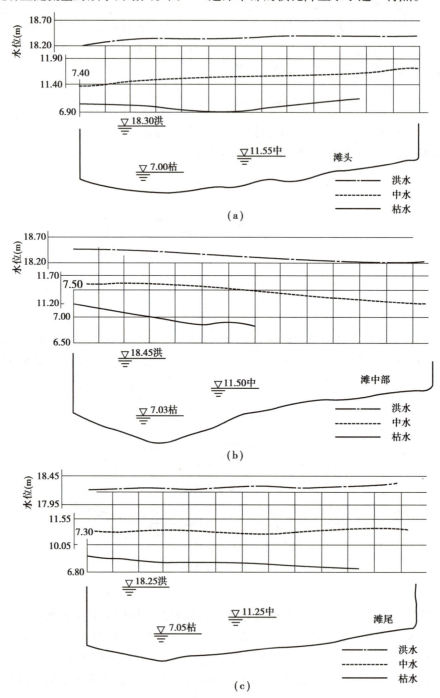

图3.3　顺直型河段边滩中部的横比降

顺直型河段由于存在深槽和浅滩,在不同流量下其水流条件的变化为:浅滩段水深小,比降陡,流速较大;深槽段则水深大,比降小,故流速较小;随着流量的增加,浅滩和深槽的水流条件也随之发生了相应的变化。实测资料表明,水深、流速、比降等随流量的变化均成指数关系。就水深而言,浅滩段的指数大于深槽段的指数;就流速而言,浅滩段的指数则小于深槽段的指数;至于比降,则浅滩段为负指数,深槽段为较大的正指数,见表3.1。因此,流量增加时,浅滩段的比降减小,而深槽段的比降则增大。这表明低水位时浅滩段和深槽段水深、流速、比降的差别都比较大,在流量增加后,这些差别逐渐缩小。

表3.1 英国弗威河浅滩与深槽断面水力几何形态指数的对比

河段	平面形态	β_1		β_2		β_3		β_4		水力几何形态关系
		深槽	浅滩	深槽	浅滩	深槽	浅滩	深槽	浅滩	
2	顺直	0.160	0.025	0.334	0.337	0.640	0.485	较大正值	常为负值	$B = \alpha_1 Q^{\beta_1}$
	弯曲	0.076	0.003	0.222	0.469	0.697	0.524			$h = \alpha_2 Q^{\beta_2}$
3	顺直			0.230	0.530	0.750	0.480			$U = \alpha_3 Q^{\beta_3}$
	弯曲			0.350	0.610	0.700	0.340			$J = \alpha_4 Q^{\beta_4}$

从横向分布看,边滩的推移质输沙率远大于深槽的推移质输沙率;从纵向分布看,边滩中部输沙率大于滩头和滩尾的输沙率。深槽则相反,中部输沙率小于深槽头部和尾部的输沙率,这样的输移规律是与流速场相应的。

顺直型河段由于环流强度较弱,泥沙横向输移的强度也较弱,从深槽段冲起的泥沙一般不会达到相对应的边滩。

(三)演变规律

从河岸与河床相对可动性的角度看,当河岸不可冲刷时,顺直型河段演变最主要的特征是犬牙交错的边滩向下游移动,与此相应,深槽和浅滩也同步向下游移动。模型造床试验(图3.4)揭示,当犬牙交错的边滩形成以后,边滩、深槽、浅滩几乎作为一个整体向下游缓慢移动,与天然情况的演变规律相同。

犬牙交错的边滩向下游移动,可以看成是推移质运行的一种体现形式。根据前述模型试验所揭示的水流、泥沙运动特点,边滩头部的流速和推移质输沙率都大于滩尾,故滩头表现为冲刷后退,滩尾则淤积下延,整个边滩向下游缓慢移动。同一河岸,上一边滩滩尾的淤积下移和下一边滩头部的冲刷后退所引起的两边滩间深槽的变化,则表现为深槽首部淤积,尾部冲刷,整个深槽相应下移。边滩和深槽的下移使位于其间的浅滩也相应下移。所以,顺直型河段的演变是通过推移质运行使边滩、深槽、浅滩作为一个整体下移的。

至于流量变化对演变的影响,根据前述水流随流量变化的特点,枯水期浅滩冲刷,深槽淤积,洪水期则浅滩淤积,深槽冲刷。参与这一变化的,除推移质外,尚有悬移质中的床沙质。

顺直型河段的演变,除体现在边滩下移外,根据河岸土质情况,还可能呈周期性展宽现象。图3.5所示为伏尔加河沙什卡尔河段(顺直型河段)的周期性展宽过程。该河段河岸抗冲性较强,由沙粒组成的河床活动性则很大。当边滩向下游移动时,两岸可冲刷的河岸为边

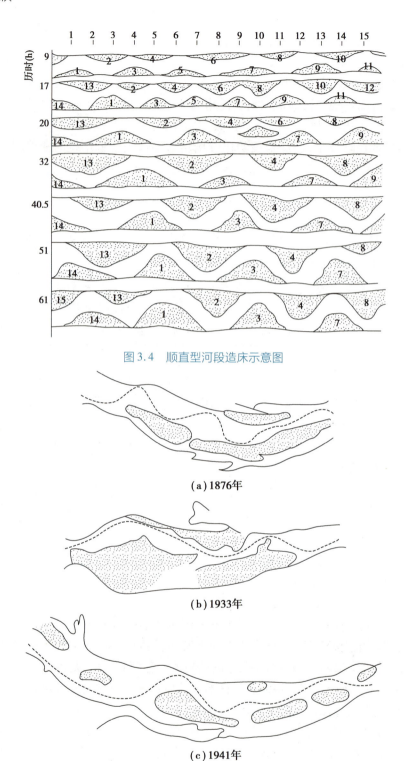

图 3.4　顺直型河段造床示意图

（a）1876年

（b）1933年

（c）1941年

图 3.5　伏尔加河沙什卡尔河段周期性展宽示意图

滩所掩护而停止冲刷。与此相应,前期受边滩掩护的河岸则重新被水流所冲刷。这样经过一段时间后,在较长的河段内两岸都会发生冲刷,河床遂逐渐展宽。当展宽到一定程度后,边滩受水流切割而成为江心滩或江心洲。以后随着某一汊的淤塞,江心洲又与河岸相连,岸线向河心推进,河道再一次束窄。此后,展宽与束窄又交替出现。图3.5中,1876—1933年为束窄过程,1933—1941年为展宽过程。

二、蜿蜒型河段

蜿蜒型河段是冲积平原河流中最常见的一种河型,在我国分布较广,如渭河下游、汉江下游河段,特别是"九曲回肠"的长江下荆江河段(图3.6),都是典型的蜿蜒型河段。

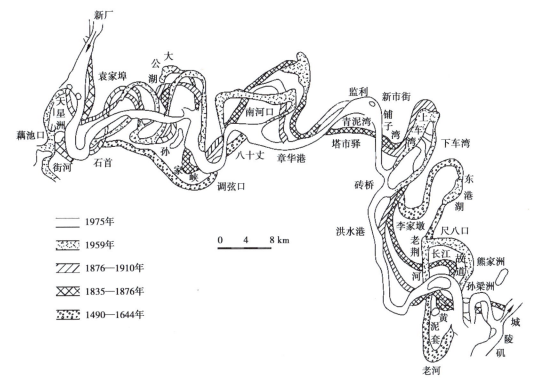

图3.6 下荆江蜿蜒型河段

(一)形态特性

蜿蜒型河段的平面形态是由一系列正反相间的弯道段和过渡段连接而成的,如图3.7所示。图中弯曲部分称为弯道段,上、下两弯道段之间的连接段称为过渡段。岸线凹进一侧的河岸称为凹岸,凸出一侧的河岸称为凸岸。弯道段靠凹岸一侧为深槽,凸出一侧为边滩。过渡段中部河床隆起,在通航河道常因碍航而被称为浅滩。蜿蜒型河段的河床纵剖面形态呈上下起伏状态,深槽处水深最大,浅滩处水深最小。

(二)水沙特性

蜿蜒型河段的水流运动受重力和离心惯性力的双重作用,其等压面与重力和离心惯性力的合力相垂直,因而水位沿横向呈曲线变化,凹岸一侧的水位明显高于凸岸一侧。弯道水流结构的这些特点主要反映在水面横比降、凹岸和凸岸的纵比降、横向环流、纵向垂线平均流速 U 和水流动力轴线的变化上。

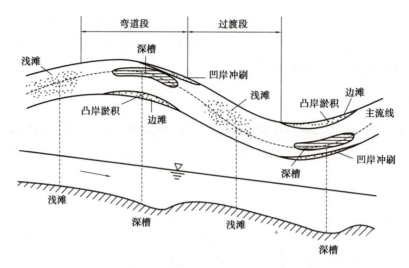

图 3.7　蜿蜒型河段的平面及纵剖面形态

　　弯道水面横比降,其最大值一般出现在弯道顶点附近,而向上、向下游两个方向逐渐减小。横比降的存在,使水流纵比降沿凹岸和凸岸有所不同。

　　通过力学分析可知,具有横比降的水体在受力情况下,必然会形成横向环流。环流的方向,其上部恒指向凹岸,下部恒指向凸岸。图 3.8 为下荆江实测环流情况。

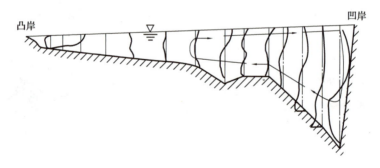

图 3.8　下荆江实测环流

　　图 3.9 为弯道纵向流速等值线图。由图可知,凹岸一侧的流速远大于凸岸一侧的流速。断面上的最大流速点位于凹岸一侧的水面附近。

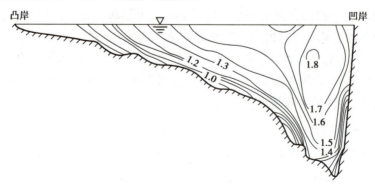

图 3.9　下荆江弯道纵向流速等值图(单位:m/s)

弯道水流动力轴线(主流线)位置的变化特点是,在弯道上游过渡段,一般偏靠凸岸一侧;进入弯道后,逐渐向凹岸转移,到弯顶稍上部位偏靠凹岸,这就意味着主流逼近凹岸,其位置叫作顶冲点,顶冲点以下,主流紧贴凹岸下行,直到弯道出口,再向下一个反向河弯过渡。弯道水流动力轴线具有"低水傍岸,高水居中"或"低水走弯,高水走滩"的特点。与此相应的是,顶冲点的位置具有"低水上提,高水下移"的特点。顶冲部位的一般情况是,低水时在弯顶附近或弯顶稍上,高水时在弯顶以下,如图3.10所示。

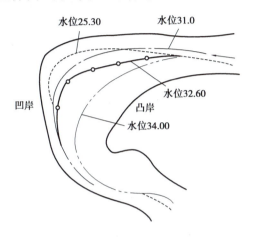

图3.10　弯道水流动力轴线平面变化(单位：m)

蜿蜒型河段的泥沙运动,最突出的特点是泥沙的横向输移,即横向输沙不平衡。这种现象表现为,在横向环流的作用下,沿水深方向环流下部的输沙率恒大于上部的输沙率。泥沙的横向净输移量,总是朝向环流下部所指的方向,亦即凸岸方向。这一现象的产生,除与横向环流有关外,还与含沙量沿垂线分布的"上稀下浓"有关。而泥沙的纵向输移,从长时段看基本上是平衡的(多沙河流情况除外)。除坝下游长距离冲刷等特殊情况外,一般不存在显著的单向淤积或冲刷。蜿蜒型河段的水流挟沙能力,洪水期弯道段大于过渡段,而枯水期则相反。

(三)演变规律

蜿蜒型河段的演变,按其缓急程度可分为两种情况:一种是经常发生的一般性演变规律;另一种是在特殊条件下发生的突变现象。

1.一般规律

蜿蜒型河段从整体看处于不断演变中。从平面变化看,随着凹岸冲刷和凸岸淤长进程的发生,其蜿蜒程度不断加剧,河长增加,弯曲度随之增大。就其整个变化过程看,河湾在平面上不断发生位移,并且随弯顶向下游蠕动而不断改变其平面形状,但基本上是围绕各河湾之间过渡段的中间部位联成的摆轴所进行的(图3.6)。图3.11为下荆江尺八口河湾发展过程示意图,就单个弯道而言,其平面变化相当大。

蜿蜒型河段的横向变形特点主要表现为凹岸崩退和凸岸淤长。由图3.12可知,凹岸迎流顶冲,河岸崩坍后退;凸岸边滩则因淤积而不断淤高长大。

实测资料表明,蜿蜒型河段在横向变化过程中,不仅横断面形态相似,而且冲刷与淤积的横断面面积也接近相等,如图3.13所示。横断面变形最根本的原因在于横向输沙不平衡。

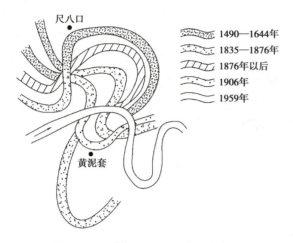

图 3.11 下荆江尺八口河湾历史变迁

图 3.12 蜿蜒型河段凹冲凸淤现象

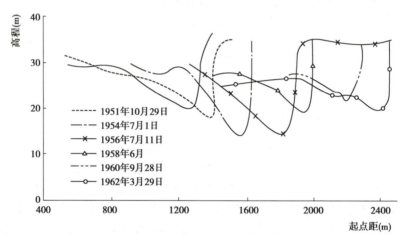

图 3.13 下荆江来家铺弯顶断面冲淤变化

蜿蜒型河段的纵向变形特点是弯道段洪水期冲刷,枯水期淤积;过渡段则相反,洪水期淤积,枯水期冲刷。但在一个水文年内,冲淤变化基本平衡。

2.突变现象

蜿蜒型河段演变的突变现象是在特殊条件下可能发生自然裁弯、凹岸撇弯和凸岸切滩3种情况。

（1）自然裁弯

蜿蜒型河段的发展,由于某种原因使同一岸两个弯道的弯顶崩退而形成急剧河环和狭颈。当狭颈发展到起止点相距很近、水位差较大时,如遇大水年,水流漫滩,在比降陡、流速大的情况下,便可冲开狭颈而形成一条新河。这种现象被称为自然裁弯。我国长江下荆江、汉江下游和渭河下游河道,历史上曾多次发生过自然裁弯。仅下荆江河道,近百年来就发生过5次自然裁弯。图3.14为下荆江的两处自然裁弯情况。

（2）凹岸撇弯

当河弯发展成曲率半径很小的急弯后,遇到较大的洪水,水流弯曲半径远大于河弯曲率半径,这时在主流带与凹岸急弯之间产生回流,造成原凹岸急弯部位淤积,这种现象称为撇

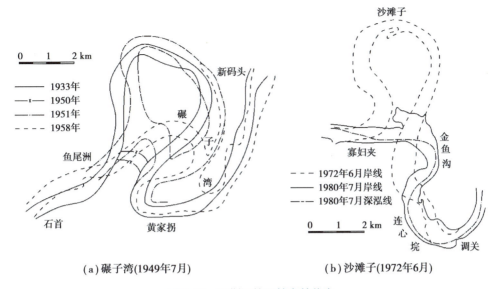

图 3.14　下荆江的两处自然裁弯

弯。图 3.15 为下荆江上车湾撇弯现象。

（3）凸岸切滩

在曲率半径适中的河湾中,当凸岸边滩延展较宽且较低时,遇到较大的洪水年,水流弯曲半径大于河岸的曲率半径较多,这时凸岸边滩被水流切割而形成串沟并分泄一部分流量,这种现象称为切滩。图 3.16 为长江下荆江监利河段发生的切滩。

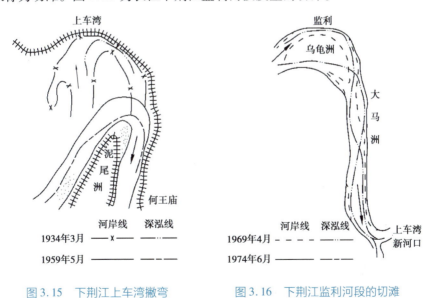

图 3.15　下荆江上车湾撇弯　　　　图 3.16　下荆江监利河段的切滩

三、分汊型河段

分汊型河段是冲积平原河流中常见的河型。我国许多江河都存在这种河型,特别是长江中下游河段最多。

（一）形态特性

单个分汊河段，其平面形态为上、下两端窄，中间宽。中间放宽段可能是两汊或多汊，各汊之间为江心洲。对于两汊情况，分流比大于50%的汊道，称为主汊；分流比小于50%的汊道，称为支汊。自分流点至江心洲头为分流区，洲尾至汇流点为汇流区，中间为分汊段。长江中下游按平面形态的不同，可分为顺直型、微弯型和鹅头型3种（图3.17）。

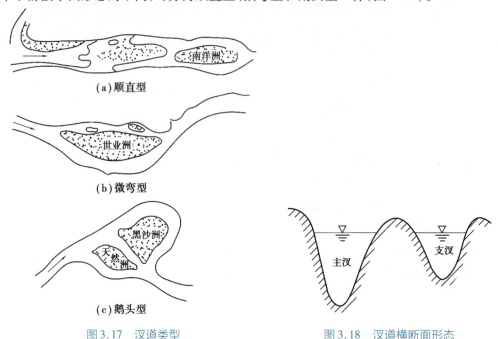

图 3.17　汊道类型　　　　　　　　　　图 3.18　汊道横断面形态

从较长的河段看，其间可能出现几个分汊段，呈单一段与分汊段相间的平面形态。单一段较窄，分汊段较宽，平面上形似藕节状外形。

分汊型河段的横断面，在分流区和汇流区，均呈中间部位隆起的马鞍形；在汊道段，则为江心洲分隔的复式断面（图3.18）。

分汊型河段的河床纵剖面，呈两端低中间高的上凸形态，河床高程支汊高于主汊；而几个连续相间的单一段和分汊段，则呈起伏相间的形态，与蜿蜒型河段的过渡段和弯道段的纵剖面形态相似。图3.19为长江镇扬河段河床纵剖面。

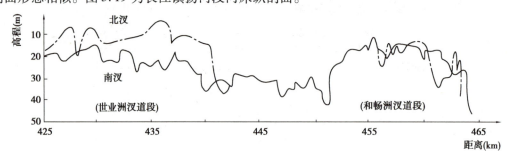

图 3.19　长江镇扬河段河床纵剖面

汊道平面形态常用几个特征指标衡量：各股汊道的总长与主汊长度之比，称为分汊系数；汊道段的最大宽度（包括江心洲）与汊道上游单一段宽度之比，称为放宽率；汊道段的长度与汊道段最大宽度之比,称为分汊段长宽比;江心洲长度与其最大宽度之比,称为江心洲长宽比。

(二)水流特性

分汊型河段水流运动最显著的特征是具有分流区和汇流区。分流点的位置变化一般是"高水下移,低水上提"。分流点是指主流线在分流区的分汊点。

在分流区,支汊一侧的水位高于主汊一侧。而水面纵比降,支汊一侧小于主汊一侧。分流区内,水流分汊出现两股或多股水流,其中居主导地位的进入主汊。分流区的断面平均流速沿流程呈减小趋势。室内观测表明,分流区存在环流,其分布和变化具有多样性,有的为单向环流,有的为双向环流,有的则为复杂环流。

在汇流区,支汊一侧的水位高于主汊一侧。由于两岸存在水位差,因此汇流区同样存在横比降和环流。汇流区环流的变化和分布与分流区类似。汇流区的断面平均流速沿程增大。

(三)分流分沙

汊道分流习惯用分流比表示,它是指通过某一汊道的流量占总流量的百分比。以双汊为例,主汊分流比为:

$$\eta_{\mathrm{m}}=\frac{Q_{\mathrm{m}}}{Q_{\mathrm{m}}+Q_{\mathrm{n}}} \tag{3.9}$$

其中,下标 m,n 分别表示主汊和支汊。

汊道分沙常用分沙比表示,它是指通过某一汊道的沙量占总沙量的百分比。以双汊为例,主汊分沙比为:

$$\xi_{\mathrm{m}}=\frac{Q_{\mathrm{m}}S_{\mathrm{m}}}{Q_{\mathrm{m}}S_{\mathrm{m}}+Q_{\mathrm{n}}S_{\mathrm{n}}}=\frac{1}{1+\dfrac{Q_{\mathrm{n}}S_{\mathrm{n}}}{Q_{\mathrm{m}}S_{\mathrm{m}}}} \tag{3.10}$$

其中 S——断面平均含沙量,$\mathrm{kg/m^3}$。

令含沙量比值 $S_{\mathrm{m}}/S_{\mathrm{n}}=K_{\mathrm{S}}$,利用式(3.9),得:

$$\xi_{\mathrm{m}}=\frac{\eta_{\mathrm{m}}}{\left(1-\dfrac{\eta_{\mathrm{m}}}{K_{\mathrm{S}}}\right)+\eta_{\mathrm{m}}} \tag{3.11}$$

当算出分流比 η_{m} 后,只要知道含沙量比值 K_{S},便可求出分沙比。

根据长江中下游汊道的实测资料,大多数主、支汊都有明显的汊道,$S_{\mathrm{m}}>S_{\mathrm{n}}$,即 $K_{\mathrm{S}}>1$,由式(3.11)知,主汊分沙比大于分流比,即 $\xi_{\mathrm{m}}>\eta_{\mathrm{m}}$。

通过对汊道分流、分沙比的变化分析,可以预测汊道河床的演变趋势。

(四)演变规律

分汊型河段的演变受诸多因素影响而较为复杂。其共同性的演变规律表现为汊道外形的平面移动,洲头、洲尾的冲淤消长,汊道内河床的纵向冲淤,以及主、支汊的易位。

主、支汊易位是分汊型河段最具历史意义的演变特点。即在经历一定时期的演变后,原先的主汊变为支汊,而原支汊变为主汊。在易位发生过程中,原主汊河床逐年淤积抬高,断面尺度缩小;原支汊河床则逐年冲刷下切,断面尺度扩大。主、支汊易位发生的原因是多方面的,其中最主要的是汊道上游水流动力轴线的摆动,从而引起汊道分流比、分沙比的改变。

图 3.20 为长江武汉天兴洲汊道发生主、支汊易位的例子。20 世纪 50 年代,北汊为主汊,枯水分流比达 60%;此后北汊淤积衰退,分流比减小,南汊冲刷发展,分流比增大;至 60 年代末 70 年代初,南汊分流比大于 50% 成为主汊;至 70 年代后期,南汊枯水(流量小于 10000 m³/s)分流比达 90% 以上,主、支汊地位彻底改变。

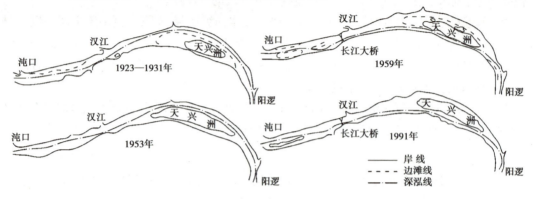

图 3.20 长江武汉天兴洲汊道

除上述共同的演变规律外,各类分汊型河段各有其自身的演变特点。特别是鹅头型分汊河段,由于凹岸一汊既长又弯,另一汊较短且直,原来单一的江心洲有可能被水流分割成两个甚至几个江心洲,这样便成了多汊型河段。这种情况一旦形成,河势的稳定性就会变得越来越差。例如,长江陆溪口汊道,1960 年后左汊入口段已淤浅变窄,难以通航,而右汊及中汊则逐渐发展成为通航汊道,如图 3.21 所示。

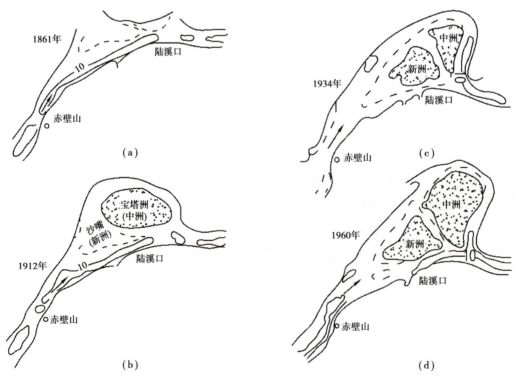

图 3.21 长江陆溪口汊道演变规律

四、游荡型河段

游荡型河段是一种具有独特地貌特征的河型。我国黄河下游孟津——高村河段、永定河下游卢沟桥——梁各庄河段、汉江丹江口——钟祥河段、渭河咸阳——泾河口河段,都是典型的游荡型河段。

游荡型河段的显著特点是河床宽浅散乱,主流摆动不定,河势变化急剧(图3.22)。因此,对防洪、航运、工农业用水等各部门常常会带来不利影响。

图3.22　游荡型河段

(一)形态特性

从平面形态看,游荡型河段的河身比较顺直,曲折系数一般不大于1.3。在较长范围内,往往宽窄相间,呈藕节状。河段内河床宽浅,洲滩密布,汊道交织,如图3.23所示。

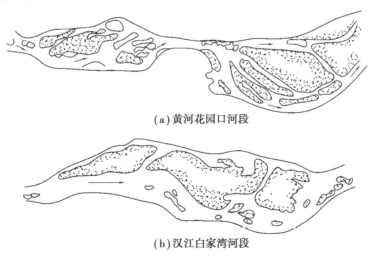

(a)黄河花园口河段

(b)汉江白家湾河段

图3.23　游荡型河段平面形态图

游荡型河段的河床纵比降都很小。如黄河下游游荡型河段的比降为$(1.5 \sim 4.0) \times 10^{-4}$,永定河下游约为$5.8 \times 10^{-4}$,汉江襄阳—宜城约为$1.8 \times 10^{-4}$。

游荡型河段的横断面相当宽浅。图3.24为黄河花园口断面,河宽竟达数千米,而滩槽难分,高差则很小。

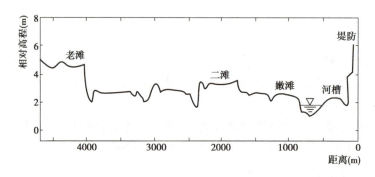

图 3.24　黄河花园口断面

我国北方一些游荡型河段不仅断面宽浅,而且因泥沙的不断淤积,河床常高出两岸地面成为"悬河"。如黄河下游大堤的临背高差一般为 3～5 m,最大达 10 m 以上;永定河卢沟桥以下的游荡型河段,1950 年实测河床深泓高程竟高出堤内地面 4～6 m。

(二)水沙特性

游荡型河段平均水深很小,流速较大。如黄河花园口河段,平均水深一般为 1～3 m,但流速可达 3 m/s 以上。由于水深小、流速大,黄河下游产生的一些比较特殊的水流现象,如所谓的"淜",便是其中的一种。

游荡型河段的水文特性主要表现为洪水的暴涨暴落,年内流量变幅大。图 3.35 为黄河秦厂站的水文过程,明显可见这一特点。河水水量年内随时间分布很不均匀,表现在河道水域上呈现"平时一条线,伏秋一大片"的现象,也就是说黄河平时水少,河道相对较窄;而夏、秋季节水多,河道相对宽浅。

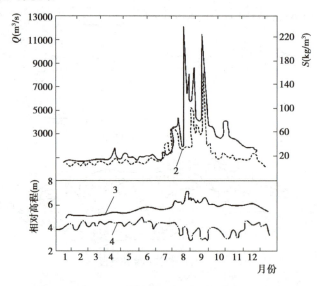

图 3.25　黄河秦厂站的水文过程

1—日平均流量;2—日平均含沙量;3—水位;4—河床平均高程

游荡型河段的含沙量通常很大,与此相应的是,同流量下的含沙量变化很大,流量与含沙量的关系极不明显。也就是说,同流量下的输沙率变化很大。

黄河下游游荡型河段的输沙量具有"多来多排、少来少排"的现象。即河道某测站的输沙率不仅与本站流量有关,还与上游站的含沙量有关,也就是说,在同一流量下,下游站的输沙率随上游站的含沙量增大而增大。产生这一现象的原因,主要是因为河道冲淤发展迅速,使决定水流输沙能力的一些重要因素,如床沙组成、断面形态、局部比降等都在发生变化,因而同一流量所能挟带的沙量就会出现显著的差异。此外,由于游荡型河段,床沙组成细,所以河床的稳定性也很差。

(三)演变规律

①多年平均河床逐步抬高。如黄河下游花园口至高村河段,在1950—1972年的20多年内,河床平均抬高速度为 5.9~9.7 cm/a。黄河下游河床多年来持续升高,以致发展为世界上著名的"悬河"。

②年内汛期主槽冲刷,滩地淤积;非汛期,则主槽淤积,滩地崩塌。从一个水文年看,主槽虽有冲有淤,但在长时期内仍表现为淤积抬高,而滩地则主要表现为持续抬高。一部分滩地虽然坍塌后退,但另一部分滩地又会淤长,长时期内变化不大。

③主槽平面摆动不定,河势变化剧烈。主槽的摆动与主流的摆动直接有关。图3.26 (a)为永定河卢沟桥以下游荡型河段河势的变化,1920—1956年主槽曾发生多次摆动,与之相应的滩槽也几经变化。黄河下游游荡型河段的主槽摆动更为剧烈。据秦厂—柳园口河段的实测资料,在一次洪峰涨落过程中,河槽深泓线的摆动宽度竟达130 m。图3.26(b)为柳园口河段多年来的河势变化。由图可知,1951—1972年主流线沿着4条基本流路多次发生变化,最严重的一次为1954年8月下旬,在一次洪峰过程中,柳园口附近主流一昼夜内南北摆动竟达6 km,其变化速度惊人。

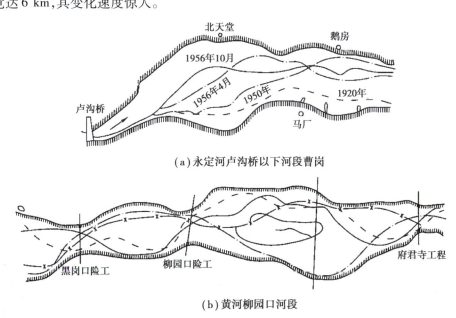

(a)永定河卢沟桥以下河段曹岗

(b)黄河柳园口河段

图3.26 游荡型河段的河势变化

④"大水出好河",中小河流容易发生"横河、斜河"和形成畸形河湾。黄河下游游荡型河段流量较大时,水流挟沙能力强,有利于主槽冲刷,宽浅散乱的河床可以形成相对单一窄深的河槽,即所谓的"大水出好河"。然而大水冲出主槽形成"好河"后,又因正常洪水不出

槽,河槽淤积,塌滩加重,河道很快再次向宽浅游荡型发展。在中小流量时期,水流坐弯,弯顶下移。在长期的小水作用下,容易发生"横河、斜河"和形成 Ω 形、S 形、M 形等畸形河湾的现象,进而对河势产生较大的影响,甚至危及大堤的安全。

图 3.27 为黄河下游老君堂工程以下河段在 20 世纪 70—80 年代多次出现的"横河"现象。由图可知,"横河"形成时,主流几乎正对河岸横冲而来,其活动范围较大。

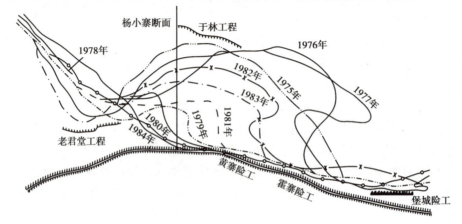

图 3.27　黄河下游老君堂工程以下河段主流线变化

畸形河湾在黄河下游曾多次出现过。图 3.28 为黄河下游马庄、大宫河段 1994 年末出现的畸形河湾。由图可知,古城断面附近和大宫工程前分别形成了罕见的倒 S 形河湾和"～"形河湾。

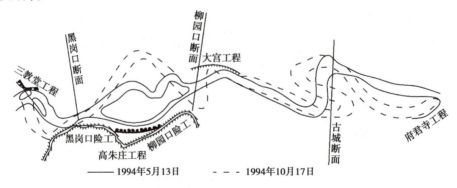

——— 1994年5月13日　　- - - 1994年10月17日

图 3.28　黄河下游畸形河湾

由上述可知,游荡型河段整治时需要考虑的是,既要维持大水冲出的"好河",又要兼顾小水河势的变化。

第四节　山区河流的基本特性

山区河流流经地势高峻、地质构造复杂的山区。其形成主要与地壳构造运动和水流侵蚀作用有关,即在漫长的历史过程中,水流在由地质构造运动所形成的原始地形上不断侵蚀,使河谷不断纵向切割和横向拓宽。

岷江茂县段

一、山区河流的平面形态

山区河流的平面形态十分复杂(图3.29)。河道曲折多变,沿程宽窄相间,急弯、卡口比比皆是。两岸与河心常有巨石突出,河槽边界极不规则,仅在宽谷段有较具规模的卵石边滩或心滩。

图3.29　山区河流的平面形态

山区河流的发育一般以下切为主。河谷断面通常呈 V 字形或 U 字形,如图 3.30 所示。V 字形河谷的河槽狭窄,多位于峡谷段;U 字形河谷的河槽相对宽广,多位于展宽段。断面宽深比较小。河床和谷坡之间无明显的界线。谷坡通常见有阶梯状阶地。

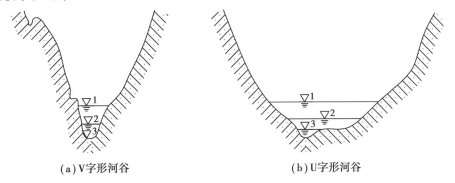

(a)V字形河谷　　　　　　　　　(b)U字形河谷

图3.30　山区河道河谷断面形态
1—洪水位;2—中水位;3—枯水位

河流阶地是河流下切的产物,实际上是河流在发育过程中被遗弃的老河漫滩。它可以反映流域范围内的古气候变迁、新构造运动,以及河流侵蚀基准面的升降等自然现象。

阶地可分为一级或多级。每级阶地都是由阶地面和阶地坎所组成的。阶地面比较平坦,微向河流倾斜。阶地面以下为阶坡(阶地坎),坡度较大。阶地高度一般是指阶地面与河流平水期水面之间的垂直距离。河流阶地的形态如图3.31所示。

山区河流的河床纵剖面陡峻,急滩深潭上下交替。床面形态极不规则,河床高程起伏较大,有的河流局地床面起伏达 20 ~ 30 m,如长江万县附近的河床高差达 60 m,如图 3.32 所示。

图3.31 河流阶地的形态示意图

①—阶地面;②—阶坡;③—前缘;④—后缘;⑤—坡脚

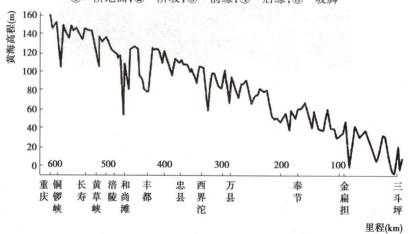

图3.32 川江重庆至三斗坪河床深泓纵剖面

二、水流泥沙

山区坡面陡峻,易发生暴雨山洪。河道洪水暴涨暴落,水位、流量变幅较大,但持续时间一般不长。例如,长江支流嘉陵江最大流量为36900 m^3/s,最小流量为220 m^3/s,流量变幅180倍;长江三峡的巫峡段,水位变幅达55.60 m;年内一般无明显的中水期,而且洪水期与枯水期有时难以截然划分;洪水期久晴不雨,可能出现枯水;枯水期如遇大雨,也可能出现洪水。图3.33为某山区河道的水位过程线图。

山区河道的水面比降一般都比较大,而且受河床形态影响沿程不同,绝大部分落差集中在局部河段。河床上存在的急弯、石梁、卡口等均造成很大的横比降。此外,由于滩险处的壅水情况随水位的变化而不同,局部比降因时变化突出。因此,山区河道的一些险滩段形成的急流对航行威胁大。

由于受极不规则的河床形态的影响,山区河道的流态十分复杂。常有回流、横流、旋涡、跌水、水跃、泡水、剪刀水等流态出现,流象极为险恶。

山区河流的悬移质含沙量一般不大。但在植被较差的地区,特别是在山洪暴发时,含沙浓度可能很大;枯水期则相反,含沙量很小,不少山区河流甚至变为清水。

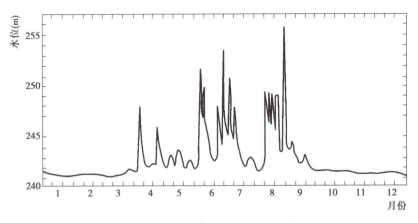

图 3.33　某山区河道的水位过程线

　　山区河流的推移质大多为卵石和粗沙。由于山区河流洪水历时很短,卵石推移质输沙量一般不大。我国一些山区河流,推移质年输沙量不足悬移质年输沙量的 10%。

三、河床演变

　　山区河道由于比降陡、流速大、含沙量相对较小,水流挟沙能力富余,这有利于河床向冲刷变形方面发展。但河床大多由基岩或卵石组成,抗冲能力强,冲刷受到限制。因此,山区河道的变形十分缓慢。但在某些局部河段,受特殊的边界和水流条件影响,可能发生大幅度的、暂时性的淤积和冲刷。例如,峡口滩,汛期受峡谷壅水影响,大量沙卵石落淤,枯季壅水消失,落淤的沙卵石被水流冲走,局部地区的冲淤幅度相当可观。特别是山区河道,在遭受突然而强烈的外力因素影响时,往往会发生强烈变形。如因地震造成的巨大山体崩塌,或因强降雨引发的特大山洪泥石流,都有可能堵江断流而形成堰塞湖,如不及时爆破排险,均有可能造成重大灾害。图 3.34 为 2008 年 5 月 12 日四川汶川地震形成的唐家山堰塞湖。图 3.35 为 2010 年 8 月 16 日四川省绵竹市清平乡发生的特大泥石流灾害。

图 3.34　唐家山堰塞湖

图 3.35　清平乡泥石流

渭河平原

第五节　平原河流的基本特性

平原河流流经地势平坦、地质疏松的平原地区,其形成过程主要表现为水流的堆积作用。在这一作用下,平原上形成广阔的沉积扇,具有深厚的冲积层;河口淤积形成庞大三角洲,如我国黄河下游的华北平原和长江三角洲等,均是这样形成的。

一、河床形态

冲积平原上的河流具有深厚的冲积层。冲积层的厚度往往深达数十米甚至数百米以上。由于河道发育过程中的水选作用,冲积层的组成具有分层现象,最深处多为卵石层,其上为夹砂卵石层,再上为粗沙、中沙和细沙,在中水位以上的河漫滩上则有黏土和黏壤土存在,某些局部地区也可能存在深厚的黏土棱体。

冲积平原河流的河谷断面形态如图 3.36 所示,图中显示洪水、中水、枯水三级水位,与之相应的为洪水、中水、枯水河槽。如无堤防约束,洪水河槽将相当宽广。通常所说的河槽,一般是指中水河槽。中水河槽比较宽浅,断面宽深比一般高达 100 以上。

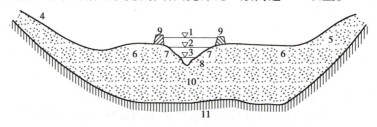

图 3.36　平原河流的河谷断面形态

1,2,3—洪水、中水、枯水位;4—谷坡;5—谷坡脚;6—河漫滩;

7—滩唇;8—边滩;9—堤防;10—冲积层;11—原生基岩

平原河流的横断面形态与河型有关。平原河流在平面上具有顺直、弯曲、分汊、散乱 4 种外形,其横断面形态可概括为抛物线形、不对称三角形、马鞍形和多汊形 4 类,如图 3.37 所示。

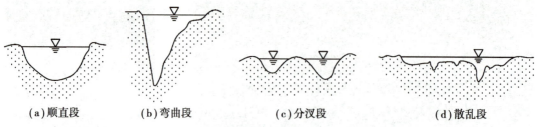

(a)顺直段　　　(b)弯曲段　　　(c)分汊段　　　(d)散乱段

图 3.37　平原河流的横断面

平原河流的河床纵剖面无显著的大起大落,但由于深槽浅滩交替分布,所以河床纵剖面仍是一条起伏的下降曲线,其平均纵向坡度比较平缓。图 3.38 为长江中游枝城—城陵矶河段河床纵剖面。

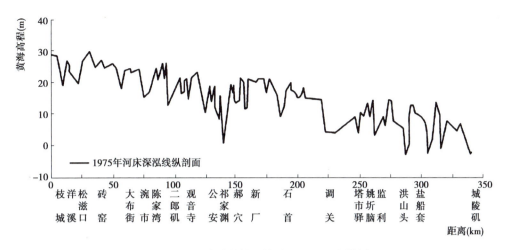

图 3.38　长江中游枝城—城陵矶河段河床纵剖图

二、水流泥沙

平原河流的水文特性与山区河流有很大差别。由于集雨面积大,流经地区多为坡度平缓、土壤疏松的地带,因而汇流历时长。另外,因为大面积上降雨分配不均匀,支流汇入时间次序有先有后,所以洪水无暴涨暴落现象,持续历时相对较长,流量变化与水位变化相对较小。

平原河流的水面比降较小,一般在 $(1 \sim 10) \times 10^{-4}$ 以下,且沿程变化不大。流速相对较小,一般在 $2 \sim 3$ m/s 以下。此外,平原河流的水流流态也较平稳,基本上没有山区河流的跌水、泡漩等险恶流象。

平原河流中输移的泥沙绝大部分为悬移质,推移质泥沙只占输沙总量的很少一部分,通常可以忽略不计。悬移质泥沙粗细差别极大,并且泥沙含量的多少及粒径粗细与流域环境和水流特性有关。

三、河床演变

在输沙平衡状态下,平原河流的河床演变主要表现在河槽中各类泥沙堆积体的发展和变化上。这些泥沙堆积体演变的主要规律是汛期淤积壮大,枯季冲刷萎缩。在水流作用下,它们的平面位置不断发生变化,与此相应的,中水河槽的平面外形也会发生变化,河岸有些地方崩退,而在另一些地方则会淤长。

平原河流的河床演变特性与河型有关。我国平原河流的河型一般分为顺直型、蜿蜒型、分汊型和游荡型 4 类。相关河道演变规律,已在本章第四节中分别介绍。

第六节　长江、黄河的形成与演变简史

一、长江的形成与演变过程

长江源远流长,沿程贯穿若干不同线系的山地和不同时代的构造盆地,形成与发育历史十分复杂。研究认为,在距今7亿年的元古代,长江流域绝大部分地区被海水淹没。之后长江流域经历了距今1.8亿年三叠纪末期的印支造山运动,距今1.4亿年侏罗纪的燕山运动和距今4000万~3000万年始新世的喜马拉雅运动,直至距今300万年前,喜马拉雅山强烈隆起等地质构造运动,在全球性气候条件作用下,形成了现在干流自西向东贯通、众川汇流的长江水系。

现今的长江水系分为上、中、下游3段。上游自源头至宜昌,长4504 km,包括沱沱河水系、通天河水系、金沙江水系和川江水系;中游自宜昌至鄱阳湖湖口,长955 km,包括清江、洞庭湖水系、汉江、鄂东诸河等支流;下游自鄱阳湖湖口至长江口,长938 km,包括鄱阳湖水系、皖河、巢湖水系、青弋江、水阳江、滁河、淮河入江水道以及太湖水系等支流。

特别值得一提的是,长江三峡河段的形成过程。三峡河段的贯通是由中下游的古长江通过溯源侵蚀切穿川东鄂西的分水岭齐岳山并发生河流袭夺来完成的。据田陵君等研究,齐岳山是一条由下三叠统嘉陵江组及大冶组厚层状碳酸盐岩组成的背斜山岭,岩溶强烈发育,两侧沿向斜谷分别为草堂河和大漆河。草堂河在山的西北侧,由东北向西南流,后转向西流入四川盆地。大漆河在山的东南侧,由西南向东北流,再转向东南入江汉—洞庭盆地。两河由齐岳山隔开,彼此相互平行但流向相反,主流相隔仅8 km,山体单薄,有利于侵蚀溶蚀贯穿而产生河流袭夺。齐岳山背斜碳酸盐岩层的岩溶作用,由开始的溶沟溶槽发展为溶洞和地下河,特别是由西部金沙江水系的东流和川江向东倒流,来水量猛增,溶蚀侵蚀作用加剧,地下河规模越来越大,上部不稳定的岩体不断垮塌并被冲走,随之变为明河,成为贯通东西两部的瞿塘峡。

关于三峡贯通的年代,过去曾众说纷纭,近期研究看法也不一。谢明认为在距今200万年以前长江已基本定型,200万年以来下切形成三峡河段;唐贵智认为距今100万~70万年;田陵君等认为距今60万~30万年;杨达源等认为距今约100万年。但从相关沉积和阶地分析来看,可把宜昌东南向虎牙山以下的云池扇形砾石面体的堆积形成视为三峡贯通的标志,其时间约在距今100万年,至少在距今55万年前,属早更新世末期至中更新世初期。

由中国科学院院士、西南大学教授袁道先领衔的"长江三峡河谷发育与环境演变研究"课题组经过4年研究后取得重大突破,首次建立了完整的三峡地区长江阶地年代序列,并认定长江三峡形成于200万年前。

关于长江三峡的深切速率,根据该河段河流阶地上的堆积物的岩性特征、测年数据以及它与目前河床同类堆积的高差,估算其平均值为81.1 cm/ka;另据奉节—巫山间的岩壁陡崖的高度,粗略估算出该河段的深切速率为50~60 cm/ka。

二、黄河的形成与演变过程

据地质学家考证,在距今 6000 万年至 240 万年这段时间里,在"黄河流域"这一地区(当时还没有黄河)发生了强烈的地质运动,区域地壳遭到破坏,被切割成若干大小不等的地质块体。这些块体有的抬升,有的下沉。抬升者成为山脉,后来多被风化剥蚀,逐渐夷平而成为高原;下沉者则贮水成湖,如华北、汾渭、河套、银川等沉降盆地陷落成湖。在随后的 90 万年里,这一地区发生了两次规模较大的冰川活动,气候寒冷、干旱,大湖逐步萎缩、分割,全区出现若干大型湖盆及不计其数的小型湖泊与湿地。这些古湖盆成为当地的地表水汇集区,并发育成各自独立的内陆湖水系。古黄河就是在这些独立的内陆湖盆水系的基础上逐步演变而成的。

距今 150 万 ~ 120 万年这段时间里,这一地区气候转暖,降水充沛,加上中西部高原处于上升阶段,流水下切侵蚀作用加剧。于是横亘在湖盆间的山地先后被切开,这样各个封闭的湖盆都有了出口,从西到东被串了起来,原始古黄河由此而诞生。此时的黄河还是一个内陆河,它就像一个巨大的串珠,由峡谷河道串联起众多湖泊,最东端为浩瀚的三门湖。综上所述,黄河的年龄大约在 120 万岁。

这里需要提到的是黄河流域黄土高原的形成过程。黄河上中游地区的黄土高原的黄土分布,无论是面积还是厚度,都居世界之冠。它的范围大致是北起阴山,南至秦岭,西抵日月山,东到太行山,横跨青海、宁夏、甘肃、陕西、山西、河南 6 省(自治区),面积达 64 万 km²。黄土覆盖厚度一般在 100 m 以上,而以陇东、陕北、晋西等地黄土层最厚,六盘山以东到吕梁山西侧黄土厚度为 100 ~ 200 m,最厚的在兰州,达 300 m 以上。

关于黄土高原的形成原因,虽众说纷纭,但概括起来,有风成、水成及风化残积成土三大类。大多数学者认为,黄土高原的形成主要是经过风力的搬运和堆积作用后,再经受水流等其他外力作用的改造,形成了大量的不同种类的黄土,逐步堆积成现在的黄土高原。

在黄土高原的西北面是广阔的亚洲内陆,那里有寸草不生的戈壁,有流沙滚滚的腾格里沙漠、乌兰布和沙漠、鄂尔多斯高原的毛乌素沙地等。这些沙石分布的不毛之地,温差较大,大的岩石在热胀冷缩作用下,先由大块崩解成小块,再由小块变成粉末,长年累月之后,遍地散布着粗细不一的岩石碎屑,这就是黄土高原的物质来源。强烈的西北气流,将亚洲干旱内陆岩屑物质夹带运移,粗粒的质量大,掉在戈壁外围而成沙漠、沙地;细粒的质量小,被夹带落在沙地的东南地区,即形成黄土高原。

第四章 水 库

【学习任务】

了解水库的调洪演算；了解我国几座大型防洪水库的基本情况；掌握水库分类、特征水位、库容、防洪标准及特征水位的选择；掌握水库的防洪调度措施；掌握水库的防洪调度管理。

【课程导入】

水库具有调蓄洪水的能力，是对洪水起着重要控制作用的防洪工程。大江大河通常在防洪规划中利用有利地形、合理布置干支流水库共同对洪水起有效调控作用。修建水库会带来诸如土地淹没、人口迁移等问题；水库失事也会危及生命财产安全，影响社会稳定和国民经济发展等。学习并掌握水库的防洪调度技术，可以有效杜绝或减轻洪灾损失，维护国家安全和社会稳定。党的二十大报告指出："国家安全是民族复兴的根基，社会稳定是国家强盛的前提。必须坚定不移地贯彻国家安全观，将维护国家安全贯穿党和国家工作的各方面和全过程，以确保国家安全和社会稳定。"

第一节 水库概述

一、水库的分类

（一）单目标水库和多目标水库

按水库的用途不同，可分为单目标水库和多目标水库两类。

①单目标水库，是指为某一种目的而修建的水库，如防洪水库的目的是防洪；发电水库的目的是发电；灌溉水库的目的是灌溉；航运水库的目的是通航等。

②多目标水库，又称综合利用水库。这类水库是为防洪、发电、灌溉、供水、航运、旅游和渔业等多种目的或其中某几种目的而修建的水库。我国的大、中型水库中大多数为这类水库。这类水库的防洪任务往往位居前列。因此，协调处理好防洪与其他目标之间的关系，通常是这类水库规划设计与调度运用中的关键。

（二）山谷水库、丘陵水库和平原水库

按水库所处的位置不同，可分为山谷水库、丘陵水库和平原水库。

①山谷水库位于高山峡谷中，其特点是拦河坝较短，水库呈狭长形（河道型），回水范围较长。

②丘陵水库位于丘陵地区，其特点是水面比较开阔，库容比山谷水库大。

③平原水库位于平原地区，通常是利用天然湖泊、洼地修建而成，因而又称为湖泊水库。其特点是大坝高度相对较低，水面开阔，淹没范围较大。

需要指出的是，在河流上、中游山区，丘陵区的理想地理位置修建控制性水库，可以大大提高下游河道的防洪标准，对流域性防洪起着重要作用。

（三）大、中、小型水库

根据水库库容的大小，水库有大、中、小型水库之分。根据《水利水电工程等级划分及洪水标准》（SL 252—2017），其中大型水库又分大（1）型水库、大（2）型水库，小型水库又分小（1）型水库和小（2）型水库等，如表4.1所示。

《水利水电工程等级划分及洪水标准》(SL 252—2017)

表4.1　水利水电工程分等指标

工程等别	工程规模	水库总库容（$10^8 m^3$）	防洪			治涝	灌溉	供水		发电
			保护人口（10^4人）	保护农田面积（10^4亩）	保护区当量经济规模（10^4人）	治涝面积（10^4亩）	灌溉面积（10^4亩）	供水对象重要性	年引水量（$10^8 m^3$）	发电装机容量（MW）
Ⅰ	大（1）型	≥10	≥150	≥500	≥300	≥200	≥150	特别重要	≥10	≥1200
Ⅱ	大（2）型	<10，≥1.0	<150，≥50	<500，≥100	<300，≥100	<200，≥60	<150，≥50	重要	<10，≥3	<1200，≥300
Ⅲ	中型	<1，≥0.1	<50，≥20	<100，≥30	<100，≥40	<60，≥15	<50，≥25	比较重要	<3，≥1	<300，≥50
Ⅳ	小（1）型	<0.1，≥0.01	<20，≥5	<30，≥5	<40，≥10	<15，≥3	<5，≥0.5	一般	<1，≥0.3	<50，≥10
Ⅴ	小（2）型	<0.01，≥0.001	<5	<5	<10	<3	<0.5		<0.3	<10

注：①水库总库容是指水库最高水位以下的静库容；治涝面积是指设计治涝面积；灌溉面积是指设计灌溉面积；年引水量是指工程渠首设计年均引（取）水量。

②保护区当量经济规模指标仅限于城市保护区；防洪、供水中的多项指标满足一项即可。

③按供水对象的重要性确定工程等别时，该工程应为供水对象的主要水源。

二、特征水位和库容

反映水库工作状况的水位称为特征水位,主要有死水位、正常蓄水位、防洪限制水位、防洪高水位、设计洪水位和校核洪水位等。相应的特征库容,主要有死库容、兴利库容、防洪库容、调洪库容、重叠库容、总库容等,各项含义如图4.1所示。

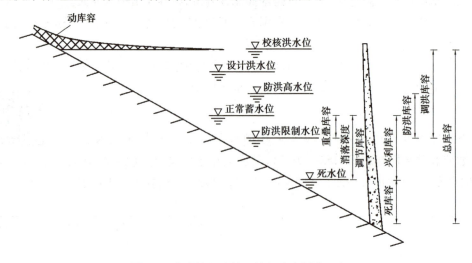

图4.1 水库特征水位和特征库容划分示意图

1.死水位和死库容

水库在正常运用的情况下,允许消落到的最低水位,称为死水位。该水位以下的库容为死库容或称垫底库容。除遇到特殊干旱年份外,一般不动用死库容的蓄水。只有因特殊原因,如排沙、检修和备战等,才考虑泄放这部分水体。

2.正常蓄水位和兴利库容

正常蓄水位是指水库在正常运用的情况下,为满足兴利要求在起始供水时的蓄水位,又称为正常高水位、设计兴利水位或设计蓄水位。正常蓄水位与死水位之间的库容称为兴利库容(调节库容)。其间的深度称为水库的消落深度或工作深度。

3.防洪限制水位和重叠库容

水库在汛前允许蓄水的上限水位称为防洪限制水位。该水位是水库在汛期防洪运用时的起调水位,以上的库容为滞蓄洪水的库容,在发生洪水时,库水位允许超过防洪限制水位。当洪水消退后,水库应尽快泄洪,使其水位迅速回降到防洪限制水位,以迎接下一次洪水。防洪限制水位一般低于正常蓄水位。与正常蓄水位之间的库容称为重叠库容,防洪与兴利共用。

4.防洪高水位和防洪库容

当洪水经水库调节后,达到下游防护对象的设计标准洪水时,坝前达到的最高库水位称为防洪高水位。该水位与防洪限制水位之间的库容称为防洪库容。防洪库容是衡量水库防洪能力的重要指标。

5.设计洪水位和校核洪水位

当发生大坝设计标准洪水时,坝前达到的最高库水位称为设计洪水位;因大坝设计洪水标准通常高于下游防护对象的防洪标准,故设计洪水位一般高于防洪高水位。当遇到比设计洪水更大的校核标准洪水时,受水库泄洪能力的限制,水库水位将超过设计洪水位所达到的坝前最高水位,这个水位称为校核洪水位,该水位是水库在非常情况下允许临时达到的坝前水位。

6.调洪库容和总库容

防洪限制水位以上至校核洪水位之间的库容,称为水库总调洪库容。该库容用于拦蓄洪水,以满足水库下游的防洪要求,同时保证大坝安全。校核洪水位至库底的库容称为总库容。总库容是表示水库级别及其工程规模的重要指标,也是确定其工程安全标准的重要依据。

三、水库防洪标准

水库防洪标准反映水库抗御洪水的能力,分为水工建筑物的防洪标准和下游防护对象的防洪标准。

1.水工建筑物的防洪标准

水工建筑物的防洪标准是为了确保大坝等水工建筑物安全而制定的防洪设计标准。对于永久性水工建筑物,按其运用条件,分为设计标准和校核标准两种情况。设计标准又称为正常标准,用来决定水库的设计洪水位;当这种洪水发生时,水库枢纽的一切工作要维持正常状态。校核标准用来决定校核洪水位,在这种标准洪水发生时,可以允许水库枢纽的某些正常工作和次要建筑物暂时遭到破坏,但主要建筑物(如大坝、溢洪道等)必须确保安全。

永久性水工建筑物的设计洪水标准,应参照《水利水电工程等级划分及设计标准》(SL 252—2017)中的规定,如表4.2所示。

表4.2 水库及水电站工程永久性建筑物级别

工程级别	主要建筑物	次要建筑物
Ⅰ	1	3
Ⅱ	2	3
Ⅲ	3	4
Ⅳ	4	5
Ⅴ	5	5

表4.3为山区、丘陵区水库工程永久性水工建筑物洪水标准。

表4.3 山区、丘陵区水库工程永久性水工建筑物洪水标准

项目	永久性水工建筑物级别				
	1	2	3	4	5
设计洪水标准 (重现期/年)	1000～500	500～100	100～50	50～30	30～20

续表

项目		永久性水工建筑物级别				
		1	2	3	4	5
校核洪水标准 （重现期/年）	土石坝	可能最大洪水 （PMF）或 10000～5000	5000～2000	2000～1000	1000～300	300～200
	混凝土坝 浆砌石坝	5000～2000	2000～1000	1000～500	500～200	200～100

表4.4 为平原、滨海区水库工程永久性水工建筑物洪水标准。

表4.4 平原、滨海区水库工程永久性水工建筑物洪水标准

项目	永久性水工建筑物级别				
	1	2	3	4	5
设计洪水标准 （重现期/年）	300～100	100～50	50～20	20～10	10
校核洪水标准 （重现期/年）	2000～1000	1000～300	300～100	100～50	50～20

2. 下游防护对象的防洪标准

当水库承担下游防洪任务时，需考虑下游防护对象的防洪标准。在该标准洪水发生时，经水库调蓄后，通过下游防洪控制点的流量不超过河道的安全泄量（允许泄量）。当下游防护对象距离水库较远，水库至防洪控制点之间的洪水较大时，控制水库泄量还应考虑区间洪水遭遇问题。规划时防护对象的防洪标准应根据防护地区的重要性、历次洪灾情况及其对社会经济的影响，按照国家规定的防洪标准，经分析论证并与相关部门协商选定。表4.5 为《防洪标准》（GB 50201—2014）中规定的城市防洪标准。

《防洪标准》
（GB 50201—
2014）

表4.5 城市保护区的防护等级和防洪标准

防护等级	重要性	常住人口 （万人）	当量经济规模 （万人）	防洪标准 （重现期/年）
Ⅰ	特别重要	≥150	≥300	≥200
Ⅱ	重要	<150，≥50	<300，≥100	100～200
Ⅲ	比较重要	<50，≥20	<100，≥40	50～100
Ⅳ	一般	<20	<40	20～50

四、水库特征水位的选择

水库防洪特征水位包括防洪高水位、防洪限制水位、设计洪水位和校核洪水位4个。

对于综合利用水库而言，各特征水位并非各自独立，而是彼此关联，往往是某个特征水位发生变化会影响其他特征水位。因此，在特征水位的选择中，通常应全面考虑水库工程规模、泄流能力、调洪方式以及所担负的防洪任务等情况，通过拟定不同的调洪运用方式进行调洪计算，综合分析比较确定。

（一）设计洪水位与校核洪水位的选择

设计洪水位和校核洪水位与水库泄洪建筑物泄洪能力的大小直接有关，它们分别是水库在正常运用和非常运用的情况下，允许达到和允许临时达到的最高洪水位，其数值是挡水建筑物稳定计算和安全校核的主要依据。因此，应根据大坝设计标准和校核标准所对应的典型洪水，并结合泄洪建筑物的类型和泄洪能力，按拟定的调洪方式，自防洪限制水位起开展调洪计算，以获得最佳的调洪效果。

（二）防洪高水位的选择

水库防洪高水位和防洪库容的选择，通常与下游防护对象的防洪标准的确定同时进行，并应进行各种方案的比较。首先，根据下游防护对象的重要性以及水库可能提供的防洪库容，初拟几个可供比较的下游防洪标准；其次，根据相应标准的设计洪水，拟定防洪调度方式，进行调洪计算，求出所需的防洪库容及相应的防洪高水位。当水库规模受到一定限制（如所求防洪高水位受到库区淹没高程限制）时，则可由采用不同防洪标准对兴利效益的影响，对防洪标准进行比较选定；当水库规模可以有较大的变化范围时，则可由采用不同的防洪标准对工程量和投资的影响，对防洪标准及相应防洪库容与防洪高水位进行选择。总之，下游防洪标准及水库防洪高水位、防洪库容的选择，需在技术经济比较的基础上合理确定。

（三）防洪限制水位的选择

防洪限制水位的选择关系到防洪与兴利的结合问题。定得过高，对防洪安全不利；定得过低，又难以保证兴利目标的实现。因此，具体拟定时要兼顾防洪与兴利两个方面的需要。

对于下游有防洪任务的水库而言，防洪限制水位、正常蓄水位和防洪高水位的关系通常有以下3种情况：

1. 防洪与兴利完全不结合

在这种情况下，防洪限制水位与正常蓄水位相同，防洪高水位在正常蓄水位以上，防洪库容全部置于正常蓄水位以上。这种情况适合洪水在汛期随时都可能发生，必须在整个汛期都留出防洪库容的水库。这种水库，防洪是主要目的，兴利要求较低，遇到设计枯水年时，汛后不能保证水库的充蓄。

2. 防洪与兴利完全结合

在这种情况下，防洪限制水位低于正常蓄水位，正常蓄水位与防洪高水位相同，防洪库容全部置于正常蓄水位以下。这种方式适合洪水在汛期发生很有规律的水库，即使遇到设计枯水年，也有把握充满水库。

3. 防洪与兴利部分结合

在这种情况下,防洪限制水位低于正常蓄水位,防洪高水位高于正常蓄水位,防洪库容部分置于正常蓄水位以下。相结合的那部分重叠库容,汛期用于防洪,汛后用于兴利。这种方式适合在设计枯水年能部分充蓄防洪库容的情况。

当水库不承担下游防洪任务时,汛期兴利蓄水一般以正常蓄水位为限制,设计和校核洪水的调洪计算均从正常蓄水位起算。严格来说,这类水库没有防洪限制水位。但在有些情况下,水库在汛期为适应某些要求,也需降低水位运行,在汛末再蓄水至正常蓄水位。

例如,多沙河流的水库,为减少泥沙淤积而采用汛期降低水位,汛末蓄水兴利的"蓄清排浑"运用方式;或是水库上游有重要城市、厂矿、交通等保护对象,要求水库汛期降低水位运用,以减少回水影响;或是枢纽建筑物因有严重安全隐患而要求水库汛期不得不降低水位运用,甚至"空库"迎洪情况等。所有这些情况,汛期控制运用水位与防洪限制水位,两者在效果上虽有某些类似之处,但在概念上却是两码事。汛期控制运用水位也需经综合分析确定。

第二节　水库的调洪计算

一、水库的调洪作用

水库之所以能调洪防洪,是因为它设有洪水调节库容(调洪库容)。当入库洪水较大时,为使下游地区不遭受洪水灾害,可将超过下游河道安全泄量的那部分洪水暂时拦蓄在水库里,待洪峰过后再将其泄掉,腾出库容以迎接下一次洪水。以无闸溢洪道水库为例说明一次洪水的调节过程(图4.2)。

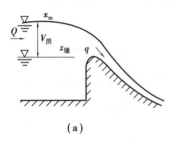 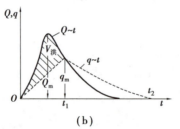 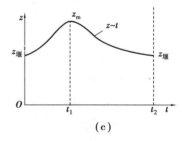

(a)　　　　　　　　　(b)　　　　　　　　　(c)

图4.2　水库调洪过程

由图可知,随着入库流量过程 $Q \sim t$ 的变化,出库流量过程 $q \sim t$、水库水位过程 $z \sim t$ 也将随之变化。

当洪水开始进入水库时,如果水库汛前水位与溢洪道堰顶高程齐平,则溢洪道的泄水流量为零。其后入库流量 Q 逐渐增大,且大于下泄流量 q,多余的水量蓄在库中,库水位逐渐上升。随着水库水位的上升,下泄流量也随之增加。待入库洪峰过后,Q 逐渐减小,但仍大于 q,水库继续蓄水,水位仍有上升,q 也继续加大。直到 $Q=q$,当进、出库流量相等时,水库停止蓄水,水位停止上升,达到最高值 z_m,出库流量也达到最大值 q_m。此后,入库流量 Q 开始小于出库流量 q,水库拦蓄的洪水开始泄往下游,水位逐渐下降,q 也随之减小,直到水库水位恢复到溢洪道堰顶高程为止。这是一次洪水过程中水库的调洪过程。通过这样的调洪过程后,洪峰流量减小,峰现时间延后,洪水过程增长,水库从而完成下游的防洪任务。例如,河南薄山水库在"75·8"特大洪水中,入库洪峰流量为 10200 m^3/s,最大下泄流量为 1600 m^3/s,入库洪水总量为 4.28 亿 m^3,水库拦蓄洪水达 3.5 亿 m^3;清江隔河岩水库,1998 年 8 月 16 日 14 时,入库洪峰流量为 8200 m^3/s,经水库调蓄消至 4600 m^3/s,从而降低荆江沙市站水位约 0.24 m,推迟峰现时间约 10 h。由此可知,水库的削峰延时作用是非常明显的。

二、水库调洪计算的基本原理

水库调洪计算的任务是根据已知的库容曲线、入库洪水过程线和泄洪建筑物的泄流能力曲线,按照规定的防洪调度方式,推求出库洪水过程、最大下泄流量、防洪特征库容及特征水位等。

(一)水库泄流公式及泄流能力曲线

水库枢纽工程的泄洪建筑物可分为表面式溢洪道和深水式泄洪洞。表面式溢洪道又分为有闸控制和无闸控制两种形式。无闸控制的溢洪道多用于小型水库;有闸控制的则多用于大、中型水库,以便于将防洪库容和兴利库容结合起来。深水式泄洪洞都有闸门控制,当设置高程较低时,还可起施工导流、异重流排沙和放空水库之用。重要的大、中型水库枢纽,目前大多同时设有上述两种泄洪建筑物。

由水力学可知,无论是溢洪道还是泄洪洞,泄流量 q 均与坝前水头 H 有关。因此,对于某一水库,在泄洪建筑物的形式、尺寸一定的情况下,其泄流公式为:

$$q = g(H) \qquad (4.1)$$

因为 H 与库水位 z 有关,而 z 又与库容 V 成函数关系,$z \sim V$ 的关系称为水库的库容曲线(已知),所以 q 实际上为 V 的单值函数。因此,从调洪计算封闭方程求解时需要考虑,可将式(4.1)转换为:

$$q = f(V) \qquad (4.2)$$

在实际工作中,为了方便调洪计算查用,可将式(4.2)绘制成泄流能力曲线 $q \sim V$。

(二)水库水量平衡方程

水库水量平衡方程可表示为:

$$\frac{1}{2}(Q_t + Q_{t+1})\Delta t - \frac{1}{2}(q_t + q_{t+1})\Delta t = V_{t+1} - V_t = \Delta V \qquad (4.3)$$

式中 Q_t, Q_{t+1} ——t 时段始、末的入库流量,m^3/s;

q_t, q_{t+1} ——t 时段始、末的出库流量,m^3/s;

V_t, V_{t+1} ——t 时段始、末的水库蓄水量,m^3;

Δt ——计算时段长度,s,根据洪水涨落过程变化幅度而定。

式(4.3)表明,在 Δt 时段内,水库进、出水量之差等于该时段内水库蓄水量的变化值 ΔV,如图 4.3 所示。

对于任一时段 Δt 来说,式(4.3)中 Q_t、Q_{t+1} 已知,时段初的库水位及其相应的蓄水量 V_t 和出库流量 q_t 也已知。故式(4.3)的未知数只有两个,即 V_{t+1}, q_{t+1}。因此,需将式(4.3)与式

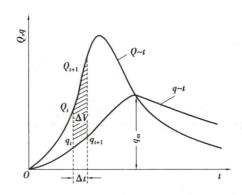

图4.3　水库调洪计算示意图

(4.2)联立才能求解。

　　水库调洪计算的基本原理,就是逐时段联解式(4.2)和式(4.3),求出 V_{i+1} 和 q_{i+1}。例如,第一时段($t=1$),Q_1,Q_2 可以从入库洪水过程线得知,q_1,V_1 可由起调水位 z_1(一般是防洪限制水位)查 $z\sim V$,$q\sim V$ 线得到,从而可解得该时段末的 q_2 和 V_2。对于第二时段($t=2$),在第一时段的计算基础上,已知 Q_2,Q_3,q_2,V_2 类似,可求得 q_3 和 V_3。依此做法,可求出水库下泄流量过程 $q\sim t$,以及最大下泄流量 q_m、调洪库容 V_h 和水库的最高洪水位 z_m。

三、水库调洪计算方法

　　水库调洪计算方法繁多,常用的有试算法、图解法、半图解法、简化三角形法和数值解法等。这里只介绍试算法和数值解法。

1.试算法

　　试算法常采用列表形式,将式(4.3)水量平衡方程中的各项列出,逐时段进行试算。其计算步骤如下:

　　①根据库容曲线 $z\sim V$ 和泄洪建筑物的泄流公式,计算并绘制泄洪能力曲线 $q\sim V$。

　　②确定调洪起始条件,即起调水位及其相应的库容、下泄流量。对于无闸溢洪道设计条件下,常取起调水位与溢洪道堰顶齐平。

　　③从起调水位开始进行水量平衡试算。假定第一时段($t=1$)末的出库流量为 q_2,因该时段 Q_1,Q_2,q_1,V_1 及 Δt 均为已知,可由式(4.3)计算 $V_2=V_1+\Delta V$;再由 V_2 在 $q\sim V$ 曲线上查得 q_2',若 $q_2'=q_2$,则说明所设 q_2 能同时满足式(4.3)和式(4.2),q_2 为所求。若 $q_2'\neq q_2$,则应另设 q_2 的值,重复计算直到相等为止。第一时段末的计算结果为 q_2,V_2。对于第二时段($t=2$),在第一时段计算的基础上,已知 Q_2,Q_3,q_2,V_2,类似可求得 q_3 和 V_3。如此试算下去,便可得到各时段末的水库蓄水量和出库流量。

　　④将计算的出库流量过程线 $q\sim t$ 与入库洪水线 $Q\sim t$ 画在同一图中,如图4.3所示。由图或列表中可知,最大出库流量 q_m。与 q_m 对应的 V 即为水库最大蓄水量 V_m,其值减去堰顶高程以下的水库蓄水量,则得调洪库容 V_h。最高洪水位 z_m 为与最大蓄水量 V_m 对应的库水位,查 $z\sim V$ 线便可得到。

　　列表试算法的优点是概念清楚、易于掌握,适用于变时段和各种情况(溢洪道有闸或无闸)的调洪计算,因而是一种最基本、最常用的计算方法。缺点是试算靠人工进行,烦琐且工作量较大。随着计算机技术的迅速发展和普及,上述试算过程可用迭代计算法进行。

对于一场洪水的调洪计算,必须从洪水起涨(通常以防洪限制水位为起调水位)开始,依时序逐时段进行,直到水库水位消落至防洪限制水位或推算到所要求的水位时终止。

调洪计算所依据的入库洪水,若为水库设计标准洪水,所求得的 q_m、V_h、z_m 为设计标准下的最大出库流量、设计调洪库容和设计洪水位;若为水库校核标准洪水,所求得的 q_m、V_h、z_m 为校核标准下的最大出库流量、校核调洪库容和校核洪水位;若为下游防护对象的防洪标准洪水,而防护对象距坝址不远且区间洪水可忽略不计时,则所求得的 q_m 等于下游河道安全泄量,V_h 和 z_m 分别为水库的防洪库容和防洪高水位;若所依据的入库洪水是水库运行期间预报所得的洪水过程,则调洪计算结果为预报的出库流量过程、最大出库流量和最高坝前水位。

2. 龙格-库塔数值解法

假定水库水位水平起落,则水库调洪计算的实质是求解如下微分方程:

$$\frac{dV}{dt} = Q(t) - q(z) \tag{4.4}$$

式中　$Q(t)$——t 时刻入库流量;

$q(z)$——库水位为 z 时,通过泄水建筑物的泄流量,$z = z(t)$,即时间 t 的函数;$V = V(z)$,即库容为水位 z 的函数。

若已知 n 时段内的预报入库平均流量 Q_n、n 时段初的水位 z_{n-1} 与库容 V_{n-1}、n 时段初的泄流量 $q(z_{n-1})$、泄流设备的开启状态,则应用定步长四阶龙格-库塔数值解法求解式(4.4),可求得 n 时段末的库容 V_n:

$$V_n = \frac{V_{n-1} + [K_1 + 2(K_2 + K_3) + K_4]}{6} \tag{4.5}$$

$$\begin{cases} K_1 = h_n\{Q_n - q[z(V_{n-1})]\} \\ K_2 = h_n\left\{Q_n - q\left[z\left(V_{n-1} + \frac{K_1}{2}\right)\right]\right\} \\ K_3 = h_n\left\{Q_n - q\left[z\left(V_{n-1} + \frac{K_2}{2}\right)\right]\right\} \\ K_4 = h_n\{Q_n - q[z(V_{n-1} + K_3)]\} \end{cases} \tag{4.6}$$

式中　$z(*)$——由库容在水库 $z \sim V$ 关系曲线上用插值法求得;

$q(*)$——由水位在水库 $z \sim q$ 关系曲线上用插值法求得;

h_n——n 时段的时段长;

n——调洪计算的总时段数,$n = 1, 2, \cdots, n$ 等。

上述式中的单位,流量为 m^3/s,水位为 m,水量为 m^3,时段长为 s。求得 V_n 后,即可求得 z_n,从而求得水库水位、库容与泄流量随时间的变化过程。

龙格-库塔数值解法无须试算和作图,适用于多泄流设备、变泄流方式和变计算时段等复杂情况下的调洪计算。定步长四阶龙格-库塔数值解法具有计算速度快、精度高的优点。缺点是该算法存在一定的截断误差,有时不能严格满足水量平衡方程(4.3)和水库泄流方程(4.2)的要求。

在实际应用中,可采用龙格-库塔数值解法与试算法相结合的方法,即以龙格-库塔数值解法的计算结果作为试算法的初值,然后以试算法的计算结果作为该时段的终值,并在试算中设置最大迭代次数,以控制试算法的迭代次数。

第三节　水库防洪调度

水库汛期的防洪调度是一项非常重要的工作。该项工作不仅直接关系水库工程的安全,而且影响水库防洪效益的发挥以及汛末的蓄水兴利。要做好水库防洪调度,必须先拟订出切合实际的防洪调度方案,包括泄流方式、泄流量以及便于操作的泄洪闸门启闭规则等。

对于没有下游防洪任务的水库,防洪调度方式较简单。因其目的是确保水库自身安全,故通常是当水库水位达到一定高程后泄洪建筑物便敞开泄洪。

对于承担下游防洪任务的水库,既要确保水库安全,又要满足下游防洪要求。常见的防洪调度方式有固定泄洪调度、防洪补偿调度和防洪预报调度等。当水库有兴利任务时,还要考虑防洪和兴利的联合调度。对于多沙河流的水库,在考虑泄洪时,还须考虑排沙问题。

一、固定泄洪调度

固定泄洪调度的方式有固定泄量调度方式和定孔泄流调度方式两种。

固定泄量调度方式的调度原则是:当来水不超过下游防洪标准洪水时,根据上游来水流量的大小,水库按不超过下游河道安全泄量 $q_{安1}, q_{安2},$ ……控制分级固定泄流,大水多泄、小水少泄。当来水超过下游防洪标准时,按下游安全泄量固定泄水。超过 $q_{安}$ 的部分水量蓄在库内,直到入库流量退至 $q_{安}$,库水位达到防洪高水位。此后水库水位自然消落,直至达到防洪限制水位,泄洪停止。图4.4(a)为二级固定泄量方式示意图。这种调度方式适用于水库距离下游防洪控制点较近、区间洪水较小的情况。

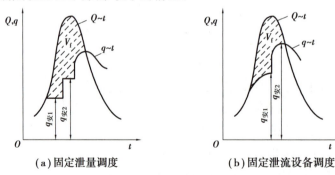

(a)固定泄量调度　　　　　(b)固定泄流设备调度

图4.4　固定泄流调度示意图

在水库实际运行中,为了减少泄洪闸门的频繁启闭,往往采用固定孔数的调度方式,即开启闸门的孔数,随着上游洪水来量的多少而增减。这样下泄流量会随着库水位的涨落有一些变化,但仍按小于或等于 $q_{安1}, q_{安2},$ ……为控制条件,如图4.4(b)所示。由此可知,这种调度方式实为固定泄量调度方式的一种便于操作的形式。

在水库运行中,当水库蓄水量达到或接近设计的防洪库容 V_f 时,就应敞开闸门泄洪。但在水库实际运用调度中,往往不是以库容作为判别条件,而是按坝前水位或入库流量来控制泄流,则显得更为简单方便。对于多级控制情况尤为如此。以水位为判别条件的做法,适用于调洪库容较大、调洪结果主要取决于洪水总量的水库,如河北岳城水库等;以入库流量为判别条件的做法,一般适用于调洪库容较小、调洪最高水位主要受入库洪峰流量影响的水库,如湖北陆水水库等。

二、防洪补偿调度

当水库距防洪控制点较远、区间洪水较大时,采用补偿调度的方式,能比较有效地利用防洪库容和满足下游防洪要求。这种调度方式的基本原则是:当区间洪水大时,水库少放水;当区间洪水小时,水库多放水,使水库泄流量与区间洪水流量之和不超过防洪控制点河道的安全泄量。

设防洪控制点 A、区间站 B 和水库 C 的平面位置,如图 4.5(a)所示。最理想的补偿调节方式是使水库泄流量 q_c 加上区间洪水 $Q_区$ 等于下游防洪控制点的安全泄流量 $q_安$。图 4.5(b)中 $Q_区 \sim t$ 为区间洪水过程线,区间流量 $Q_区$ 可以用支流控制站 B 的流量代表;$Q_c \sim t$ 为入库洪水过程线。记区间控制站 B 到防洪控制点 A 的洪水传播时间为 t_{BA},水库泄流到 A 的洪水传播时间为 t_{CA},设 $t_{BA} \geqslant t_{CA}$,两者时间差 $\Delta t = t_{BA} - t_{CA}$ 亦即 t 时刻的水库泄流量 $q_{c,t}$,与 $t \sim \Delta t$ 时刻的区间流量 $Q_{区,t-\Delta t}$ 同时到达控制点 A。将 $Q_区 \sim t$ 后移 Δt 倒置在 $q_安$ 线下,即得水库按防洪补偿调节方式控泄的下泄流量过程 $abcd$。$bcdef$ 所围面积为实施防洪补偿调节而增加的防洪库容 V_b。由图 4.5 可知,实施补偿调节后,水库实际承担的防洪库容应为设计防洪库容 V_f 与 V_b 之和。这意味着下游防洪控制点的安全性得到了提高,而水库本身的防洪任务却暂时加重。

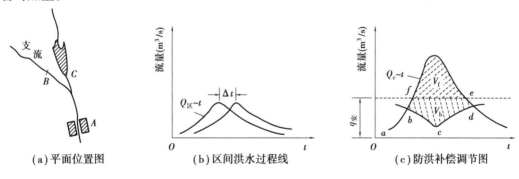

|（a）平面位置图 | （b）区间洪水过程线 | （c）防洪补偿调节图 |

图 4.5 水库防洪补偿调节示意图

采用上述调度方式的条件是:水库泄水到达防洪控制点的传播时间必须小于或等于区间洪水的传播时间,即 $t_{CA} \leqslant t_{BA}$ 或 $\Delta t \geqslant 0$。图 4.5 为此种情况。当 $t_{CA} > t_{BA}$ 或 $\Delta t < 0$ 时,只有在能对 B 站给出准确的洪水预报,使预报预见期与 t_{BA} 之和大于 t_{CA},才能采用这种补偿调节方式。这种情况的 $Q_区 \sim t$ 为预报所得,推求水库下泄流量过程 $q_c \sim t$ 和计算 V_b 的方法与 $t_{CA} \leqslant t_{BA}$ 的情况基本相同,只是要把预报的 $Q_区 \sim t$ 前移 Δt,这里的 $\Delta t = -t_{CA} - t_{BA}$。

显然,上述防洪补偿调节是一种理想的调洪方式。但受各种条件限制,常常只能近似地应用于防洪补偿调节方式,所谓错峰调度便是其中的一种。错峰调度方式的做法是在区间洪峰流量可能出现的时段内,水库按最小的流量下泄(甚至关闸停泄),以避免水库泄流与区间洪水组合超过防洪控制点的安全泄量。采用错峰调度方式必须合理确定错峰期的限泄流量,例如,在水库规划设计中,一般取其限泄流量小于或等于下游防洪控制点河道安全泄量与区间洪峰流量的差值,如图 4.5(c)所示中的 C 点。即在 C 点前后一段时期(错峰期)内,水库按最小泄流量作为限泄流量泄流。可见错峰调度方式所需的防洪库容较防洪补偿调节方式为大,其结果显然更偏向安全。

在我国,防洪补偿调节方式或错峰调度方式已有不少水库获得成功的实践经验,如辽宁大伙房水库、湖北汉江丹江口水库、清江隔河岩水库及湖南柘溪水库等。长江三峡水库在规划设计中,考虑了对荆江河段补偿调度和对城陵矶地区补偿调度两种方式,以保证三峡工程防洪目标的实现。

三、防洪预报调度

根据预报进行防洪调度,能充分发挥水库的防洪效益,协调水库防洪与兴利的矛盾。这种调度方式是根据水文气象预报成果,在洪水来临前预泄部分防洪限制水位以下的库容,以迎接即将发生的洪水。对于有兴利任务的水库,其预泄水量的确定一般以该次洪水过后水库能回蓄到防洪限制水位不致影响兴利效益为原则。

现阶段多根据短期水文气象预报进行预泄。短期预报的预见期一般在 $1 \sim 3$ d 内,其精度可达 80%。因此,利用短期水文气象预报进行水库防洪调度具有较高的可靠性。具体调度时,根据水文预报信息,若预报预见期为 τ,则应提前 τ 小时开始泄洪,可预泄库容 V_y,如图 4.6 所示。这样对于某种标准的洪水而言,考虑预报所需的防洪库容 V_f',较不考虑预报的防洪库容 V_f 要小,即 $V_f' = V_f - V_y$,这就意味着水库的实际防洪能力得到了相对提高。

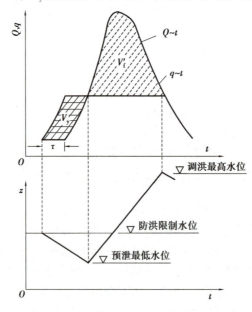

图 4.6　水库短期预报预泄示意图

在我国水库的实际运行中,考虑短期预报进行防洪调度已有不少较为成熟的经验,并已取得显著的防洪效益。例如,湖北丹江口水库,1983 年 10 月大水初期,提前预泄腾出库容 2.1 亿 m³,对后来的抗洪斗争起着重要作用;浙江富春江水库,库容相对较小,设计时未考虑防洪任务,但在运行过程中,上、下游都提出防洪要求,经多年探索逐步形成较为完善的洪水预报调度方案。

四、防洪与兴利联合调度

对于综合利用水库,防洪则要求整个汛期留出防洪库容以滞蓄洪水,而兴利则希望汛期多蓄水以确保和提高兴利效益。妥善解决防洪与兴利的矛盾,确保水库安全并在一定程度上满足下游的防洪要求,又尽量多蓄水兴利,是水库汛期控制运用的一项重要任务。根据各地实践经验,主要有以下解决途径。

1. 分期设置防洪限制水位

对于洪水在汛期各个时段具有不同规律的河流,可分时段预设不同的防洪库容,即设置不同的防洪限制水位。这样既可以满足不同时期所需防洪库容的要求,又可以确保汛末兴利库容能蓄满。例如,丹江口水库,根据洪水规律和调洪计算结果分析,将防洪限制水位分别定为:前汛期(6.21 ~ 7.20)为 148.0 m;中汛期(7.21 ~ 8.20)为 152.0 m;后汛期(8.21 ~ 10.15)为 153.0 m。

汛期各时期的划分,主要根据水文气象规律,从暴雨、洪峰、洪量、洪水出现日期等方面进行分析研究。分期不宜太多,常以 2 ~ 3 期为宜。各分期防洪限制水位的推求与不分期的做法大致相同。

需要指出的是,对于分期设置防洪限制水位的水库,一般要求具有较大的泄洪能力。否则可能无法保证按时腾出库容,使库水位在限定时间内降至预定的防洪限制水位。此外,水库泄洪还需要考虑下游河道的承泄能力。

2. 根据短期预报预泄或超蓄

短期预报预泄的情况前面已介绍。如果水库具有一定的泄洪能力,还可根据短期洪水预报有意使水库在汛期超蓄水,即使库水位高于防洪限制水位,以增加兴利效益。赶在洪水来临前,迅速泄掉超蓄水量,将库水位降至规定的防洪限制水位,当然泄洪量应以保证下游安全为前提。待该次洪水过后,还可再次超蓄,等下次洪水到来前,再次将库水位降至防洪限制水位。这样重复利用部分防洪库容,既可以保证防洪需要,又可以提高兴利效益。

3. 适时掌握汛末蓄水时间

汛末何时或从什么水位开始蓄(收)水,在水库运行调度中十分重要。如果蓄水过早,后期来洪可能造成上淹下冲的洪水灾害,大坝也不安全;如果蓄水过迟,洪水尾巴未拦住,水库可能蓄不到设计兴利水位,从而影响供水期的兴利效益。关于汛末关闸蓄水的具体时间,只有通过深入研究和正确掌握水文气象规律,结合中长期水文气象预报,根据水库管理运用经验确定。

五、水沙联合调度

我国江河泥沙问题突出,特别是在多沙河流上修建水库,更应充分重视因泥沙淤积引起水库库容损失及其带来的负面影响。例如,黄河三门峡水库,原设计时只考虑了蓄水而未顾及排沙,以至于在 1960 年 9 月蓄水后一年半的时间里,水库淤积达 15.34 亿 t,上游潼关处河床淤高 5 m,支流渭河口形成拦门沙,库区上游出现"翘尾巴"现象,严重威胁西安市及渭河下游地区的安全。于是从 1963 年开始,被迫三度改建和改变运用方式,其教训是极其深刻的。

因此,在水库规划设计及运行管理期间充分重视泥沙的出路,考虑水沙联合调度是十分重要的。根据水库的具体情况,拟定了水沙联合调度运用方式。该方式将提升低水位、大流量的泄洪能力,适时利用泄流将大部分泥沙排出库外,以确保水库能够长期保留一定的有效库容。水沙联合调度的方式主要有以下两类。

1. 蓄清排浑方式

这种方式的特点是,在洪水沙多季节,降低库水位甚至空库迎洪排沙,使库区河道尽量接近天然情况,除部分较粗颗粒泥沙淤积外,大部分细颗粒泥沙可以被水流带出库外。待主汛过后再开始蓄水,蓄水时期的淤积量,待次年汛前通过降低库水位冲出库外。这种调度方式为许多水库所采用。例如,改建后的黄河三门峡水库和小浪底水库,减淤效益均十分可观。长江三峡水库也按照这种"蓄清排浑"方式设计。具体的措施是,每年汛期 6—9 月含沙量较大时,将库水位降至防洪限制水位 145.0 m,利用低高程的大底孔"排浑";汛后 10 月入库泥沙减少时,水库"蓄清"渐至正常蓄水位 175.0 m。大量计算与模型试验证明,汛期滞洪和汛后蓄水时所淤积的泥沙,大部分可在当年或次年汛前低水位运行时排往下游。除滩区库容有少量淤积外,槽库容则可以长期保留下来。

2. 蓄水运用排沙方式

这种方式的特点是,蓄水运行一年或几年后,选择时机放空水库,采用人造洪峰和溯源冲刷方式,清除库内多年的淤积物。例如,山西恒山水库,采取这种方式可恢复大部分调节库容。一般认为,河床比降较大,滩库容所占比重较小,集中冲沙不严重影响其他任务的水库,均可采用这种调度方式。这类水库在蓄水运行时期,还可利用汛期异重流规律适时排沙。库内滩库容的淤积物,在冲沙期间可采取高渠拉沙等有关辅助措施帮助清除。

第四节　水库防洪管理

我国的水库管理体制是按水库效益和影响范围大小,由各级政府分级管理。具有综合效益的大型水库,一般由国家水利部门管理,其中以发电为主的水库由国家电力部门管理。少数专门为城市供水的水库,由市政部门投资和管理。地方兴建或集资兴建的水库,由地方政府或出资人负责管理。对于由国家管理的大、中型水库,一般实行计划管理。水库调度、防汛、除险加固、综合经营和财务收支等,一般都需编制年度计划。主管部门每年向水库管理单位下达技术经济指标,并对其进行年终考核与奖惩。

水库防洪管理工作主要包括防洪工程设备管理和防洪调度管理两个方面。

一、防洪工程设备管理

水库工程设备主要包括主坝、副坝、溢洪道、泄水洞、闸门、启闭设备、观测设备、通信设备、动力设备，以及水库防洪、发电、灌溉、供水、航运、水产等各类专用设备。

水库工程许多设备在长期运行过程中，受自然因素或人为因素的影响，可能出现如裂缝、滑坡、渗水、磨蚀、老化、混凝土碳化、闸门变形、启闭失灵、金属结构锈蚀等现象，严重时将影响工程的正常运行和安全。因此，必须做好常规的观测、保养、维护工作，以便及时发现问题并及时处理。

与防洪有关的工程设备主要是水工建筑物。其工况变化往往很缓慢，且不易被直接发现，常需借助一定的观测设备和手段，进行全面系统的跟踪监测。监测项目视水库规模和要求而定，一般包括变形观测、位移观测、固结观测、裂缝观测、结构缝观测、渗流观测、荷载及应力观测、水流观测等。通过对观测资料的整理分析，据此指导水库运用与维修，并在必要时采取除险加固措施。

1. 挡水建筑物的维修与管理

常见的挡水建筑物有土工建筑物、混凝土建筑物、浆砌石建筑物3种。土工建筑物的维修主要包括土体裂缝处理、土堤与基础防渗处理和土体滑坡防治；混凝土建筑物的维修主要包括表层处理、裂缝处理和防渗处理；浆砌石建筑物的维修主要包括裂缝处理、渗漏处理和滑塌处理等。

2. 泄洪建筑物的维修与管理

水库泄洪建筑物主要有溢流坝段、专设的溢洪道和泄洪洞等，其维修管理范围还延伸到下游部分行洪河道。这些建筑物的安全关系到能否正常泄洪，其日常维修、管理至关重要。就长江流域水库的泄洪建筑物来说，在运用过程中常见的问题主要有溢洪道过水能力不足，消能设施及下游泄洪道被破坏，溢洪道阻水，陡坡底板损坏，闸门变形、锈蚀及启闭设备故障等。

3. 引水建筑物的维修与管理

引水建筑物常见的有坝内或岸边涵管及隧洞等形式。其主要险情是裂缝漏水。造成这种情况的原因可能是设计考虑不周、施工质量和管理不善等。针对这种情况，通常可以采取地基加固、回填堵塞、衬砌补墙、喷锚支护、灌浆等措施进行处理。

二、防洪调度管理

（一）编制防洪调度规程

防洪调度规程是水库调度规程的重要组成部分，是水库管理单位依据设计文件按现状工情、水情编制的水库防洪标准、运用方式、操作程序及调度权限的基本调度文件。防洪调度规程一旦报经防汛主管部门批准，即成为指导水库较长时间内防洪调度的法规性文件。

编制水库防洪调度规程必须明确水库的水利任务，尤其是防洪任务。对于不承担下游防洪任务的水库，则以保证水库安全为前提编制。对于承担下游防洪任务的水库，主要涉及的内容有：

①在保证大坝安全的前提下,必须明确下游防御对象的防洪标准。

②复核入库洪水和水库库容等基本资料,以确保编制数据的可靠性。

③拟定水库调洪方式,包括是否需采用分期调洪、各期汛限水位如何、能否采用预报调度及错峰调度等。

④明确调度权限,包括规程审批权、调度指挥权等。

⑤提出超标准洪水时的应急措施方案等。

(二)编报年度度汛计划

年度度汛计划不同于水库防洪调度规程。年度度汛计划是指导水库当年度汛的预案,具有现实性和可操作性。但编报年度度汛计划的依据是水库防洪调度规程。在年度计划中,需确认水库当年的防洪标准,以及必须控制的汛限水位、防洪高水位及蓄水时机,并对不同量级的洪水制订相应的蓄泄方式;明确各级洪水调度的权限,以强化责任制;对可能发生的特大洪水制订应急方案,如临时采取爆破措施以加大泄洪量等;全面做好防大汛的思想、组织与物质准备。

水库年度度汛计划每年汛前都要重新修订、完善,并报上级主管部门批准,以作为当年洪水调度的依据。

(三)水库实时洪水调度

实时洪水调度是防洪调度规程及年度度汛计划的具体实施。由于可能出现的洪水过程不可能是历史洪水的重现,故在水库运行期间,应针对每一次实际洪水或预报洪水,结合当时的天气形势,根据水库的蓄水与运行状况,以及下游河道的水情及其承泄能力等,做好实时调度操作,才是该次洪水调度成功的关键所在。

实时洪水调度必须符合水库既定的防洪调度原则,正确处理防洪与兴利的关系,兼顾上、下游和各部门利益,防止不顾防洪安全而盲目蓄水或只强调水库安全而忽视兴利蓄水的倾向。

(四)水库防汛总结

水库防汛总结的目的是评价水库防洪调度效果,提高水库防洪调度水平。因此,每年汛后或年末都应对水库防洪调度进行总结。其内容主要包括以下几个方面:

1.汛前准备工作情况

着重总结与洪水调度有关的主要准备工作情况,包括流域内水情报汛站(雨量站、水文站、气象站等)的报汛及通信设备的检查落实情况;泄洪建筑物及泄洪闸门启闭情况及所采取的措施;当年度防汛计划及特大洪水防御预案的编制及报批情况等。

2.洪水特点及防洪形势

根据当年洪水实际发生的情况,分析其成因与特点,并结合水情、工情及下游防洪情况,概述当年的防洪形势。

3.洪水预报与调度实况

洪水预报是水库防洪调度中的重要技术环节。总结内容包括洪水预报工作的开展情况;预报完成率、合格率、精度、误差及其原因;预报工作存在的问题及其改进意见等。

洪水调度实况分析通常是选择当年最大的一场洪水,或是对防洪调度难度及调度效果影响均较大的一场洪水作为分析对象。对一场洪水实际调度过程的评价,可以与按常规防洪调度规则操作的调度过程作对比,以便分析和评比实际调度的优劣。

4. 防洪效益与经验教训

阐明水库当年所发挥的防洪作用,特别是在特大洪水年份,水库控泄错峰所体现的防洪效果。如1998年长江大洪水,清江隔河岩水库通过调度,有效地与长江洪水错峰,对于降低沙市水位和避免荆江分洪发挥了重要作用。这种特殊年份的洪水调度应作为重要事件进行专题总结。

水库洪水调度涉及因素众多,调度决策时往往时间紧迫,难免出现不如人意的调度结果。通过总结经验,发扬成绩,汲取教训,明确方向,有利于今后改进工作、减少失误和提高防洪调度技术水平。

除此之外,对于在汛期发生和发现的水毁现象及安全隐患等,应明确指出,并且在汛后进行除险加固,以备来年安全度汛。

为了加强水库防洪管理,促进水库科学合理地进行洪水调度,保证水库工程及上、下游的防洪安全,水利部在广泛调研和总结我国多年以来水库洪水调度实践经验的基础上,依据相关法律、规范,于1999年1月1日颁发了《水库洪水调度考评规定》,该文件详细规定了水库洪水调度的基础工作、经常性工作、洪水预报及洪水调度等内容。该规定是我国进行水库管理工作的指导性文件,同时也是开展水库洪水调度考评的重要依据。

第五节 我国几座大型防洪水库简介

三峡水库

一、三峡水库

三峡水库坝址位于长江三峡河段西陵峡三斗坪处,上距重庆市630 km,下距葛洲坝水利枢纽坝址约40 km。控制流域面积达100万 km²,占全流域面积180万 km²的56%。

三峡水库是一座大型综合利用水库,具有巨大的防洪、发电、航运、灌溉等综合效益。枢纽工程主要由拦河大坝、泄洪建筑物、水电站厂房、通航建筑物等部分组成。其中,拦河大坝为混凝土重力坝,坝顶高程185 m,最大坝高175 m;泄洪坝段位于中部,设有23个泄洪深孔,22个净宽8 m的表孔。水库设计洪水位175 m,校核洪水位180.4 m,正常蓄水位175 m,防洪限制水位145 m,总库容393亿 m³,防洪库容221.5亿 m³。工程于1994年12月开工建设,2003年6月初期蓄水135 m,7月10日首台机组并网发电;2006年5月20日,大坝全线封顶到185 m,10月27日蓄水到156 m;2008年9月28日,开始试验性蓄水,标志着三峡工程进入正常运行期。

"万里长江,险在荆江"。荆江之险在于上游洪水来量远远超出河道安全泄量。目前荆江河段的安全泄量(包括分入洞庭湖的流量在内)约为60000 m³/s。但据宜昌站1877年以来的实测资料,宜昌洪峰流量大于60000 m³/s的有24次;据1153年以来的800多年间的历史洪水调查,大于 80000 m³/s 的有 8 次,大于 90000 m³/s 的有 5 次;1860 年、1870 年荆江入口枝城站洪峰流量均达 110000 m³/s。可见特大洪水是荆江地区和长江中、下游的心腹之患。

三峡工程的防洪效益巨大。该工程控制着荆江河段洪水来量的 95% 和汉口站洪水来量的 2/3,三峡水库建成后,可以使荆江地区的防洪标准由 10 年一遇提高到 100 年一遇;若遇大于 100 年一遇的大洪水,配合临时分洪,可以防止荆江河段发生毁灭性灾害。同时由于上游洪水得到有效控制,不仅可以减轻洞庭湖区的洪水威胁和泥沙淤积,还可以减轻洪水对武汉市的威胁。因此,三峡水库是长江中、下游防洪工程体系中不可替代的关键性骨干工程。

二、丹江口水库

丹江口水库

丹江口水库地处湖北省丹江口市境内,位于汉江与丹江汇合处,水库下游为江汉平原与武汉市。坝址以上流域面积为 9.52 万 km²,占汉江流域面积的 54.7%,可控制汉江水量的 64.7%。

丹江口水库是治理和开发汉江的关键性工程,也是南水北调中线的水源工程。拦河坝为宽缝重力坝,设计坝高为 110 m,分两期修建。初期规模,于 1973 年建成,坝高 97 m,坝顶高程 162 m,正常蓄水位 157 m,总库容 209.68 亿 m³,兴利库容 174.5 亿 m³,防洪库容 78.36 亿 m³。续建工程大坝加高方案是:坝顶高程 176.6 m,正常蓄水位 170 m,兴利库容增至 290.5 亿 m³,防洪库容再增 33 亿 m³。丹江口水库现阶段的主要任务是防洪、发电、供水和航运。大坝加高和南水北调中线工程实施后,其任务调整为以防洪、供水为主,结合发电、航运。

丹江口水库建成后,为汉江的防洪发挥了巨大作用。水库蓄水前,杜家台分洪区每年要开闸分洪两三次,自 1967 年 11 月大坝下闸蓄水到 1999 年,杜家台分洪区 32 年只分洪 6 次。1983 年 10 月初,水库以上流域突降大暴雨,形成 34000 m³/s 的巨大入库流量,由于水库拦蓄了 25 亿 m³ 的水量,从而大大减轻了中、下游的洪水灾害。特别是 1998 年主汛期,丹江口水库以大局为重,在确保大坝安全的情况下,最大限度地拦蓄汉江洪水,削减洪峰,并与长江洪水错峰汇合,最大入库流量为 18300 m³/s,最大下泄流量仅 1 280 m³/s,削减洪峰 93%,避免了杜家台分洪区分洪,减轻了武汉市防洪的压力。大坝加高后,其防洪标准可以从目前的 20 年一遇提高到 100 年一遇,将更为有效地减轻汉江下游和武汉市的防洪压力。

三、隔河岩水库

隔河岩水库

隔河岩水库大坝位于清江下游湖北省长阳土家族自治县境内,距县城 9 km,距入长江口 62 km。控制流域面积 14430 km²,约占清江流域总面积的 86%。

该水库是一座综合利用工程,具有发电、防洪、航运、灌溉、旅游、养殖等功能。大坝为重力式拱坝,坝顶高程 206 m,最大坝高 151 m。正常蓄水位 200 m,相应库容 31.18 亿 m³,其中正常蓄水位以下为荆江错峰预留 5 亿 m³ 的防洪库容。校核洪水位 204.4 m,总库容 34.31 亿 m³。主汛期为 6 月 1 日至 7 月 31 日,汛限水位为 193.6 m;后汛期为 8 月 1 日至 9 月 30 日,汛限水位为 200 m。

隔河岩水库是治理和开发清江梯级枢纽的重要工程。1986 年,该工程开工建设,1994 年正式投入运营。该库自 1993 年建成蓄水以来,经受了 1996 年、1997 年及 1998 年大洪水的考验。特别是 1998 年 8 月 8 日 10 时 30 分出现的 203.94 m 建库以来最高水位后,通过拦蓄洪水,与长江干流错峰,为减轻荆江河段防洪压力发挥着重大作用。

四、三门峡水库

三门峡水库是在黄河中游干流上修建的第一座大型枢纽工程,位于河南省陕州区(右岸)和山西省平陆县(左岸)交界处,大坝距现河南省三门峡市约 20 km。坝址处控制流域面积 68.84 万 km^2,占黄河全流域面积的 91.5%,控制黄河水量的 89%,黄河沙量的 98%。

三门峡工程原由苏联专家设计。水库大坝为混凝土重力坝,最大坝高 106 m,主坝长 713 m,坝顶宽 6.5~22.6 m,坝顶高程 353 m,正常高水位 360 m,总库容 647 亿 m^3,死水位 335 m。工程于 1957 年 4 月 13 日开工,1958 年 11 月截流,1960 年基本建成,当年 9 月开始蓄水。到 1962 年 3 月,最高蓄水位 332.53 m,水库"蓄水拦沙"运用一年半时间,水库淤积达 15.34 亿 t,库容损失较快,造成潼关河床高程抬高 5 m,在渭河口形成拦门沙,库区上游淤沙出现"翘尾巴"现象,并有上延趋势。

为了西安市及渭河下游工农业生产的安全,从 1962 年 3 月起水库改为"滞洪排沙"运行方式,只在汛期滞洪,其余时间敞泄以利排沙。自 1964 年起,枢纽进行了 3 次改建,至 1995 年底改建后,泄流建筑物除原有的 12 个深孔保留,原有的 2 个表面溢流孔废弃外,共增加了 2 条隧道、1 条发电钢管,并打开了原已填实的 12 个导流底孔,均用于泄流。1973 年后,水库采用"蓄清排浑"的运用方式,库区年内基本上达到冲淤平衡,既保持了有效库容,又发挥了水库的综合效益。

目前,三门峡水库以防洪、防凌为主,兼有灌溉、发电、供水等功能,是黄河下游防洪工程体系的重要组成部分。当黄河下游花园口站的洪水主要源于三门峡水库时,经过三门峡水库调蓄,可将千年一遇的洪水(30700 m^3/s)减到设防流量 22000 m^3/s;当花园口站洪水主要来自三门峡到花园口区间时,三门峡水库也可以通过控制泄流,减轻下游负担。在凌汛期间,经三门峡水库的调蓄,下游凌汛威胁将大为减轻。

三门峡水库自 1960 年投入运行后,潼关入库流量 6 次大于 10000 m^3/s,经水库调蓄,下泄流量减少,其中 1977 年入库 15400 m^3/s,而下泄只有 8900 m^3/s。1967 年、1969 年、1970 年、1977 年等年份下游凌汛严重,经水库调节,推迟了开河时间,避免了"武开河"不利情况的发生,在一定程度上发挥了其防凌作用。

五、小浪底水库

小浪底水库工程位于河南省洛阳市以北 40 km 黄河干流最后一段峡谷出口处,大坝上距三门峡水利枢纽 130 km,下距郑州花园口 128 km。坝址以上流域面积达 69 万 km^2,占黄河流域面积的 92.3%。水库总库容 126.5 亿 m^3,淤沙库容 75.5 亿 m^3,长期有效库容 51 亿 m^3,防洪库容 40.5 亿 m^3,防凌库容 20 亿 m^3。

枢纽工程由拦河大坝、泄洪排沙系统和引水发电系统3部分组成。拦河大坝为斜墙堆石坝,最大坝高154 m,坝顶长1667 m。泄洪排沙系统包括进水口、洞群和出水口3个部分:进水口由10座大型进水塔组成;洞群由3条明流洞、3条孔板消能泄洪洞、3条排沙洞和1座正常溢洪道组成;出水口由3个集中布置的消力塘组成。引水发电系统由6条引水发电洞、1座地下厂房、1座地下主变电室、1座地下尾水闸室和3条尾水洞组成。该工程于1991年9月开始前期工程施工,1994年9月12日主体工程开工,1997年10月28日截流,2001年12月31日竣工。

小浪底水库以防洪、防凌、减淤为主,兼顾供水、灌溉和发电等功能。工程建成后,将有效地控制黄河洪水,减缓下游河道淤积。与三门峡水库、陆浑水库和故县水库联合调度,可大大提高黄河下游防洪标准,基本解除了黄河下游凌汛威胁。

第五章 堤 防

【学习任务】

了解堤防工程施工与管理；了解堤防工程隐患探测技术和设备；掌握堤防的分类、堤防的规划设计；掌握堤防工程除险加固技术。

【课程导入】

堤防是一种应用最久、最广泛的防洪工程措施。沿河筑堤，约束洪水，可以提高河道行洪能力；堤防对防御常遇洪水较为经济，且容易施行。堤防是防洪的最后一道屏障，一旦被突破，大范围的灾害就会发生。因此，必须守好堤防这道防洪底线。党的二十大报告指出："全面建设社会主义现代化国家，是一项伟大而艰巨的事业，前途光明，任重道远。我们必须增强忧患意识，坚持底线思维，做到居安思危、未雨绸缪，准备经受风高浪急甚至惊涛骇浪的重大考验。"

第一节　堤防的分类

东兴江堤

一、堤防的概念

堤防是沿河流、湖泊、海洋以及蓄滞洪区、水库库区的周边修筑的挡水建筑物。堤防是古今中外普遍采用的防洪工程，也是我国各大江河防洪工程体系的重要组成部分。

中华人民共和国成立以来，党和国家十分重视江河堤防工程建设，一方面修建了大量的新堤防，另一方面对原有破旧、低标准的堤防进行了大规模的整修和加高加固。我国七大江河中、下游两岸，现已形成完整的堤防体系。全国各类堤防的长度已达 32.5 万 km。

二、堤防分类

堤防按其所在的位置不同，可分为河堤、湖堤、海堤、围堤和水库堤防。

1. 河堤

位于河道两岸，用于保护两岸田园和城镇不受洪水侵犯。因河水涨落相对较快，高水位持续历时一般不长,堤内浸润线往往难以发展到最高洪水位的位置,故其断面尺寸相对较小。

2. 湖堤

位于湖泊四周,由于湖水水位涨落缓慢,高水位持续时间相对较长,且水域辽阔,风浪较大,故其断面尺寸应较河堤为大。此外,湖堤还要求临水面有较好的防浪护面,背水面须有一定的排渗措施。

3. 海堤

海堤又称海塘,建于河口附近或沿海海岸,用于保护沿海地区平坦的农田和城镇免遭潮水海浪袭击。海堤主要在起潮或风暴激起海浪袭击时着水,高位水作用时间虽不长,但潮浪的破坏力较大,特别是强潮河口或台风经常登陆地区,因受海流、风浪和增水的影响,其断面应远较河堤大。海堤临水面一般应设有较好的防浪、消浪设施,或采取生物与工程相结合的保滩护堤措施。

4. 围堤

修建在蓄滞洪区的周边,在蓄滞洪区运用时起临时挡水之用,其实际工作机会虽远不及河堤、湖堤那样频繁,但其修建标准一般应与河流干堤相同。此外,当地群众为了争取耕地而在沿河洲滩上自发修筑的堤埝也属围堤,这类围堤修筑简陋,标准较低,易于溃决。

5. 水库堤防

位于水库回水末端及库区局部地段,用于限制库区的淹没范围和减少淹没损失。库尾堤防常需根据水库淤积引起"翘尾巴"的范围和防洪要求适当向上游延伸。水库堤防的断面尺寸应略大于一般河堤。

三、河道堤防的分类

河堤按其所在位置和重要性,可分为干堤、支堤和民堤。

1. 干堤

修建在大江、大河的两岸,标准较高,保护重要城镇、大型企业和大范围地区,由国家或地方专设机构管理。

2. 支堤

沿支流两岸修建,防洪标准一般低于同流域的干堤。但有的堤段因保护对象重要,设计标准接近甚至高于一般干堤,如汉江遥堤,黄河支流渭河、沁河等河段的堤防。重要支流堤防多由流域部门负责修建,一般支堤则由地方修建、管理。

3. 民堤

民堤又称民埝,民修民守,保护范围小,抗洪能力低,如黄河滩的生产堤,长江中、下游洲滩民垸的围堤等。

四、黄河堤防的分类

在黄河上,河堤常分为遥堤、缕堤、格堤、越堤和月堤,如图5.1所示。

孟州黄河堤防

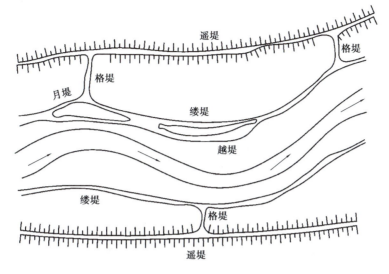

图 5.1　黄河堤防示意图

1. 遥堤

遥堤即干堤,距河较远,堤身高厚,用以防御特大洪水,是防洪的最后一道防线。

2. 缕堤

缕堤即民堤、民埝,距河较近,堤身低薄,保护范围较小,多用于保护滩地生产,洪水较大时可能漫溢溃决。

3. 格堤

格堤为横向堤防,连接遥堤和缕堤,形成格状。缕堤一旦溃决,水遇格堤即止,受淹范围限于一格。

4. 越堤和月堤

这两种堤皆依缕堤修筑,成月牙形。其作用的差异是,当河滩淤长远离缕堤时,为争取耕地修筑越堤;当河岸崩退逼近缕堤时,则筑建月堤退守新线。

第二节　河道堤防规划设计

《堤防工程设计规范》(GB 50286—2013)

一、防洪标准及级别

河道堤防工程防护对象的防洪标准应根据《防洪标准》(GB 50201—2014)确定。堤防工程的防洪标准又称为堤防工程设计洪水标准,应根据防护区内防洪标准较高的防护对象的防洪标准确定。河道堤防工程的级别应按照《堤防工程设计规范》(GB 50286—2013)确定,见表5.1。

表 5.1　堤防工程的级别

防洪标准 （重现期/年）	≥100	<100 且 ≥50	<50 且 ≥30	<30 且 ≥20	<20 且 ≥0
堤防工程的级别	1	2	3	4	5

例如，根据 1990 年国务院批准的《长江流域综合利用规划要点报告》，长江中、下游堤防分为 3 类：第一类是荆江大堤、南线大堤、汉江遥堤、无为大堤以及沿江防洪重点城市堤防等，为 1 级堤防；其他大部长江干堤，洞庭湖、鄱阳湖重点垸堤以及汉江下游堤防为 2 级堤防；其他堤防，如洞庭湖、鄱阳湖等蓄洪区的堤防为 3～4 级堤防。不同级别的堤防其建设标准不同。

二、堤防规划与堤线布置

1. 堤防规划

无论是新建或改建堤防，规划时都必须遵守以下原则：

①堤防规划应与水库、分蓄洪工程等其他防洪工程措施协同配合，以形成最合理、最有效的防洪工程体系。城市堤防规划应考虑城市总体规划与布局，应尽可能地与交通、环保、城市景观、亲水休闲等相结合。

②河道上下游、左右岸、各地区、各部门应统筹兼顾。根据河流、河段及其防护对象的不同，选定不同的防洪标准、等级和不同的堤型、堤身断面，并根据条件和时机分期、分段实施。

③当堤防遭遇超标准特大洪水袭击时应采取对策措施，以保证主要堤防和重要堤段不发生改道性决口。

④尽量节省投资，便于施工，确保质量和按期完成。

2. 堤线布置

堤线布置应遵守下列原则：

①堤线走向应与洪水流向大致平行，照顾中水河槽岸线走向。堤线随中水岸线的弯曲而弯曲，避免急弯或局部突出。两岸堤线应尽量平行，不可突然收缩与扩大。

②堤外应留一定范围的外滩。蜿蜒型河段，堤线位置应选在蜿蜒带以外。

③堤线宜选择高阜地形，尽量避开湖塘沟壑、软弱地基和透水性较强的沙质地带，否则应对堤基进行专门处理。

④堤线选定应尽量少占耕地、少迁房屋，避开重要设施和文物遗址，注意与已建水工建筑物、交通路桥、港口码头的妥善衔接。

⑤越建堤防不能使过流断面显著减小，妨碍水流畅泄；退建堤防切忌形成袋状，造成水流入袖之势，引发新的险情。

三、堤距与堤高的确定

根据选定的堤防保护区的防洪标准及其相应的设计洪水流量，可进行堤距和堤顶高程设计。

堤距和堤顶高程是紧密相关的。同一设计洪水流量下,若两岸堤距窄,则放弃的土地面积小,但洪水位高,堤身高,工程量大,投资多,汛期防守难度大;若两岸堤距宽,则洪水位低,堤身矮,工程量小,投资少,汛期防守任务轻,但放弃的土地面积大。因此,堤距与堤顶高程应根据被保护地区的经济、环境等的具体情况,并经不同方案的技术经济比较来决定。

堤距与洪水位的关系可以由水力学中推算非均匀流水面线的方法确定。在堤防规划或初步设计阶段,可先近似按均匀流公式采取试算法得出各断面堤距与洪水位的关系,再根据当地实际情况,最终确定堤距并推算水面线,得到沿程设计洪水位 $H_{设}$。

各代表断面的堤顶高程 Z 由设计洪水位 $H_{设}$ 加堤顶超高 Y 而得,如图 5.2 所示。其计算公式为:

$$Z = H_{设} + Y \tag{5.1}$$

$$Y = R + e + A \tag{5.2}$$

$$e = \frac{kW^2 D}{2gH_m} \cos \beta \tag{5.3}$$

式中　R——波浪爬高,m;

　　　　e——最大风壅水面高度,m;

　　　　A——安全加高,m;

　　　　k——综合摩阻系数,其值在 $(1.5 \sim 5.0) \times 10^{-6}$ 之间,计算时可取 3.6×10^{-6};

　　　　W——设计风速,m/s;

　　　　D——风区长度;

　　　　H_m——平均水深;

　　　　β——风向与坝轴线法线的夹角;

　　　　其余同前。

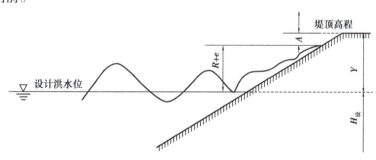

图 5.2　堤顶高程确定示意图

安全加高 A 的数值,根据《堤防工程设计规范》(GB 50286—2013)确定,见表 5.2。

表 5.2　堤防工程的安全加高值

堤防工程的级别		1	2	3	4	5
安全加高值(m)	不允许越浪的堤防	1.0	0.8	0.7	0.6	0.5
	允许越浪的堤防	0.5	0.4	0.4	0.3	0.3

四、堤型的选择与断面设计

1. 堤型的选择

堤防工程的形式应按照因地制宜、就地取材的原则,根据堤段所在的地理位置、重要程度、堤基地质、筑堤材料、水流及风浪特性、施工条件、运用与管理要求、环境景观、工程造价等诸多因素,在技术经济比较的基础上综合确定。

根据筑堤材料,可以选择土堤、石堤、混凝土或钢筋混凝土防洪墙,或以不同材料填筑的非均质堤等;根据堤身断面形式,可选斜坡式堤、直墙式堤或直斜复合式堤等;根据防渗体设计,可选均质土堤、斜墙式或心墙式土堤等。

同一堤线的各堤段,也可根据具体条件采用不同的堤型。但在堤型变换处应做好连接处理,必要时应设过渡段。

2. 堤身断面设计

对于均质土堤,堤身断面一般为梯形。堤身较高时应加设戗台,断面呈复式梯形。河道堤防戗台有内、外戗之分。内戗又称为后戗,紧靠背水坡;外戗又称为前戗,位于临水坡外侧。其中,尤以单戗(背水坡)形式最为多见。

断面设计的主要目标是确定堤身顶宽和内、外边坡。堤顶宽度的确定应考虑洪水渗径、交通运输以及防汛物料堆放的方便因素。汛期水位较高,若堤面较窄,渗径短,渗透流速大,渗透水流易从背水坡逸出,造成险情。《堤防工程设计规范》(GB 50286—2013)中规定:1 级土堤的堤顶宽度不宜小于 8 m;2 级土堤不宜小于 6 m;3 级及以下土堤不宜小于 3 m。

边坡设计中重点考虑的是边坡的稳定。堤坡的确定应根据堤防级别、堤身结构、堤基、筑堤土质、风浪情况、护坡形式、堤高、施工及运用条件,经稳定计算确定。《堤防工程设计规范》(GB 50286—2013)中规定:1、2 级土堤的堤坡不宜陡于 1∶3.0。对于堤高超过 6 m 的堤防,为了增加其稳定性和利于排渗,背水坡应加设戗台(压浸台),其宽度一般不小于 1.5 m;或者将背水坡设计成变坡形式。

五、渗流计算与渗透稳定演算

平原地区的江河堤防大多为均质土堤,堤基表层一般为透水性较弱、较薄且厚度不均的黏性土覆盖层,其下为透水性较强、较厚的沙层、砂砾石层。汛期外江水位较高或堤防着水时间较长时,水流渗入堤身或穿过堤基透水层,从背水面堤坡或堤脚附近地面逸出,这种现象称为渗流。渗流严重时将引发散浸或翻沙鼓水险情,威胁堤防安全。渗透稳定是指堤防在渗流作用下不会发生渗透变形,从而不致影响堤防的安全要求。因此,重要堤防的设计必须进行渗流计算与渗透稳定验算,必要时应采取有效的渗流控制措施。

(一)渗流计算

堤防渗流计算的任务是确定堤身浸润线的位置、渗流场内的水头、压力、坡降和渗流量等水力要素。

渗流计算方法种类繁多,常见的有数值计算法、模型试验法和水力学法 3 种。各种计算方法的繁简程度及精度有别,应视计算堤段的重要性和需要而选用。具体计算时,通常是选择有代表性的横剖面,并对复杂的地层剖面作出适当的简化处理。

堤防挡水季节一般不长,挡水期间不一定能形成稳定渗流的浸润线。因此,堤防渗流计算可根据实际情况考虑按照不稳定渗流计算。对于重要堤防,强调从安全考虑,应按稳定渗流计算。渗流计算的方法与要求见《堤防工程设计规范》(GB 50286—2013)相关内容。

(二)渗透稳定验算

1. 渗透变形的形式

堤身和堤基在渗流作用下,土体产生的局部破坏称为渗透变形或渗透破坏。渗透变形的形式与土料性质、水流条件以及防、排渗设施等因素有关,通常可归结为管涌、流土、接触冲刷和接触流土4类。

管涌是在渗流作用下,土体中的细颗粒沿着粗颗粒间的孔道移动并被带出,形成渗流通道的现象。该现象既可发生在渗流逸出处,也可发生在土体内部。

流土是在渗流作用下,土体中的颗粒群体移动而流失的现象。流土发生在渗流逸出处,不可能发生在土体内部。当黏性土发生流土破坏时,外观表现为土体隆起、鼓胀、浮动或暴裂等;无黏性土发生流土破坏时,外观表现为泉眼(群)、沙沸、土体翻滚而被渗流托起等。

接触冲刷是渗流沿着两种不同介质的接触面流动并带走细颗粒的现象。接触流土是渗流沿着两种不同介质的接触面的法向运动,并将一土层的颗粒带入另一土层中去的现象。

一般认为,黏性土可能发生流土、接触冲刷和接触流土3种破坏形式,不可能发生管涌破坏;无黏性土,则4种破坏形式均可能发生。

2. 渗透稳定验算

土体抵抗渗透破坏的能力称为土的抗渗强度。土的抗渗强度与土的性质和渗透破坏形式有关。通常用允许渗透比降 J_B 和临界渗透比降 J_C 表示。J_B 和 J_C 的关系为:$J_B = \dfrac{J_C}{K_f}$。K_f 为抗浮稳定安全系数,一般取 $1.5 \sim 2.0$。

对于土质堤防,当背水坡面或地表渗流逸出处的实际渗透比降 J 大于土的临界渗透比降 J_C 时,土体将产生渗透破坏。因此,在堤防工程设计中,渗透稳定的安全控制标准应是:实际渗透比降 J 必须小于允许渗透比降 J_B,即 $J<J_B$,否则应考虑采取防、排渗措施。这里之所以用允许渗透比降 J_B 而不是临界渗透比降 J_C,是出于工程安全考虑的。其中,实际渗透比降 J 由渗流计算得出,临界渗透比降 J_C 的确定方法如下。

临界渗透比降与渗透变形的形式有关。接触冲刷与接触流土的临界渗透比降,一般通过室内实验获得或参考实际资料确定。下面给出管涌和流土的临界比降计算式。

管涌临界比降的计算:对于自下向上的渗流,在无黏性土中发生管涌的临界比降 J_C 可按下式计算:

$$J_C = \frac{42d}{\sqrt{\dfrac{K}{n^3}}} \tag{5.4}$$

式中　d——土粒粒径,一般小于 $d_5 \sim d_3$ 的值,cm;

　　　K——土的渗透系数,cm/s;

n——土体孔隙率。

式(5.4)为经验公式，可供计算参考。但在实际工程设计时，目前管涌临界比降一般通过室内实验确定。根据经验，对于向上流动的垂直管涌，其允许比降 J_B 一般为 $0.1\sim0.25$；水平管涌的允许比降取为垂直管涌允许比降乘以摩擦系数 $\tan\varphi$。无黏性土抵抗管涌破坏的允许比降 J_B 的经验值，参见表 5.3。

表 5.3　无黏性土的允许比降

渗透变形形式	管涌型		过渡型	流土型		
	级配不连续	级配连续		$C_u<3$	$3\leqslant C_u\leqslant5$	$C_u>5$
允许比降 J_B	$0.10\sim0.15$	$0.15\sim0.25$	$0.25\sim0.40$	$0.25\sim0.35$	$0.35\sim0.50$	$0.50\sim0.80$

流土临界比降的计算：对于自下向上的渗流，流土的临界比降 J_C 可由以下太沙基公式计算：

$$J_C=(G-1)(1-n) \tag{5.5}$$

式中　G——土粒比重，即土的容重与水的容重之比，$G=\gamma_g/\gamma_w$；

　　　n——土的孔隙率。

六、渗流控制措施设计

渗透变形是堤防溃决失事的致命伤。当堤防渗透稳定验算不满足要求时，必须采取相应的渗流控制措施。其基本原则是"外截内导"，即临河截渗、背河滤水导渗，以降低渗透比降或增加渗流出口处土体的抗渗能力。

（一）临河截渗措施

1. 防渗铺盖

在堤防临水面堤脚外滩修筑连续的黏土铺盖，以增加渗径长度，减小渗流的水力坡降和渗透流速。铺盖的防渗效果取决于所用土料的不透水性和厚度。根据实践经验，铺盖的宽度为临河水深的 $15\sim20$ 倍，厚度视土料的透水性和干容重而定，一般不小于 1.0 m，如图 5.3 所示。

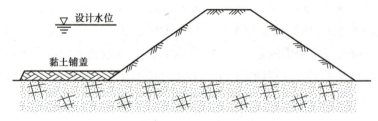

图 5.3　黏土防渗铺盖示意图

防渗铺盖可用土工膜构造。土工膜具有极大的柔性，能与地面密切结合，铺设方便，施工速度快。施工时，先清理整平滩面，再铺土工膜，并注意铺盖与堤坡及其他结构物的有效连接，以形成完整的封闭防渗系统，最后在其上面小心铺垫层，上压混凝土板或块石保护即可。

2. 防渗斜墙

防渗斜墙位于堤防临河侧坡面上,用于阻止渗水从堤坡进入堤身,如图5.4所示。其材料一般为黏土或土工膜。黏土防渗斜墙的土料应选择亚黏土或黏粒含量小于30%的黏土;墙顶部应高出设计洪水位0.5 m,顶宽不小于1.0 m;底部应与地基防渗土层或防渗铺盖紧密相连,并且有足够的接触渗径。

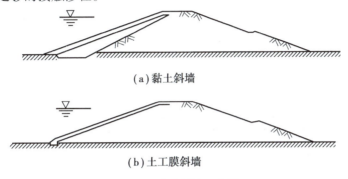

（a）黏土斜墙

（b）土工膜斜墙

图5.4 防渗斜墙示意图

构造土工膜防渗斜墙时,应优先选择两布一膜的复合土工膜。施工时先清理好堤坡,直接铺设在坡面上,其上先铺垫层,再盖混凝土板或块石护坡。施工中要注意土工膜拼接技术及其上、下端的固定。其上端可以高于设计洪水位0.5 m,并向背水面平铺50 cm作封顶,其上端加保护层保护;其下端埋在脚槽中与黏土紧密贴合。若地基设置混凝土垂直防渗墙,土工膜应与墙体牢固相锚,锚固连接处应填盖黏土或浇筑混凝土,以延长接触渗径和防止锚固件锈蚀。

3. 堤基截渗墙

堤基截渗墙一般布置在临河坡脚地层中,用于拦截透水地基的渗流,如图5.5所示。对于浅层透水地基,可以采取挖槽方式回填不透水土料或施放土工膜形成防渗幕墙。若用土工膜构造,其施工步骤是:先用高压水冲,或链斗或液压式锯槽机开槽,以泥浆护槽壁,将整卷土工膜铺入槽内,倒转卷轴展开土工膜,做好相邻两幅之间的搭接、连接;再回填土料,逐层压实;最后封顶固端,待土工膜出槽后,与建筑物连接,不得外露,并注意膜端留出缝隙,以防建筑物变形拉断土工膜。

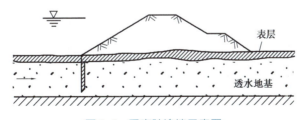

图5.5 垂直防渗墙示意图

当透水层较深厚时,可采用高压喷射灌浆技术,在透水地基上构造防渗板墙,或用射水法建造地下混凝土连续防渗墙,或打入钢板桩防渗墙。建造这类防渗墙需要一定的设备和专用机具,施工技术要求高。

（二）背河导渗措施

当堤防背水坡脚渗流逸出坡降超出安全允许坡降时,可在渗水逸出处采取以下措施:

1. 压渗盖重

压渗盖重紧靠背河堤脚,如图5.6所示。在堤基透水层的扬压力大于其上部弱透水层的有效压重的情况下,采取填土加压法增加覆盖层的厚度和质量,并通过延长渗径降低渗透压力,可有效防止堤背地表的渗透破坏。盖重的厚度和宽度可以根据盖重末端的扬压力降至允许值为要求。

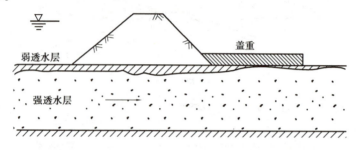

图5.6　压渗盖重示意图

盖重的填料最好采用透水材料,如用砂砾石等强透水材料,这种盖重主要起自由排渗作用;也可用弱透水材料构造,这种盖重主要起增强地表的抗渗能力作用。因此压渗盖重具有压渗和导渗的两种功用。

构筑压渗盖重,方法简单易行,且可一举多得。近年来,在长江、黄河上广泛应用吹填法和自流放淤法,不仅能填塘固基,构造堤背盖重,起固堤除险作用,而且充分利用了水沙资源,变害为利,在淤地上种草植树,改良农田,改善环境。

2. 反滤排水槽

反滤排水槽的作用是排走堤基渗水。反滤排水槽适用于覆盖层较薄、下卧透水层不太厚的堤基。排水槽的位置应尽量靠近堤脚,当有堤背压渗盖重时,应布置在盖重的外端。排水槽的中央设带孔集水管,周边铺填反滤料,上部回填不透水土料。排水槽如图5.7所示。

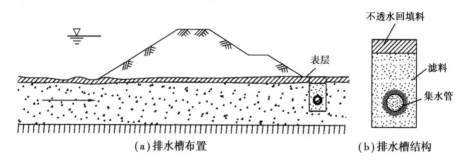

(a)排水槽布置　　　　　　　　(b)排水槽结构

图5.7　排水槽示意图

3. 减压井

当透水地基深厚或透水地基为层状时,可在堤防背河侧地基设置排水减压井,为渗流提供出路,减小渗压,防止管涌发生。减压井的结构如图5.8所示。

减压井的设计和施工技术要求较高。设计主要考虑井的位置、井距、井深、井径、井口高程等因素。井的位置一般距离背河堤脚不远,并与明沟相通,以便排走渗水;井距为15~20 m;井深要求能有效收集堤基渗水,井的透水管段位置应置于透水层中,其长度应大于透水层厚

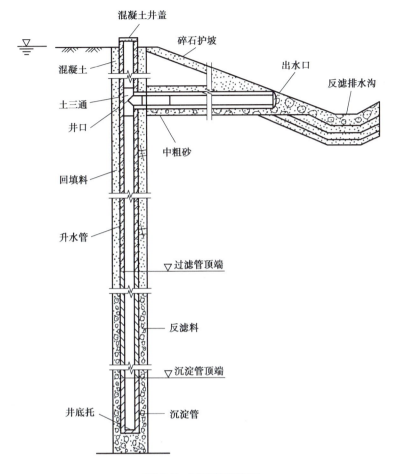

图 5.8 减压井结构图

度的 50% ~75% ;井径不小于 15 cm;井口高程原则上宜低不宜高,但不应低于减压井不排水时排水沟可能的最高水位。施工内容包括造孔、下井管、回填反滤料、鼓水冲井、抽水洗井、抽水试验和实施井口工程等工序。此外,从管理上讲,为防止井管和过滤器的淤堵,应定期洗井。

七、堤坡稳定性分析

汛期渗流浸入堤身从背河坡面逸出形成散浸险情。散浸使堤身下部土体软化、抗剪力降低,当水的静压力和渗透压力超过堤防背水坡土壤的重力和凝聚力时,将造成背水边坡滑脱,通常称为脱坡。为了防止这类险情发生,堤防设计应进行堤坡稳定性分析。

堤坡稳定分析的目的在于寻找堤坡潜在破坏面并确定其安全系数 K,K 等于抗滑力与滑动力之比,两力均沿破坏面作用。堤坡稳定的安全标准是:计算找出的潜在破坏面的安全系数 K 应大于规定的抗滑稳定安全系数 K_h,$K_h = 1.10 \sim 1.30$。

试验与实践证明,均质土堤脱坡断裂面接近圆弧状,因为对于材料来说,圆弧表面积最小,而表面积与抗滑力有关,单位质量与滑动力相关。因此,《堤防工程设计规范》(GB 50286—2013)规定在抗滑稳定计算中,采用圆弧滑动法。圆弧滑动法不考虑土条之间的相互作用力,在大量假设滑弧计算的基础上,找出最小安全系数 K,其相应的滑弧为最危险的滑动面。图5.9代表众多假设滑弧中的一个。将滑动体划分为若干土条,计算每一块土条的高度、质量、坡角等,代入相关公式求得 K 值。详见《堤防工程设计规范》(GB 50286—2013)中的相关内容。

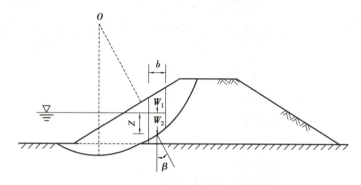

图5.9　圆弧滑动法计算示意图

当堤基存在软弱夹层,或堤基表面为淤泥层,或新、老堤接触面未处理好时,有可能出现圆弧与直线相组合的复式滑动面。对于这种情况的土堤,抗滑稳定计算宜采用改良圆弧法或称复式滑动面法,如图5.10所示。

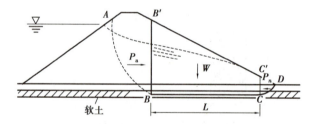

图5.10　改良圆弧滑动法计算示意图

第三节　堤防工程施工与管理

一、堤防施工

对于重要堤防的施工,应积极推行项目法人责任制、招标投标制和建设监理制3项制度,严格按照相关设计文件和规范要求执行。施工中应注意的事项主要有土料与土场选择、放样与清基、铺土压实和竣工验收等。

(一)土料与土场选择

均质土堤土料的选择应满足防渗要求和就地取材的原则。从各类土壤的物理性质来看,壤土和沙壤土透水性较砂土小,且具有一定黏性,易压实或碾实,作筑堤土料较好;砂土透水性较大,不宜单独用于筑堤;黏土有较好的不透水性,缺点是遇干易裂,遇湿易滑,遇冻易膨胀;最好选用黏粒含量为15%～30%、塑性指数为10～20、天然含水率与最优含水率均不超过±3%且不含杂质的亚黏土。若当地只有砂土,用以筑堤时应在临水侧外帮透水性较小的土料形成防渗斜墙,用于防渗;若附近只有黏土,用以筑堤时可用黏土作防渗心墙,在其外表覆盖一层透水性较大的土料,以防干裂和变形;如果当地无充足的黏土、亚黏土等透水性较小的土源,可以使用透水性较大的砂砾料作为支承体,并以复合土工膜为防渗体构成复式断面堤防。用作防渗体的黏土,要求黏粒含量不大于30% ~40%,渗透系数不大于1×10^{-5},且不含杂质,水溶盐和有机质含量分别小于3%和5%,天然含水率应接近填筑最优含水率;用以作支承体的砂砾料应选择耐风化、级配较好、透水性好、不易发生渗透变形、含泥量小于5%的砂砾石或砾卵石。

土场位置应尽可能地选择在临河外滩,因外滩取土可以回淤还滩。堤内取土既挖弃耕地,又易滋生险情。若确需堤内取土,也应与改田造地相结合。取土场不宜距堤脚太近,一般应在堤脚30 m以外。长江干堤的取土场一般堤外在50 m以外,堤内在150 m以外。荆江大堤要求,堤外一律在距大堤平台脚70 m以外,堤内距堤脚300 ~500 m以外。

取土坑不宜太深,以防地表覆盖层被严重破坏。堤外一般不超过2.0 m;堤内一般不超过1.0 m。堤外取土坑每隔30 ~50 m应留一条垂直堤线的土埂,以便作运土通道和避免在洪水期形成顺堤串沟,危及堤身安全,同时也有利于土坑的回淤。

(二)放样与清基

堤防施工放样时,需要先沿纵向定好堤防中心线和内、外堤脚线,并分别钉好桩标;如果施工队伍经验不足,可每隔100 ~200 m用竹竿和麻绳设置一个堤身横断面样架。

堤防施工前,应彻底清除堤基上的树根、草皮、农作物、废砖瓦砾等各种杂物,以免留下隐患。进土前,用耙松表土,以利于填土和地基的结合。若堤线通过淤泥池塘,应排干积水,清除淤泥,挖至硬基。若淤泥层较稀较深,则可采用以土挤淤的办法,即沿堤中心线进土向两侧挤淤,待进土到一定高度而不继续下陷时再向两侧进土,并适当加大断面,以防堤身后来沉陷。若堤线通过较厚、范围较大的沙层,则可视情况采取抽槽截渗、铺设黏土铺盖层或其他地基处理措施,以防堤基漏水。

(三)铺土压实

铺土压实从底部开始,逐层连续进行,打碎土块,清除杂草、树根等杂物。当土层表部因间隔时间较长而风干时,在其上再填新土前应作表面刨毛和洒水湿润处理。每踩铺土厚度与压实机具类型有关,轻型压实机具,每踩铺土厚度为15 ~20 cm;重型压实机具,每踩铺土厚度为30 ~35 cm。压实方法一般为人工夯实和机械夯实。人工硪夯时,应采用连环套打法夯实;机械夯压时,夯压夯迹1/3,行压行迹1/3,使夯迹在平面上双向套压。分段、分片夯压时,夯迹搭接的宽度应不小于10 cm。碾压机压实地面时,应平行于堤轴线行进。若用履带式拖拉机或拖拉机带滚碾压时,则可采用进退错距法压实,碾迹套压宽度应大于10 cm;若用铲运车、自卸汽车等机械碾压,可采用轮迹排压法压实,轮迹套压宽度宜为3 ~5 m。分段、分片碾压时,相邻两个工作面碾迹的搭接宽度,平行堤轴线的纵向应大于0.5 m,横向宜为3 ~5 m。相邻工作面有高差时应以斜坡相接,坡比1:3,且应刨毛、湿润,对机械碾压不到的死角,应辅以夯实。碾压过程中,应跟踪监测填土的压实干密度和含水率,对不合要求处应增加碾压遍数。堤防工程施工应尽量避免在雨季或在负温下进行,必要时应采取特殊措施。

（四）竣工验收

修筑堤防关系到沿河人民生命财产安全和国家经济建设的大局，应切实把好质量关。否则即使有少量的工程质量问题或隐患，都有可能酿成"千里之堤，溃于蚁穴"的大祸。堤防工程验收一般分为分部工程验收、阶段验收、单位工程验收和竣工验收4个阶段。其中，竣工验收最为重要，这项工作是在全部工程已完成，历次验收所发现的问题已处理，水行政主管部门认定的工程质量检测合格的基础上进行的。竣工验收要严格按照《水利水电建设工程验收规程》（SL/T 223—2025）和相关规定组织安排，认真填报施工图表和进行施工技术总结。

二、堤防管理

为了确保堤防长期安全地抵御洪水，我国的主要江河堤防均设有专门的管理机构，平时负责对堤防进行例行检查、维护和管理，汛后根据当年汛期堤岸出现的险情，负责组织进行除险加固。除险加固工作因需年年进行，故常称为岁修。堤防管理工作主要包括以下几个方面。

1. 工程管养

河道堤防堤线长、范围广，管理养护对象多。主要有水沟浪窝的填垫，辅道、戗台、堤身的补残，堤顶的平整夯实，防汛备土（土牛），防汛器材、通信设备管理，排水沟、护堤地、护岸工程及导渗沟、减压井等排渗设施，以及涵闸、虹吸、道路、桥梁穿（跨）堤建筑物的维护与管理等。同时还需经常向群众进行相关政策法规的宣传教育，严禁在河道内违章设障和在堤坡上放牧种植，制止各种有损堤防行为的发生。

2. 隐患查除

堤防常见隐患有人为洞穴、动物洞穴、腐木空穴等。此外，还可能因修堤质量不符合要求而留下界缝、裂隙等。对此均应通过锥探或隐患探测仪探明堤身隐患部位。对于较小的隐患，可以进行灌浆处理；对于范围较大的隐患，则应翻筑回填。

汛期凡堤防渗漏严重的地段或地下透水层因横贯堤基、产生翻沙鼓水险情处，均做过临时性的抢护处理，但质量往往难以保证，有的堤段在抢险中曾用粮食、芦草、棉絮、草袋等易腐材料，抢修中应彻底挖除，并按防渗设计要求重新处理。

3. 植树种草

堤坡种草可保护堤防免遭雨蚀和浪击；外滩营造防浪林，可缓溜消浪；堤内护堤地种植经济林、果木林，既可绿化堤防和美化环境，又可增加经济收入。

植树种草的种类与方法应因地制宜。如黄河堤防，堤坡广种葛芭草，"堤上种了葛芭草，不怕雨冲浪来扫"；堤防两侧植树，其原则是"临河防浪，背河取材，速生根浅，乔灌结合"。临河柳荫地种植卧柳以缓溜消浪；背河护堤地以种柳为主，间植其他成材林，淤背区多以果树等经济林、农作物为主，林粮或药用作物等间作。

4. 综合经营

在当前市场经济形势下，堤防管理部门可以利用堤防两侧的土地资源，开展相关产业和多种经营活动，以改善环境，增加经济收入，降低管理费用。在这方面，一些地方河道堤防管理部门逐步将过去的消费型管理转变为管理与生产经营相结合的堤防管理模式,从而走上良性循环的新路。值得指出的是,任何生产经营活动,都应以不影响河道管理和有利于防洪安全为原则。

第四节 堤防工程除险加固技术

一、堤身除险加固技术

1. 劈裂灌浆技术

堤身劈裂灌浆可有效消除堤内隐患,强化堤身安全。该技术是在较大的灌浆压力作用下,先将堤身劈裂成缝,再强制性地注入水泥浆或水泥黏土浆液,以形成一定厚度的竖直、连续、密实的浆液防渗固结体,同时充填密实所有与浆脉连通的裂缝、洞穴等隐患。与传统的锥探灌浆方法相比,该方法造价低廉、功效较高,尤其适用于堤身有散浸、裂缝和洞穴的堤防防渗加固。

2. 垂直铺塑技术

垂直铺塑技术是使用土工防渗膜作为防渗材料的一种垂直防渗技术。该技术包括机械开槽、铺膜和沟槽回填 3 个工序。目前,有刮板式、旋转式、往复式、高压水冲式等多种开槽铺塑机械。该项技术已在黄河、长江等堤防工程中得到成功应用,对解决堤身散浸、集中渗流、堤脚附近的渗透破坏等问题效果显著。垂直铺塑工程造价不高,且施工速度快,是一项值得推广的技术。

二、堤基除险加固技术

堤基除险加固技术有很多种,主要是在堤基下部建造垂直连续墙防渗体。成墙方法有锯槽法、射水法、高压喷射法、深层搅拌法、振孔高喷法、振动沉模法、振动切槽法、液压开槽法、薄壁抓斗法等。墙体材料一般为普通混凝土、塑性混凝土、自凝灰浆等。此外,钢板桩防渗技术、机械吹填技术也广泛应用于堤基除险加固工程中。

1. 锯槽法

锯槽法成墙技术是 1991 年投入使用的一种新技术。成槽由专门锯槽机完成,锯槽机的移动速度在 0.4 m/min 以内,锯进速度可根据地层地质条件调整。锯槽法适用于颗粒直径小于 10 cm 的松散地层,但不适用于墙体需要嵌入基岩的情况。目前,采用锯槽法成墙的最大深度已达 47 m,成墙厚度 0.15 ~ 0.40 m,平均工效大于 100 m^2/台班,造价一般小于 200 元/m^2。

2. 射水法

射水法成槽造墙技术由福建省水利科学研究所成功研制。射水造墙机是其主要机械,工作原理是利用成形器中的射水喷嘴形成高速泥浆射流来切割破坏地层结构,采用正循环或反循环出渣,同时利用卷扬机带动成形器做上下往复运动,进一步破坏地层并由成形器下沿刀具切割修整孔壁,形成具有一定规格尺寸的槽孔,槽孔用泥浆进行固壁,然后用导管在水下进行混凝土浇筑,采用平接技术使各槽孔连接形成连续墙。该方法主要适用于土层、沙层和砂砾层。现已在长江、黄河、闽江、赣江等堤防工程中得到成功应用。

3. 高压喷射法

高压喷射灌浆技术是近30年来用于地基防渗加固的一项技术。主要施工设备有高压泥浆泵、高压水泵、钻机、空压机等。该技术将特殊喷头安装在钻杆(喷杆)的底部,置入钻机成孔的设计土层深度,通过利用高压喷射固化浆液(如水泥浆液),冲击、破坏土体结构,使浆液与土粒在所形成的穴槽内搅拌混合,凝固成固结体。利用高喷(如三管高喷)灌浆技术,可以构造桩、板、墙等固结体以加固地基。这些固结体主要适用于冲积层、残积层、人工填土地层,以及沙类土、黏性土和淤泥层等。对于砾石粒径过大、含量过多的地层,以及含有大量纤维质的腐殖土层,高喷质量可能不及静压灌浆。

4. 深层搅拌法

深层搅拌法又称为水泥土加固法。该项技术由淮河水利委员会设计院研究开发。该技术是利用特制的多头小直径深层搅拌机械将水泥浆喷入土体并搅拌形成水泥土防渗墙,以达到防渗的目的。成墙方法:多头小直径双层搅拌桩机械定位、调平,主机动力装置带动多个并列的钻杆转动,并以一定的推进力使钻头向土层推进至设计深度,然后进行控制性提升,提升过程中进行搅拌并高压喷射水泥浆,使土体和水泥浆充分混合。机械移位并重复上述过程,最终形成一道防渗墙。成墙最大深度为18 m,厚度为20~30 cm,成墙速度为13~20 m^2/台时,成墙造价为70~100元/m^2。深层搅拌法适用于土层、沙层、砂砾层等地层的地基防渗与加固。

5. 振孔高喷法

振孔高喷法是1991年开发的一项技术。其主要工艺是采用大功率振动器将高喷管直接送到设计深度。振孔高喷法适用于砂卵石地层,含粒径约为500 mm的漂石、碎石地层,也可嵌入岩石一定深度。在含漂石的地层中,先喷水泥砂浆,再喷水泥浆。成孔时间小于5 min,孔距多采用0.5~0.8 m,串浆可达3~4孔,成墙后连续性较好,目前成孔深度一般为18 m,成孔效率一般为200 m^2/台班。

6. 振动沉模法

振动沉模法是用高频振动锤将钢模打入地层至设计深度,在抽拔钢模的同时用导管在槽内灌浆,浆体凝固即形成防渗墙体。钢模形状有"H"形、"I"形等,墙体厚度为0.075~0.2 m,适用于土层、沙层和砂砾石层,深度在20 m以内,功效可达1000~2000 m^2/d。但设备造价相对较高。

7. 振动切槽法

振动切槽法是近年开发的成墙技术,采用振动锤进行施工。其基本原理是采用大功率振动器将切头送至设计深度。该技术适用于壤土、沙、砂砾等地层,槽宽为0.15~0.30 m,单次成槽长度为0.4~0.8 m。每台设备的成墙效率达150~400 m^2/d,综合成本100元/m^2左右。施工平台大于5 m^2。实践证明,该项技术具有质量可靠,墙体整体性好,施工进度快等优点。

8. 液压开槽法

利用 YK90 型液压开槽机开槽成墙技术是由河南省黄河河务局研制的。其工作原理是:液压系统提供动力,使液压缸的活塞杆垂直运动,带动工作装置刀杆做上、下往复运动,刀杆上的刀排紧贴工作面切削和剥离土体,被切削和剥离的土体由反循环排渣系统排出槽孔,开槽机沿墙体轴线方向全断面连续切削,不断前进,从而形成一个连续规则的长形槽孔,在作业中使用泥浆进行固壁;开槽到一定长度,用隔离体进行隔离,分段用导管法进行水下浇筑混凝土或水泥土逐段浇筑,最后形成连续墙。该方法可以实现连续开槽,连续浇筑和无接头,从而保证了墙体的完整性和连续性。另外,该套设备还可用于垂直铺塑。该方法仅适用于土层和沙层,墙体厚度为 0.18~0.40 m,工程造价约 150 元/m²,施工速度为 160 m²/d。该项技术已在黄河堤防工程上得到成功应用。

9. 薄壁抓斗法

射水法、高压定喷法、锯槽法等都不能适用于有较大粒径的砂卵石地层、密实的沙土层等。但抓斗施工完全适用于这些地层。抓斗法施工技术一般采用分段抓取成墙,槽孔长度一般为 7.5~8.0 m。各槽段之间采用接头管连接。在成槽时,一般用膨润土或黏土浆护壁以防槽孔崩塌。抓斗机械采用柴油机驱动,尤其适用于电力供应不便的堤防工程施工。抓斗法成墙深度目前在 40 m 以上,施工效率可达 80~100 m²/台班,工程造价为 200~400 元/m²,墙深在 20 m 以内时可在 200 元/m² 以下,如成墙后采用垂直铺塑,还可降低单价。

10. 钢板桩防渗法

钢板桩防渗法是将钢板桩打入堤基透水层下部,形成半封闭或全封闭的防渗墙,从而起到拦截堤基渗水的作用。1998 年,该技术首先应用于荆江大堤观音闸堤段和洪湖长江干堤燕窝堤段。施工工序为:先开挖施工平台,安装施工墙架,再将 20 m 长的 FSP-ⅢA 型和 FSP-ⅣA 型钢板桩按槽型钢板桩的套接顺序逐一打入地基,形成完整的钢板桩防渗墙。采用钢板桩进行堤基防渗加固,具有处理深度大、防渗效果好、施工对相邻建筑物影响小、施工速度快等优点,但工程总体造价较高。此外,钢板桩施工技术性要求高,只有严格控制轴向和法向倾斜偏差,才能保证钢板桩顺利打入,防渗墙顺利合龙。

11. 机械吹填法

机械吹填法是利用冲吸式简易吸泥船、挖塘机组与泥浆泵组合或泥浆泵接力等,对河床泥沙进行远距离管道输送,泥沙排水固结后,即可达到填塘、淤背和防渗固堤效果。机械吹填(黄河上称放淤固堤)法是压盖施工的一种好方法,既能加固大堤、改良土壤,又可清除河床淤沙,其造价也相对较低。近年来,该技术得到了进一步更新改造,可以进行远距离(5 000 m)、高浓度、大流量输送,适应性更强。现已在长江、黄河等河流两岸广泛应用,并取得良好效果。

以上介绍的各种堤基除险加固技术,在实际中可根据堤防的重要性、堤基特征、机械设备以及费用情况等因素选择应用。对重要堤防和地层复杂的地基,宜选择抓斗法成墙,成墙材料可根据要求采用自凝灰浆、垂直铺塑、混凝土等;对隐患地层较浅的堤基,可采用劈裂灌浆法以节约投资;对软土地基,可结合提高其承载力和减少其沉降量的要求,采用深层搅拌法;对沙性土地基,宜采用高喷法;在堤背存在渊塘和险情易发堤段,宜采用机械吹填法,填塘固基,可一举多得,功在长远。

第五节 堤防工程隐患探测技术和设备

我国大江大河的堤防绝大部分是经过历代加高培厚逐渐形成的,堤基复杂,堤身填筑质量差,堤防潜在隐患多,一遇高洪水位,常常是险象环生,严重时则酿险成灾。

传统的堤防隐患探测方法主要包括人工锥探和机械钻探等。这类方法虽然具有直观的优点,但费时、功效低,且仅局限在探测点上,难以全面评价堤防质量,效果也不尽如人意。此外,这类方法也会对堤身造成一定的伤害,一般只能用在非汛期,而在堤防挡水后则不宜使用。在汛期采用较多的是人工巡堤查险,即通过防汛人员眼看、耳听、手摸等方法,发现堤防险情。所谓"拉网式"巡查,虽不失为现阶段防汛期间发现险情的一种常规方法,但人力消耗大,查险效率低,只能被动地出险查险,而不能早期发现险情隐患。为了彻底改变这种被动局面,避免盲目性,增加主动性,近年来,在堤防隐患探测技术与仪器方面,相关研究取得了一些新进展。

(一)堤防工程隐患探测技术

从现阶段来看,国内外堤防隐患探测技术的水平还不高,还很少有特别适用、效果理想的技术方法与探测仪器。在我国,其主要技术方法有以下几种。

1. 微波探测法

微波探测法又称为探地雷达法。该方法是利用超高频脉冲电磁波探测地下介质分布的一种地球物理勘探方法。可根据地质雷达图像的动力学特征,对堤防土体予以定性的异常划分并推断其地质成因。这种方法在探测误差小于 10 m 的堤身隐患时,效果较好,图像反映比较直观,但对深部隐患反映不明显。探地雷达用于探测介质分布效果较好。目前,探地雷达主要受两个方面的影响:一是堤防土体的含水性;二是探测深度与分辨率的矛盾。

2. 高密度电阻率法

高密度电阻率法是集电剖面和电测深为一体,采用高密度布点,进行二维地电断面测量的一种电阻率法勘查技术,是以研究地下介质体的电阻率差异为基础的物探方法。该方法较适用于探测堤身的裂缝、洞穴、土质不均等异常情况。探测时,为了获得足够多的有关堤坝结构和隐患信息,布置了大量电极,通过人工或仪器控制不断改变供电和测量电极,以获得不同极距(深度)和不同水平位置的电导率(或电阻率)数据,并通过对后续资料的处理和解译,获得重要而客观的隐患图像信息。该方法是目前使用较多的一种堤坝隐患探测法。

3. 瞬变电磁法

瞬变电磁法的基本原理是电磁感应原理,该方法以土体的电性及磁性差异为基础,通过向地下发射垂直方向的磁场波,然后断电,观测断电后的磁场随时间的变化,研究磁场的空间、时间分布特征,达到解决地质问题的目的。该方法用于堤防隐患探测时,对浅部不均匀体的异常物性反应不够明显,但对深部地层划分具有一定的效果。

4.面波法

面波法利用冲击震源激发地震波,大多通道采集地震记录,通过面波分析软件提取面波频散特性,分析地下介质的结构和物性。探测时,当介质层呈现层状具有波速差异时,其效果反映明显。因此,可以利用频散曲线来解决堤段不均匀的问题。在开展洞穴及裂缝等隐患探测时,要加强频散曲线特征正演分析与反演解释研究,同时新震源的研究和野外观测方法的改进也是非常重要的。

此外,还有自然电场法、放射性同位素示踪法和测温法等方法。这些方法各有特点,一种方法不可能对所有隐患类型都适用,不同方法联合使用时可取长补短,从而取得更好的效果。

(二)堤防工程隐患探测设备

1. MIR-IC 覆盖式高密度电测仪

MIR-IC 覆盖式高密度电测仪采用高密度电阻率技术,可以探测堤坝裂缝、洞穴和软弱层等。裂缝探测深度可达 10 m,并能确定其位置、埋深和产状。洞穴探测分辨率超过 1∶10(洞径与中心深度之比)。对不同隐患可以进行二维电阻率成像。

MIR-IC 覆盖式高密度电测仪是黄河水利委员会开展黄河堤防隐患探测普查的首选仪器之一。现已分别在河南、山东黄河沿岸地市推广应用,累计探测堤防长达 400 km。应用表明,该仪器可以准确、快速地探测出堤坝内部的裂缝、洞穴、松散土层、渗水、漏洞等隐患,经开挖验证,探测结果与实际隐患吻合较好。

2. ZDT-I 型智能堤坝隐患探测仪

ZDT-I 型智能堤坝隐患探测仪是在电法探测堤坝隐患技术的基础上,依据"直流电阻率法""自然电场法""激发极化法"等电法勘探原理,结合现代电子和计算机技术开发研制的智能堤坝隐患探测仪。

该仪器集单片计算机、发射机、接收机和多电极切换器于一体,具有汉字提示、人机对话、数据存储、数据查询、与微机通信等功能,既适应了堤坝隐患探测的特点和技术要求,又完善并提高了常规电测仪的性能和技术指标。通过在东平湖围坝、长垣临黄堤、武陟沁河新左堤及齐河临黄堤等堤坝隐患探测试验,表明 ZDT-I 型智能堤坝隐患探测仪可以准确地探测出裂缝、洞穴、松散土层等堤坝隐患的部位、性质、走向、发育状况和埋藏深度,在堤坝总体质量探测分析、堤坝渗水段探测分析、压力灌浆验证等方面也都取得了较好的应用效果。

3 97.7 LT-A 型自动报警器

97.7 LT-A 型自动报警器主要适用于漏洞洞口的探摸。其设计原理先进,构造新颖。该报警器的特点是:探洞快,准确性强,灵敏度高,水深不限;白天报警提示,夜间报警加灯光提示;一人操作,携带方便。

97.7 LT-A 型自动报警器采用多节式轻质玻璃钢管,一端安装一个特制的探头,另一端安装一个报警系统制造而成。玻璃钢管可根据水深进行加长或缩短,其探头由直径为 40 ~ 60 cm 的钢镀锌圈附加一层高弹性布幕制成,布幕与钢圈之间设有若干个触点。若发现洞口,利用流水动力,即可引发报警器或灯光闪烁。使用方法:若发现背河有漏洞,可以在临河大堤偎水处的堤坡(岸边)水下部位用该报警器探摸,只要前推后拉、左右移动,即可发现洞口。与传统的糠皮法、鸡毛探测法、夜间碎草法、竹竿钓球法、撒石灰或墨水法相比,探洞率达95%以上。

4. 堤防渗漏探测仪

堤防渗漏探测仪的基本原理是利用水流场与电流场在一定条件下数学物理上的某些相似性,建立一个人工特殊波形编码电流场去拟合渗漏水流场,通过测定电流场的分布来查明水流场的流向和相对流速。这是物理探测技术可以快速查找渗漏等险情的入口部位,为及时抢险和工程隐患处理提供决策依据。

5. YS-1 型压实计

YS-1 型压实计主要用于堤防填筑施工质量的快速检测。将压实计安装在振动碾上,可以对整个碾压面的压实质量进行全面实时控制。若与挖坑取样法结合使用,不仅能提高施工速度,还可确保整个碾压工作面的压实质量。

YS-1 型压实计适用于各种型号的自行式、牵引式和手扶式振动碾,以及不同级配的堆石体、砂砾料、填土和碾压混凝土等多种填料。该压实计的读数与填料的干密度、沉降率、孔隙率等工程参数之间存在着良好的相关关系。该压实计已在鲁布革水电站、梧州机场、北京亚运村等50多个工程中得到应用,均获得了令人满意的效果。

6. GMD-1 型高密度电法仪

GMD-1 型高密度电法仪的技术核心是智能电极,全部操作都在计算机上进行,界面简洁,操作方便。此外,该仪器还能实时显示仪器的工作状态和所测参数,并以图形方式显示测试结果。其功能涵盖了直流电法的各种方法,特别适用于堤防工程的质量检测和隐患探测。

7. 电动根石探测机

电动根石探测机是模仿人工探测根石的提升、下压、脉冲进给的工作原理设计的。采用双驱动的两个同步旋转滚轮,靠一端能自锁的偏心套挤压探杆,两滚轮驱动探杆向下探测,人工可以随时操纵偏心套与杠杆结合、分离,使探杆工作或停止。为使探杆产生脉冲下进给,在探测机两端设计两个偏心曲柄构件,带动箱体及探杆同时上下振动。当探杆碰到石块时,探杆不能继续下进,会将整个机器顶起,此时操作者应立即松开操纵杆,两滚轮与探杆即可自行分离,停止下进给,然后操纵反转开关,使探杆拔出地面,即可完成根石探测工作。

电动根石探测机设有两个喇叭状的导向装置,从而使探杆插进容易,定位导向较准确。该机结构紧凑,体积小,质量小,搬运方便。根据实地试验,5~10 min 可以完成一个测点(含移位、接杆等)的作业。劳动强度较人力探测大为减轻,且准确性高。

第六章 分蓄洪工程

【学习任务】

了解分蓄洪工程洪水的演算及洪水风险图。掌握分蓄洪工程的规划设计;掌握分蓄洪区的运用和管理。

【课程导入】

分蓄洪区具有分洪削峰,蓄、滞洪量的防洪作用;分蓄洪区只有在出现大洪水时才应急使用。因人多地少、经济迅猛发展等原因,我国许多分蓄洪区目前人口密集、经济发达,导致分洪损失急剧增加,分蓄洪区使用困难。使用分蓄洪区,必须充分考虑局部与全局、当下与长远的利益。党的二十大报告提出:"必须坚持系统观念。万事万物是相互联系、相互依存的。只有用普遍联系的、全面系统的、发展变化的观点观察事物,才能把握事物发展规律。我们要善于通过历史看现实、透过现象看本质,把握好全局和局部、当前和长远、宏观和微观、主要矛盾和次要矛盾、特殊和一般的关系。"

第一节 分蓄洪工程的规划设计

都江堰分洪

湖北洪湖

江西鄱阳湖

一、分蓄洪区的概念

分蓄洪区是利用与江河相通的湖泊、洼地等修筑围堤,用来分蓄河道超量洪水的区域。我国现有行洪区、分蓄洪区 100 多处,总容量约 1 200 亿 m^3。其中,在长江中下游规划和兴建了 40 余处分蓄洪区,可拦蓄 600 亿 m^3 的水量,可为防御长江特大洪水发挥重大作用。

重要的分蓄洪区,除了在其周边修建围堤,一般还修建有进、泄洪闸,从而使其调蓄功能比自然蓄泄条件更为主动而有效。如长江中下游的所谓"控湖调洪"式分蓄洪区,其有效调洪水深可达 4 ~ 5 m,调洪容量可增至自然情况下的 4 ~ 5 倍。这类分蓄洪区,一般洪水年份不蓄洪,内湖水位较低,周边地区可用于垦殖,仅在大洪水年份才弃耕蓄洪,故又称其为蓄洪垦殖区。

大洪水时,利用河道两侧的滩地或低凹圩垸行滞洪水区域,称为行洪区或行滞洪区。行滞洪区周边一般有埝堤或生产堤保护,进、出口无建筑物控制,中小洪水年份,埝内可垦殖生产,大洪水年份,需有计划漫洪或破堤纳洪、行洪。

二、分蓄洪区的规划设计

(一)分蓄洪区的位置选择

分蓄洪区的位置选择,以流域或地区防洪规划为基础,结合综合利用、综合治理,因地制宜、合理确定分蓄洪区的位置、范围(蓄水量)和布局。其原则如下:

①尽可能地紧靠被保护堤段上游,以利于分洪时能迅速降低河道洪水位和最大限度地发挥其防洪效益。

②尽可能地选择地势低洼,蓄洪容积大,淹没损失小,修建围堤工程量小的湖泊、洼地。

③因地制宜地确定其进、泄洪口门位置,最好具备建闸条件。

(二)分洪量及分洪水深的确定

分蓄洪区的设计分洪流量过程线,一般是根据防护区的防洪设计洪水,干流河段的控制水位或安全泄量,推算出分洪口门处的设计洪水流量过程线,再扣除安全泄量 $q_安$ 得到(图6.1)。设计分洪流量过程线的最大值即为设计最大分洪流量 Q_{max}。图中阴影面积为设计分洪总量 $V_分$。求得分洪总量 $V_分$ 后,分蓄洪区的平均水深和最大水深则可根据分蓄洪区的地形和面积确定。

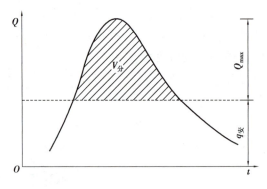

图6.1　分洪流量过程线

三、水工建筑物的布置

分蓄洪工程的水工建筑物主要包括进洪闸、泄洪闸、围堤工程及主河道防护工程等。

进洪闸的位置一般布置在被保护堤段上游,并尽量靠近分蓄洪区。闸的规模由最大分洪流量而定,且结合工程造价及经济情况考虑。因为该闸并不经常使用,修建标准不宜过大,若遇特大洪水,可在附近临时扒开围堤增加进洪量。扒堤位置应在规划布置时一并选定,必要时应预先做好裹头和护底工程,以免启用时口门无法控制。进洪闸若为无闸溢洪堰,当洪水位超过安全设计水位时便会自行分流。

泄洪闸的位置应选在分蓄洪区的下部高程最低处,以便能泄空渍水。闸的规模主要取决于需要排空蓄水时间的长短及错峰要求。对于运用概率很小的分蓄洪区,也可不建闸而采取临时扒口措施泄洪,或建闸与临时扒口两者配合使用。

在分洪区范围已圈定的情况下,围堤高度根据最大蓄洪量相应的水位并考虑风浪影响作用确定,断面设计要求与河道堤防相同,迎水面应修建防浪设施。

在分洪口门附近河段,因分洪时水面降落,比降变陡,流速增大,有可能引起河岸冲刷,甚至引起口门河段的河势变化。因此,需加固口门上下游的堤岸,必要时应辅修控导工程。

四、分蓄洪区的安全建设

分蓄洪区的安全建设不仅关系到广大群众的生命财产安全和社会安定,而且影响分蓄洪区的正常运用。安全建设兼具工程措施与非工程措施的双重属性,包括分洪之后的社会保障和生产恢复工作,虽然其中有些工作有待完善,但在规划设计时应尽可能地纳入考虑之列。分蓄洪水安全建设的主要内容如下:

(一)避洪警报措施

避洪警报措施的作用是使分蓄洪区内的广大民众能及时知晓分洪信息,以便在洪水淹及之前有计划、有组织地采取避洪措施或安全撤离。分蓄洪区防洪警报的发布和组织转移工作的部署由当地防汛指挥部门负责,各地都能及时收听获知。

(二)就地避水措施

分蓄洪区的避水设施常见的有以下几种形式:

1. 围村埝

围村埝是在村庄外围修建围堤以隔离洪水,这种形式适合人口集中,水深 1 ~ 3 m 的行洪非主流区。圈围的面积不宜过大,以免增加防守困难及影响蓄滞洪能力。埝的临水坡要做好护坡或种植草皮、防浪林,埝内要有排水设施。黄河下游滩区北金堤滞洪区、永定河泛区等地,多采用这种类型。

2. 村台

这种措施安全可靠。其做法是把居住地抬高至可能发生的洪水水位以上。但由于填土方量大,占用土地较多,一般多建在水深不到 3 m 的地区。为减少占地及工程量,人均占有的村台面积不宜过大,淮河行洪区现行标准为每人 20 m²,村台上应有给排水设施及公益事业的建筑。

3. 临时避水台

在不具备修建永久性设施条件,且蓄滞洪时间较短,群众安全防护又十分迫切的地方,可在村庄附近修建临时避水台,台顶高程在蓄洪水位以上,一般每人 1 ~ 3 m²,分洪时,各户临时搭棚居住。1988 年,永定河泛区修筑了 9.6 万 m² 的临时避水台,解决了 4 万多人的蓄洪安全问题。

4. 安全楼

随着农村经济的发展和居民生活质量的提高,一些分蓄洪区居民在国家给予一定的扶持下,结合盖房,修建坚固耐泡的安全楼。例如,湖南省洞庭湖区、湖北省荆江分洪区以及淮河黄墩湖等地建设较多。洞庭湖蓄洪垸内,每栋楼安全层面积为 64 m²,人均占有 2 m² 多,安全层高程超过蓄洪最高水位 1.5 ~ 2.0 m,并按 7 级风和最大吹程设计风浪冲击压力,基本达到蓄滞洪安全要求。

分蓄洪区的工厂、仓库、油井、管道以及专用建筑的避水措施,可采取加高、封堵和临时撤出等办法设防。对于有毒物品和可能造成污染的一切油气体、污染物都必须堆置在最高洪水位以上,或者提前撤出蓄洪区,防止次生灾害的发生。

(三)撤退转移措施

分蓄洪区现有的安全建设,除部分居民能就近搬进修建的安全楼台临时避洪外,大量群众需通过转移道路转移到临时安置区。因此,应对撤退道路、桥涵、交通工具进行周密的安排,并逐步建成较完善的撤退机制。其中,撤退道路规划应考虑村庄分布、撤离方向、居民人数和时间限制。黄河北金堤滞洪区,规划居民点离干道不超过 2 km;江苏省黄墩湖蓄洪区要求道路平均人流密度为 800 人/km。为防雨季泥泞,路面一般应建成晴雨无阻的水泥路面或碎石路面。

(四)紧急抢救措施

为防止意外事件的发生,必须事先做好各种紧急抢救措施。例如,长时期蓄洪,避水楼台可能发生险情,区内群众生活供应和医疗卫生、治安巡查等问题。水上交通工具和救生设施器材,每年汛前要逐村逐户检查、维修、更换、登记造册。

第二节　分蓄洪工程洪水演算及洪水风险图

分蓄洪工程的洪水演算有两种情况:一种是依据河道上游水文站实测或预报的洪水流量过程,通过河道洪水演进计算推求下游分洪口门处的洪水流量过程,再考虑下游河道的安全泄量,以确定是否运用分洪区和分洪时可能的最大分洪流量;另一种是分蓄洪区的洪水演算,即通过计算得出分洪后区内各处的淹没水深、淹没时间及流速、流向等,绘制出洪泛区的洪水风险图,用于指导分洪决策、抢险救灾以及分蓄洪区的规划建设。河道洪水演进可近似为一维非恒定渐变流;洪泛区的洪水演进,应按平面二维非恒定流计算。

一、河道洪水演进计算

由一维非恒定渐变流圣维南方程组进行河道洪水演进计算。

连续方程:

$$\frac{\partial A}{\partial t}+\frac{\partial Q}{\partial x}=0 \tag{6.1}$$

运动方程:

$$\frac{\partial Q}{\partial t}+\frac{\partial}{\partial x}\left(\frac{Q^2}{A}\right)+gA\frac{\partial Z}{\partial x}+gA\frac{Q^2}{K^2}=0 \tag{6.2}$$

式中　A——过水断面面积;

　　　Q——流量;

　　　x——流程距离;

t——时间；

Z——水位；

K——流量模数；

g——重力加速度。

一维洪水演进计算，常遇的情况是由已知的上游进流断面流量过程推求下游另一断面的流量过程。现阶段只能运用上述方程组针对具体河段求其近似解。水力学中有简化解法和差分法、特征线法、有限元法等；水文学法中有连续平均法、特征河长法、马斯京根法等，其中，马斯京根法最为多用，这里仅介绍此种方法。

一维河槽洪水演进近似解算的基本原理是：用水量平衡方程和槽蓄方程分别取代连续方程和运动方程而联立求解。水量平衡方程和槽蓄方程分别为：

$$\frac{1}{2}(Q_{上,1}+Q_{上,2})\Delta t-\frac{1}{2}(Q_{下,1}+Q_{下,2})\Delta t=S_2-S_1 \tag{6.3}$$

$$S=f(Q) \tag{6.4}$$

式中　$Q_{上,1}$，$Q_{上,2}$——时段始、末上断面的入流量；

$Q_{下,1}$，$Q_{下,2}$——时段始、末下断面的出流量；

Δt——计算时段；

S_1，S_2——时段始、末河段蓄水量。

水量平衡方程如图 6.2(a)所示。当区间有入流 q 时，式(6.3)左边应增加$\frac{1}{2}(q_1+q_2)\Delta t$项，如图 6.2(b)所示。

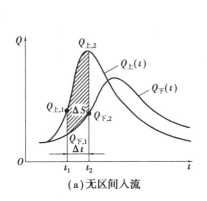

（a）无区间入流

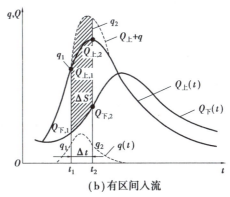

（b）有区间入流

图 6.2　水量平衡示意图

欲联立解出未知数 $Q_{下,2}$ 和 S_2，必须写出槽蓄方程(6.4)的具体形式。马斯京根假定非恒定流的槽蓄量由两部分组成：平行于河底的直线即恒定流水面线下的槽蓄量称为柱蓄量。恒定流水面线与实际水面线之间的槽蓄量称为楔蓄量。涨水时槽蓄量等于柱蓄量和楔蓄量之和，落水时槽蓄量等于柱蓄量和楔蓄量之差，如图 6.3 所示。

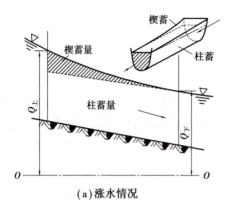 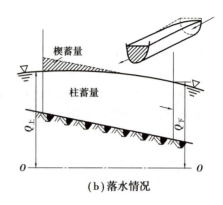

（a）涨水情况   （b）落水情况

图6.3   河槽蓄量示意图

柱蓄量：

$$S_{柱}=KQ_{下}$$

楔蓄量：

$$S_{楔}=Kx(Q_{上}-Q_{下})$$

总槽蓄量：

$$S=S_{柱}+S_{楔}=KQ_{下}+Kx(Q_{上}-Q_{下}) \tag{6.5}$$

令

$$Q'=xQ_{上}+(1-x)Q_{下} \tag{6.6}$$

则

$$S=KQ' \tag{6.7}$$

式中 K——蓄量常数，等于槽蓄量与流量关系曲线的坡度，其因次为时间；

　　　　x——流量比重因子；

　　　　Q'——储流量。

式（6.5）或式（6.7）称为马斯京根法的槽蓄曲线方程。

联解水量平衡方程（6.3）和槽蓄方程（6.5），得马斯京根流量演算方程：

$$Q_{下,2}=C_0Q_{上,2}+C_1Q_{上,1}+C_2Q_{下,1} \tag{6.8}$$

其中

$$C_0=\frac{0.5\Delta t-Kx}{K-Kx+0.5\Delta t}$$

$$C_1=\frac{0.5\Delta t+Kx}{K-Kx+0.5\Delta t} \tag{6.9}$$

$$C_2=\frac{K-Kx-0.5\Delta t}{K-Kx+0.5\Delta t}$$

且

$$C_0+C_1+C_2=1.0$$

其中，C_0,C_1,C_2 都是 K,x 和 Δt 的函数。对于某一河段而言，只要确定了 K 值和 x 值，C_0,C_1,C_2 即可求得。

马斯京根槽蓄曲线方程 S 与 Q' 呈单一线性关系,而这只有在 Q' 值与同一槽蓄量 S 的恒定流量 Q_0 相等时才是如此。实际上,由于河道水流为非恒定流通常难以满足上述要求,因此只能通过 x 值对流量的调整来实现。x 值的定量又影响 K 值,所以马斯京根法的关键是如何合理地确定 x 值和 K 值。方法是假定若干个 $x(0 \sim 0.5)$ 值,用式(6.6)分别计算实测洪水资料的 Q' 值,点绘 S 和 Q' 的关系,能使 S 和 Q' 呈直线关系的 x 值即为所求。有了 S 和 Q' 的直线关系,该直线的坡度就是所求的 K 值。

河段的 K 值和 x 值对洪水演进成果影响很大,因此,可多取几次洪水资料,分别按上述做法求出每次洪水的 K 值和 x 值。如各次数值比较接近,可取其平均值作为本河段洪水演算的 K 值和 x 值。若变化较大,尤其在洪水涨、落时期,或大小不同的洪水差别较大,可按涨、落不同时期或按流量分级采用不同的 K 值和 x 值。

二、洪泛区的洪水演进计算

分蓄洪区在泛洪时水域广阔,平面尺度远大于垂向尺度,洪水漫溢路线不易确定,因此需要进行平面二维计算。

(一)平面二维非恒定流圣维南方程组

平面二维非恒定流圣维南方程组为:

$$\frac{\partial z}{\partial t} + \frac{\partial}{\partial x}(hU) + \frac{\partial}{\partial t}(hV) = 0 \tag{6.10}$$

$$\frac{\partial U}{\partial t} + U\frac{\partial U}{\partial x} + V\frac{\partial U}{\partial y} + g\frac{\partial z}{\partial x} + fU - \Omega V = v\,\nabla^2 U + \lambda U_a \tag{6.11}$$

$$\frac{\partial V}{\partial t} + U\frac{\partial V}{\partial x} + V\frac{\partial V}{\partial y} + g\frac{\partial z}{\partial y} + fV + \Omega U = v\,\nabla^2 V + \lambda V_a \tag{6.12}$$

式中　z——水位,$z = h + z_b$;

　　　h——水深;

　　　z_b——河床高程;

　　　U, V——x, y 方向垂线平均流速;

　　　$f = f_1 + f_2$——河道沿程摩阻系数和局部摩阻系数之和,$f_1 = g(U^2 + V^2)^{1/2}/C^2 H$;$f_2 = \zeta(U^2 + V^2)^{1/2}/2\Delta x$;

　　　C——谢才系数,$C = R^{1/6}/n$;

　　　n——河床糙率;

　　　ζ——局部阻力系数;

　　　Ω——哥氏力系数;

　　　v——紊流涡黏性系数;

　　　λ——风应力系数;

　　　U_a, V_a——x, y 方向的风速。

在某些情况下,哥氏力、风应力可以不计,涡黏发生应力只决定流体内部的摩阻,当不考虑分层作用时,可将它一并考虑到 f 中。

平面二维非恒定流常采用有限差分法、特征差分法、有限元法、有限分析法、边界元法和有限体积法等计算方法。对于洪泛区，在定界条件确定后，就可根据所用计算方法由上述方程组反复循环，一直递推计算到所需时刻。

（二）定界条件

①初始条件。即迭代计算开始时刻各点的流速(U,V)和水深h的分布。

②水文条件。指洪泛区的入流条件和出流条件。入流条件又称为上边界条件，由入流水位或流量过程线来体现；出流条件又称为下边界条件，由出口处的水位流量关系来体现。

③边界条件。包括洪泛区网格划分、地形及其周界等内容。应用二维差分格式进行洪流演进计算，必须将洪泛区划分成网格。网格的大小，关系到计算精度和计算工作量。地形是指计算域内各处的地面高程，其数据最好由近期测绘的地形图确定。周界是指计算域边界堤岸的位置、高程，必要时还应考虑堤身质量。

④糙率确定。糙率是数值模拟计算中的重要参数，其值直接影响计算成果的合理性。而糙率又因与洪泛区地形地貌、土壤、植被及地面建筑物等诸多因素有关，实际测定时几乎不可能。目前，一般通过与历史洪水资料对比分析办法来解决。

三、洪水风险图

（一）洪水风险图及其作用

洪水风险图又称为洪水危险区图，在美国，洪水风险图则称为洪水危险区边界图。洪水灾害不仅与洪水淹没范围有关，而且与洪水演进路线、到达时间、淹没水深及流速大小有关。洪水风险图是在发生可能的大洪水时，洪泛区各处的上述水力特征的平面标示图，反映洪泛区各处的危险程度。洪水风险图与洪水频率有关，不同频率的洪水有其相应的洪水风险图。为了满足风险分析的需要，通常需绘制几种不同频率的洪水风险图，如10年一遇、20年一遇、50年一遇和100年一遇等。同一洪泛区常划分成几个不同风险程度的风险区。洪水风险图的主要作用如下：

①确定洪水保险费率的基础。根据洪水风险图可绘制展示洪泛区财产在不同洪水时的损失分布图，即洪水保险费率图，作为灾后赔偿救济的重要依据。

②合理制订洪泛区土地利用规划。根据风险图，在制订洪泛区规划时，可尽量避免在风险大的区域出现人口与资产的过度集中，节制盲目侵占和开发洪泛区土地的行为。

③避难逃生的重要依据。根据洪水风险图可确定需要避难的对象，避难的地点及路线。此外，洪水风险图还是科学评价防洪措施的经济效益，合理确定不同风险区的防洪标准的依据。

（二）洪水风险图的绘制方法

洪水风险图的绘制方法有实际洪水分析法、实体模型试验法和非恒定流数值模拟法3种。

1. 实际洪水分析法

该法是根据历史洪水痕迹、文献资料、航测照片及当地居民提供的资料，确定洪泛区的水位和淹没范围。这是早期常用的一种简便方法，它不需要详细的地形资料，就可以较快地成图以应急用。但因历史洪水一般距今较远,洪痕调查仅能反映最高洪水位,不能描述一场洪水的全过程,且其资料较为粗糙,精度有限,用途会受到一定限制。因所绘淹没面积和淹没深度均建立在实际洪水基础之上,故可用于对其他方法所得成果的定性检验。

2. 实体模型试验法

通过河工模型试验,量测模型的流速、流向、水深和淹没面积等要素,得到洪泛区洪流演进态势和淹没状况资料,据此可描绘出洪泛区不同频率洪水下的洪水风险图。

3. 非恒定流数值模拟法

洪泛区泛洪演进状况可采用前述平面二维非恒定流数学模型进行模拟。将地形、地貌和洪水等有关信息输入计算机,求解基本方程得出平面各处的水深、流速、流向等水力特征值,进而绘出洪水淹没图。数值模拟方法具有精度高、信息量多、运算灵活和费用低等优点,近年来,越来越受到广泛的重视。

（三）洪泛区的风险区划

根据洪水在洪泛区的演进情况,按水深、流速、流向等水流条件和洪水演进过程的危险程度,将洪泛区划分为不同区域,如图 6.4 所示。

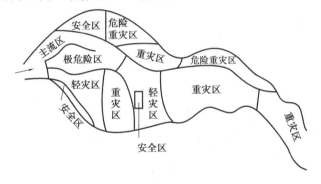

图 6.4　洪泛区的风险区划示意图

分区方法虽因地势不同,但一般可参考以下原则:

①安全区。区内地势较高或有围堤保护,泛洪时洪水不能淹及的区域。

②轻灾区。水深在 0.5 m 以内,可使农作物减产,若浸泡时间较长也可能绝收,其他方面均可能遭受一定程度的损失,但不对人员生命安全构成威胁。

③重灾区。水深为 0.5 ~ 1.5 m,区内农作物绝收,经济损失严重,需采取安全措施才能确保群众的生命安全。

④危险重灾区。水深 1.5 ~ 3.0 m,人畜生命受到严重威胁,需安排救护设备和采取救生措施。

⑤极危险区。在洪流主流区和水深超过 3.0 m 的区域,人员需要尽快撤离。

（四）洪水风险图实例

东平湖分洪区位于山东省梁山、东平、平阴县境内,原是黄河与汶河下游冲积平原相接地带的洼地。每年汛期黄河洪水自然倒灌入湖,汛后水落,湖水又回归黄河。自 1958 年大洪水以来,先后修建了林辛、十里堡石洼、司垓等进、出湖闸,将原自然滞洪区扩建成为防洪运用的分洪区。东平湖的二级湖堤将湖区分为新、老湖区(图 6.5)。围堤长 77.829 km(已扣除 10.471 km 河湖两用堤),堤顶高程为 47.6 ~ 48.5 m(大沽高程)。

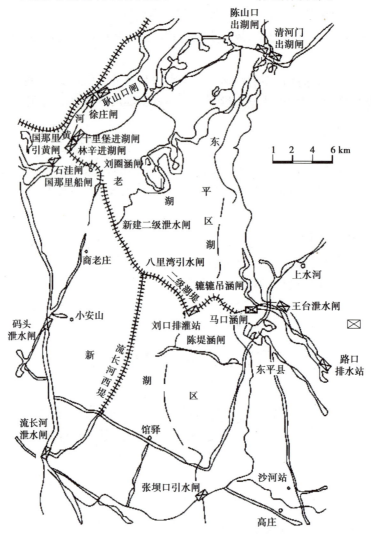

图 6.5　东平湖分洪区

在黄河孙口水文站实测流量超过 10000 m³/s 时,东平湖开始分洪运用,控制黄河干流下泄 10000 m³/s,运用原则为:首先运用老湖区分洪,在老湖区蓄满后(控制水位 46 m)或孙口实测流量超过 13500 m³/s,同时向新湖区分洪。考虑侧向分洪等不利因素,最大分洪流量 7500 m³/s,分洪总量按湖区水位 44.5 m 控制,此条件下,库容为 30.5 亿 m³,其中老湖区底水 4 亿 m³,汶河来水 9 亿 m³,允许分蓄黄河洪量 17.5 亿 m³。针对东平湖分洪区的实际情况和防洪要求,水利水电科学院与山东黄河河务局研究了其分洪运用时的洪水演进过程,计算得出湖区的淹没范围、水深、流速、淹没历时等资料,进而绘出分洪区的洪水风险图。该图显示,黄河花园口的洪峰流量为 22300 m³/s,而汶河 10 d 的洪峰流量为 10 亿 m³。图 6.6 中,将全湖划分为危险区、深水重灾区、重灾区、轻灾区和安全区五大类。此图可作为东平湖分洪区防洪调度和防灾减灾的重要科学依据。

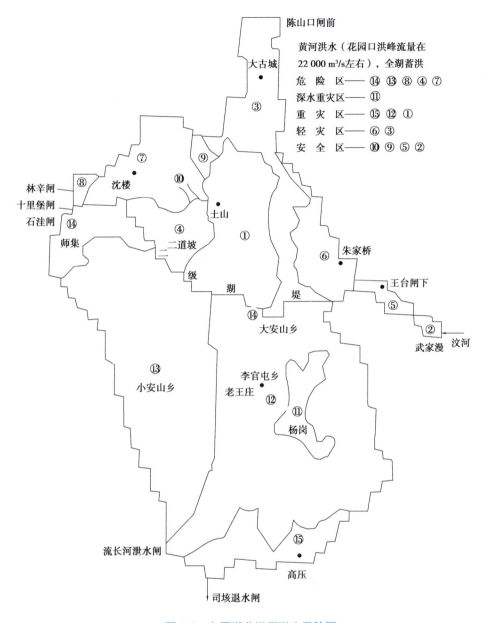

图6.6　东平湖分洪区洪水风险图

第三节　分蓄洪区的运用与管理

一、分蓄洪区的运用

分蓄洪区的运用事关人民生命财产安全和社会安定,其决策和有关技术准备工作十分重要。除前述根据不同的洪水组成和防洪任务,编制分蓄洪区运用方案,并制订相应的调度方案和绘制分蓄洪区洪水风险图外,还应做好以下几个方面的工作。

1.加强洪水测报预报工作

建立可靠的水文气象测报系统,编制好预报方案,以满足分洪决策和撤退转移的需要,并能及时提供分蓄洪区可能达到的最高水位和蓄水量信息。

2.建立通信与警报系统

分洪前要及时、准确地将警报发送到整个地区,尤其是边远和偏僻地区。重要的分蓄洪区,一般应建立有线和无线两套通信系统,每年汛前要进行维修与调试,以确保通信的绝对安全。

3.做好分洪口门开启准备

对于有闸控制的分洪口门,要熟悉其工作性能、启动程序和过流标准;对于临时扒口的口门,要做好爆破准备和过水后的控制措施。

4.布置围堤防守及安全区排渍任务

分洪后分蓄洪区及安全区的围堤应加强防守,防守任务及责任要具体落实。安全区是居民生活的重要场所,区内渍水要及时抢排。

二、分蓄洪区的管理

分蓄洪区地处平原,土地肥沃,适于垦殖开发。随着经济发展和人口的增长,不少分蓄洪区已成为重要的农业生产基地,甚至有一定规模的地方工业和大型油田等。为了有效发挥分蓄洪区的蓄滞洪作用,同时又使区内居民尽快脱贫致富且有安全保障,必须制订分蓄洪区的科学管理办法。

分蓄洪区内人民生活条件和生态环境与社会经济活动,在很大程度上受分洪与否的制约和影响。不分洪年份,区域内的土地及各项经济活动照常使用与运营;发生大洪水需要分蓄洪的年份,蓄滞洪土地将被淹没,区内的经济和生态环境无疑将受到一定损失或破坏。因此,加强分蓄洪区的管理,不仅有助于分洪区的正常运用,而且有利于减少分洪后的灾害损失。分蓄洪区的管理工作主要有以下几个方面。

1.土地利用和产业活动管理

分蓄洪区的土地利用和产业活动,应根据其使用机遇和洪水特性制订科学规划。在蓄洪区和分流口门附近,不得设置碍洪建筑物。在农业生产上,可改种耐淹、早熟、高秆作物。产业范围可变一业为多业,变副业为主业,如发展畜牧业、养殖业、加工业和手工业等。对使用概率较大的分蓄洪区,原则上不应布置大中型项目。使用概率少的分蓄洪区,必须自行安排可靠的防洪措施,确保自身安全,严禁污染严重的工厂企业的生产,以防止分洪后的污染扩散。根据我国几大油田都在分蓄洪区的特殊情况,江河治理规划中,要统筹考虑油田防洪问题,采取安全可靠的防洪与避洪措施。

2.人口控制与管理

分蓄洪区人口过量增加,将直接影响分蓄洪区的正常运用。长江荆江分洪区在兴建时区内人口只有17万人,现已增至55万人,除自然增长外,有一部分是因管理失控,自外迁入的。分蓄洪区是一个可控性低和抗风险能力差的环境,这样的环境本身就存在环境容量和生活质量问题,若任其人口过度增长和开发规模日益扩大,分洪运用造成的损失将成倍增加。因此,实施严格的人口政策,鼓励外流,限制内迁,控制人口自然增长,是保证分蓄洪区的正常运用和区内居民致富的重要条件。

3. 洪水保险与防洪基金

长期以来,分蓄洪区受灾以后,都是依靠国家救济,尽管标准较低,国家仍负担很重,群众也困难重重。特别是行洪后土地沙化,所失去的耕种条件非短期内能够恢复。因此,很多分蓄洪区运用时,群众工作难做,这无疑增加了分蓄洪区运用的困难。

随着社会保险业的发展,近年来,我国已在淮河流域等地试行洪水保险,即动员分蓄洪区的单位和个人积极投保,或通过法律程序强制投保,收取的保险金,用于补偿分蓄洪后的财产损失。

目前,我国收取的防洪基金,源于受保护地区的单位和个人,以每年交纳防洪费的形式积累,主要用于防洪设施的维修改造和受灾地区恢复生产。基金应专项管理,不得轻易动用,更不可挪作他用。

4. 分洪救灾与灾后重建工作

我国救灾工作由民政部门主管。其基本方针是"依靠群众,依靠集体,生产自救,互助互济,辅之以国家必要的救济与扶持"。防洪救灾工作内容主要有:帮助灾民紧急疏散和转移,妥善安排灾民生活,帮助灾民重建家园、恢复生产,修复水毁工程设施,做好卫生防疫工作等。

第七章 河道整治及建筑物

【学习任务】

了解其他河道整治建筑物(如顺坝、沉排坝等)。掌握河道整治建筑物的建筑材料及分类;掌握平顺护岸、丁坝;掌握河道疏浚与吹填。

【课程导入】

河道整治是流域综合开发中的一项综合工程措施。从防洪意义上讲,河道整治的目的是提高河道泄洪能力、稳定河势、护滩保堤。河道整治建筑物包括顺坝、丁坝、桩坝等。具体采用哪种或哪几种整治建筑物,必须实事求是、因地制宜。党的二十届三中全会强调:"进一步全面深化改革,必须坚持马克思列宁主义、毛泽东思想、邓小平理论、'三个代表'重要思想、科学发展观,全面贯彻习近平新时代中国特色社会主义思想,深入学习贯彻习近平总书记关于全面深化改革的一系列新思想、新观点、新论断,完整准确全面贯彻新发展理念,坚持稳中求进工作总基调,坚持解放思想、实事求是、与时俱进、求真务实,进一步解放和发展社会生产力、激发和增强社会活力……"

第一节 建筑物材料及分类

河道整治可分为两大类:一类是在河道上修建整治建筑物(常用的有堤防、护岸、丁坝、顺坝、沉排坝、桩坝、潜坝、锁坝、格坝、洲头分流坝、枬槎坝等),以调整水流泥沙运动方向,从而控制河床的冲淤变形;另一类是疏浚、吹填或爆破,多用于航道整治工程中,通过直接改变河床形态,达到增加航道尺度的目的。这两类手段有时分别使用,有时结合使用。河道整治建筑物又称为河工建筑物。

一、建筑材料

常用的整治建筑物材料包括竹、木、苇、梢等轻型材料,以及土、石、金属、混凝土等重型材料。金属包括铅丝笼、钢丝网罩、宾格网等。除金属、混凝土中的水泥外,其他材料可在当地获取,并且应优先选择当地材料。上述各种建筑材料,一部分可以直接用来修建整治建筑物,另一部分可以用来制成修建整治建筑物的构件。

黄河埽工

（一）传统材料

1. 梢龙

由梢、秸、苇和毛竹等材料用铅丝捆扎而成。细长者称为梢龙,短粗者称为梢捆。梢龙主要用于扎制沉排和沉枕,梢捆用于做坝和护底。

2. 沉枕

用梢料层或苇料层作外壳,内填块石和淤泥,束扎成圆形枕状物,用于护脚、堵口和截流等。

3. 杩杈

用3根或4根直径为12~20 cm、长为2.0~6.0 m的木头扎成三足架或四足架(每两足之间用撑木固定),用于河床组成的较粗的河流上修建多种建筑物的构件。如都江堰水利工程用其修建了不透水的临时拦水坝和导水坝。

4. 石笼

用铅丝、木条、竹篾和荆条等材料制成各种网格的笼状物,内填块石、砾石。多用于护脚、修坝、堵口和截流。

5. 沉排

沉排又称为柴排、沉褥,是用梢料制成的大面积排状物,用块石压沉在近岸河床上来保护河床、岸坡免受水流淘刷。沉排护脚的优点是整体性好和柔韧性强,能适应河床变形,且坚固耐用,具有较长的使用寿命。

6. 编篱

在河底上打木桩,用柳枝、柳把或苇把在木桩上编篱。如果为双排或多排编篱,篱间可填散柳、泥土或石料,缓流落淤效果好。

（二）土工合成材料

土工合成材料主要有土工织物、土工膜、土工格栅、土工格室和土工模袋等。

1. 土工织物

土工织物也叫土工布,是一种透水材料,分为织造(机织)型土工织物和非织造型土工织物。织造型土工织物又称为有纺土工织物,采用机器编制工艺制造而成。非织造型土工织物又称为无纺土工织物,通过黏合工艺加工而成,具有强度高、耐腐蚀、无方向性、渗透性强等特点。

2. 土工膜

土工膜是一种人工合成的材料。它是聚乙烯或聚氯乙烯、聚丙烯等高分子材料,加入增塑剂、防老化剂和其他填充材料,经喷塑或压延而成的,是坝、闸理想的防渗材料。

3. 土工格栅

土工格栅是经冲孔、拉伸而成的带长方形孔或方形孔的板材。其强度高而延伸率低,因此是加筋的好材料。

4. 土工格室

土工格室是由强化的高密度聚乙烯宽带,每隔一定间距以强力焊接而成的网状格室结构。格室张开后,可填充土料。适用于软弱地基、沙漠固沙和护坡等领域。

5. 土工模袋

土工模袋是由上下两层土工织物制成的大面积连续带状材料,袋内充填混凝土或水泥砂浆,凝固后形成整体板,可用于护坡。

在河道整治中使用土工合成材料时,要了解它们的抗拉强度、顶刺破强度、孔隙率、渗透特性及耐久性等性能指标,使土工合成新材料在河道整治中发挥更大的作用。

二、整治建筑物的分类

1. 按建筑物的使用年限和材料

按建筑物的使用年限和材料分,可分为永久型或重型的,临时型或轻型的。前者抗冲和耐久性能较强,使用年限也长,一般多用土、石、混凝土、钢材等重型材料修建;后者抗冲和耐久性能相对较弱,使用年限短,一般多用竹、木、苇、梢秸料并辅以土石料修建;长期在水下工作的土工织物类构件也是一种永久型建筑材料。

2. 按建筑物与水位的关系

按建筑物与水位的关系分,可分为淹没式和非淹没式。在各种水位下都被淹没或中、枯水时外露,而洪水时遭受淹没的,称为淹没式整治建筑物;在各种水位下都不遭受淹没的,称为非淹没式整治建筑物。前者多用于航道的枯水整治或中水控导工程,后者则用于调整洪水(如堤防),或调整多种水位(如桥渡导流坝)。

3. 按建筑物对水流的干扰情况

按建筑物对水流的干扰情况分,可分为非透水建筑物、透水建筑物和环流建筑物。非透水建筑物只允许水流绕流和漫溢而不允许水流穿透,它对水流起着较大的干扰作用。透水建筑物可以让一部分水流通过建筑物本身,从而引起河床过水断面流速、流量的重新分配,起缓流落淤和一定的导流作用。环流建筑物是在水流中人工造成的环流,通过环流来调整泥沙的运动方向,从而达到控制河床冲淤变化的目的。

平顺护岸

第二节　平顺护岸

护岸工程是指沿堤岸做防护,工程延续较长,不改变河势,工程轴线与工程位置线平行的防护工程。按平面形式,护岸可分为平顺护岸、丁坝护岸和矶头护岸等;根据水流、潮汐、风浪、船行波作用、地质、地形情况,施工条件、运用要求等因素,将护岸分为坡式护岸、坝式护岸、墙式护岸和其他形式护岸。本节平顺护岸特指坡式护岸,坝式护岸参见丁坝部分。

平顺护岸是指用抗冲材料直接铺敷在岸坡一定范围形成连续的覆盖式护岸。该护岸形式对河床边界形态改变较小,对近岸水流的影响也较小,是一种常见的护岸形式。我国长江中下游河道水深流急,总结经验认为,最宜采用平顺护岸形式。我国许多中小河流堤防、湖堤及部分海堤均采用平顺坡式护岸,起着很好的作用。

一、工程布置

平顺护岸工程以工程保护的大堤为依托,一般可直接依托堤防布置工程。护岸工程的工程位置线尽量与堤线保持一致,且应为一平滑的直线或曲线。工程布置时应尽可能地根据当地水流条件,选择避免主流顶冲和有利于滩岸稳定的布置形式,且应尽量不过多缩窄过洪断面,不造成汛期洪水位较大抬高,同时在设计中应注意选择坝型与邻近建筑物和环境相协调,且易于修复和加固。平顺护岸的位置和长度,应根据水流、潮汐、风浪特性、河床演变及河岸崩塌变化趋势等综合分析确定。工程的位置和长度需在河床演变分析的基础上,在保证堤防安全的前提下结合河势控制要求确定。

二、断面形式

平顺护岸工程以设计枯水位分界,分为上部护坡和下部护脚两个部分。护坡与护脚之间一般设马道或枯水平台。护坡和护脚工作环境不同:护坡除受水流冲刷作用外,还受波浪的冲击及地下水外渗侵蚀,同时护坡多处在水位变动区;护脚一般经常受到水流冲刷和淘刷,是护岸工程的根基,关系着防护工程的稳定。因此,护坡与护脚在工程形式、结构材料等方面一般不相同。

三、护岸顶高程

平顺护岸顶高程应按设计洪水位加超高确定,设计洪水位按国家现行有关标准的规定计算,护岸顶高程参照第五章中的式(5.1)计算。

四、护坡

护坡应坚固耐久、就地取材,利于施工和维修。护坡目前采用最多的仍然是干砌石,干砌石具有较好的排水性能,有利于岸坡的稳定;混凝土板护坡施工方便;浆砌石、混凝土浇筑板、模袋混凝土护坡整体性强,抗风浪和船行波性能强。

护坡一般由枯水平台、脚槽、坡身、导滤沟、排水沟和顶部工程等组成。枯水平台、脚槽或其他支撑体等,位于护坡工程下部,起支撑坡面不致坍塌的作用。枯水平台在护脚与护坡的交接处,平台一般高出设计枯水位 0.5 ~ 1.0 m,宽 2 ~ 4 m,多用干砌块石或浆砌块石铺护。

(一)干砌块石护坡

块石护坡坡身由面层和垫层组成。面层块石的大小和厚度应能保证在水流和波浪的作用下不被冲动。块石护坡的边坡一般为 1∶3.0 ~ 1∶2.5。对于较陡河岸,或凸凹不平的河岸,应先削坡,再行砌护,削坡范围从滩顶至脚槽内沿。

在波浪作用下,当斜坡坡率 $m = 1.5 \sim 5.0$ 时,护坡厚度 t 的计算公式为:

$$t = K_1 \frac{\gamma}{\gamma_b - \gamma} \frac{H}{\sqrt{m}} \left(\frac{L}{H}\right)^{\frac{1}{3}} \tag{7.1}$$

其中

$$m = \cot \alpha$$

式中　t——干砌块石护坡厚度，m；

　　　K_1——系数，一般干砌石取 0.266，砌方石、条石取 0.225；

　　　γ_b——块石的容重，kN/m³；

　　　γ——水的容重，kN/m³；

　　　H——计算波高，m；

　　　L——波长，m；

　　　m——斜坡坡率；

　　　α——斜坡坡角，(°)。

在水流作用下，护岸工程护坡、护脚块石保持稳定的抗冲粒径（折算粒径）的计算公式为：

$$d = \frac{V^2}{C^2 2g \dfrac{\gamma_s - \gamma}{\gamma}} \tag{7.2}$$

$$d = \left(\frac{6S}{\pi}\right)^{\frac{1}{3}} = 1.24 S^{\frac{1}{3}} \tag{7.3}$$

式中　d——折算直径，按球形折算，m；

　　　V——水流速度，m/s；

　　　C——石块运动的稳定系数，水平底坡 $C=0.9$，倾斜底坡 $C=1.2$；

　　　g——重力加速度，9.81 m/s²；

　　　γ_s——块石的容重，kN/m³，可取 $\gamma_s = 2.65$；

　　　γ——水的容重，kN/m³，可取 $\gamma = 1$；

　　　S——块石体积，m³。

（二）混凝土板护坡

当斜坡坡率 $m = 2 \sim 5.0$ 时，面板厚度的计算公式为：

$$t = \eta H \sqrt{\frac{\gamma}{\gamma_b - \gamma} \frac{L}{Bm}} \tag{7.4}$$

其中

$$m = \cot \alpha$$

式中　t——混凝土护坡厚度，m；

　　　η——系数，开缝板可取 0.075，上部为开缝板、下部为闭缝板可取 0.10；

　　　H——计算波高，m，可取 $H_{1\%}$；

　　　γ_b——混凝土板的容重，kN/m³；

　　　γ——水的容重，kN/m³；

　　　L——波长，m；

　　　B——沿斜坡方向（垂直于水边线）的护面板长度，m；

m——斜坡坡率；

α——斜坡坡角，(°)。

（三）生态护坡

生态护坡是利用植物或植物和其他土木工程材料相结合，在河道岸坡上构建具有生态功能的防护系统，实现岸坡的抗冲蚀、抗滑动和生态恢复，以达到维持河岸稳定、营造或维持河岸带生态系统平衡功能，同时还具有一定的景观效果。目前，国内外使用较多的生态型护坡主要包括以下 3 种，分别适用于不同的河道和水流条件。

1. 植被护坡技术

在岸坡种植植被（如乔木、灌木、草皮等），可起到固土护岸的作用。这一技术主要是利用植被根系网络固结土壤的作用，提高坡面表层的抗剪能力以及对渗透水压力的抵抗作用，增强迎水坡面的抗蚀性，减少坡面土壤流失；利用植物的地上部分形成坡面的软覆盖，减少坡面的裸露面积，增强对降雨溅蚀的抵御能力。该技术常用于中小河流和湖泊港湾处，河道岸坡及道路路坡的保护，在一些城市的亲水景观设计中也有采用。

2. 植被加筋技术

通过土工网、生态混凝土现浇网格、种植槽或使用预制件、土工织物或编织袋填土等方式，对植被进行加筋，增强岸坡抗侵蚀的能力，从而起到更好的防护功能。例如，河道护岸工程中采用三维植物网技术，就是通过土工合成材料在岸坡表面形成覆盖网，再按一定的组合与间距种植多种植物，通过植物的生长达到根部加筋的目的，从而大幅度提高植物的抗冲刷能力和岸坡的稳定性。

3. 网笼或笼石结构的生态护坡

柔性结构的网笼或石笼，能适应基础不均匀沉陷而不导致内部结构遭受破坏，基础处理简单，施工方便，笼石本身透水，不需另设排水，厚层镀锌以及用于腐蚀环境中的外加 PVC 涂层可延长网笼的寿命。网笼结构既能抵御水流动力冲刷、牵拽，又能适应地基沉降变形，还可为植物提供生长的条件、维护自然生态环境，改善生态和景观。大型河流和中等河流中水流流速较大或河道深泓近岸的情况，可采用网笼或笼石结构的生态型护岸工程。

五、护脚

护脚稳固与否，决定着护岸工程的成败。护脚常采用抛石、石笼、沉枕、沉排、土工织物枕、模袋混凝土排、铰链混凝土排、钢筋混凝土块体、混合形式等。护脚工程仍以抛石采用最多，因抛石能很好地适应近岸河床冲深。

（一）抛石护脚

抛石护脚是护岸下部固基的主要方法。抛石护脚具有就地取材、施工简单，可分期实施的特点。抛石护脚的设计内容主要有抛石范围、抛石厚度、抛石粒径及抛石落距等。

1. 抛石范围

在深泓逼岸段，抛石护脚的范围应延伸到深泓线，并满足河床最大冲刷深度的要求。从岸坡的抗滑稳定性要求出发，应使冲刷坑底与岸边连线保持较缓的坡度。这样就可以要求抛石护脚附近不被冲刷，使抛石保护层深入河床并延伸至河底一段。在主流逼近凹岸的河势情况下,护底宽度超过冲刷最深的位置,将能取得最大的防护效果,如图7.1所示。在水流平顺段可护至坡度为1:3~1:4的缓坡河床处。抛石护脚工程的顶部平台,一般应高于枯水位0.5~1.0 m。

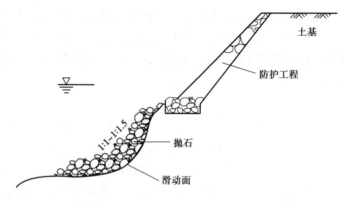

图7.1　抛石护脚

2.抛石厚度

抛石厚度应以保证块石层下的河床沙粒不被水流淘刷,并能防止坡脚冲刷过程中块石间出现空档。在工程实践中,考虑水下施工块石分布的不均匀性,在水深流急部位,抛石厚度往往要求达到块石直径的3~4倍,水流深处设防冲石。具体到每个断面,可视情况自上而下分成3种或两种不同厚度。

3.抛石粒径

因抛石部位和水流条件的不同,所需抛石粒径的大小应有所不同,通过计算或参照已建工程分析确定。从抗冲稳定性分析,可选用式(7.2)和式(7.3)计算抛石粒径。

4.抛石落距

在实际施工中,抛石落距可由以下公式计算:

$$S = \alpha \frac{u_0 h}{W^{\frac{1}{6}}} \tag{7.5}$$

式中　h——水深,m;

　　　W——块石质量,kg;

　　　α——系数,一般取0.8~0.9,根据荆江堤防工程多年实测资料取$\alpha = 1.26$;

　　　u_0——实测水面流速,m/s。

(二)其他护脚形式和材料

1.石笼

石笼用钢筋、铅丝、化纤、竹篾或荆条等材料做成各种网格的笼状物,内装块石、卵石或砾石,称为石笼。根据石笼抛投防护的范围等要求,与抛石护脚相同。石笼体积一般可达1.0~2.5 m³,具体大小应视现场抛投手段和能力而定。

2.混凝土铰链排

混凝土铰链排(铰链沉排)是指通过钢制扣件将预制混凝土板连接成排的护岸技术。混凝土铰链排护岸适用于岸线比较平顺、岸坡比较缓且平顺的河段。

3. 土工织物枕

土工织物枕是采用土工织物冲填砂土用于护脚,有单个枕袋、串联枕袋和枕袋与土工布构成软体排等多种形式。土工织物枕具有取材容易,体积和质量大,稳定性好,工程数量和质量容易控制,造价低,对环境影响较小及施工方便等优点。

4. 模袋混凝土排

模袋混凝土护脚是用以土工织物加工成形的模袋内充灌流动性混凝土或水泥砂浆的护岸技术。与其他形式相比,这一方法具有施工人员少、施工速度快、操作方便等特点。但对河道平整度要求高,水下护岸平整量大且定位较困难,适应河床变形的能力较差。

5. 四面六边透水框架

四面六边透水框架(简称四面体)分单层均匀铺护、双层均匀铺护和覆盖率为70%的不均匀铺护。

六、冲刷深度计算

平顺护岸基本上是顺着水流方向修建的,对水流产生的扰动最小。因此,一般情况下,工程前产生的冲刷深度要小于丁坝。

(一)水流平行于岸坡产生的冲刷

水流平行于岸坡产生的冲刷坑深度计算公式如下:

$$h_B = h_p \left[\left(\frac{V_{cp}}{V_允} \right)^n - 1 \right] \qquad (7.6)$$

$$V_{cp} = V \frac{2\eta}{1+\eta} \qquad (7.7)$$

式中　h_B——局部冲刷坑深度,m;

　　　h_p——冲刷处的水深,m;

　　　V_{cp}——近岸垂线平均流速,m/s;

　　　$V_允$——河床面上允许不冲流速,m/s;

　　　n——与防护岸坡在平面上的形状有关,一般取 $n = 1/4 \sim 1/6$;

　　　V——行近流速,m/s;

　　　η——水流流速分配不均匀系数。

根据水流流向与岸坡交角 α 查表7.1。

表7.1　水流流速不均匀系数

$\alpha(°)$	≤15	20	30	40	50	60	70	80	90
η	1.00	1.25	1.50	1.75	2.00	2.25	2.50	2.75	3.00

(二)水流斜冲顺坝岸坡产生的冲刷

由于水流斜冲河岸,水位升高,岸边产生自上而下的水流淘刷坡脚,其冲深计算公式如下:

$$\Delta h_{\rm p} = \frac{23 \tan \frac{\alpha}{2} V_{\rm j}^2}{\sqrt{1-m^2}g} - 30d \tag{7.8}$$

式中　$\Delta h_{\rm p}$——从河底算起的局部冲深，m；

　　　α——水流流向与岸坡交角，(°)；

　　　$V_{\rm j}$——水流的局部冲刷流速，m/s；

　　　m——防护建筑物迎水面边坡系数；

　　　g——重力加速度，m/s²；

　　　d——坡脚处土壤计算粒径，cm，对非黏性土，取大于15%（按质量计）的筛孔直径，对黏性土，取表7.2的当量粒径值。

表7.2　黏性土的当量粒径

土性质	孔隙比（空隙体积/土壤体积）	干容重（kN/m³）	黏性土的当量粒径（cm）		
不密实的	0.9～1.2	11.76	1	0.5	0.5
中等密实的	0.6～0.9	11.76～15.68	4	2	2
密实的	0.3～0.6	15.68～19.60	8	8	3
很密实的	0.2～0.3	19.60～21.07	10	10	6

第三节　丁坝

丁坝是广泛使用的河道整治建筑物，其主要功能为保护河岸不受来流直接冲蚀而产生的淘刷破坏，同时它也在改善航道、维护河相以及保全水生生物多样化方面发挥着作用。丁坝作为一种间断性的有重点的护岸（滩）方式，具有调整水流的作用。

一、丁坝的分类

丁坝是指从堤身或河岸伸出，在平面上与堤线或岸线构成"丁"字形的坝。丁坝一般成群布设，具有防御水流冲刷堤身或滩岸，改变水流方向，控制河势的作用。按坝轴线与堤线或岸线的交角情况分为上挑丁坝、正挑丁坝和下挑丁坝3种，如图7.2所示。其中，下挑丁坝是最常见的一种丁坝形式。

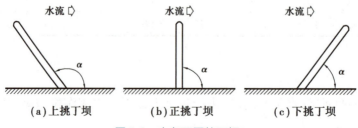

图7.2　交角不同的丁坝

上挑丁坝,俗称"呛水坝"。坝轴线与堤线或岸线的交角大于90°的丁坝。此种丁坝受水流顶冲时,水流一分为二,形成很大的回流。最大冲刷坑往往发生在坝头侧上游方。常处于水下的潜丁坝多采用上挑式,以促成坝间淤积。

正挑丁坝,又称为"正坝"。坝轴线与堤线或岸线交角为90°的丁坝。此种丁坝对水流的干扰较大,坝的上下游产生回流严重,最大冲刷坑往往发生在坝头的侧上游方。在有河道通航要求的大河治理中有着广泛应用。感潮河口段,为适应两个相反方向交替来流,一般应修建正挑丁坝。

下挑丁坝,坝轴线与堤线或岸线的交角小于90°的丁坝。此种丁坝对水流的干扰随夹角的减小而减小,相应坝的上下游回流小,防守抢险主动。非淹没丁坝宜采用下挑形式布置,坝轴线与水流流向的夹角可采用30°~60°。该类型的坝,在控导工程中有着广泛应用。

丁坝的外形有直线型、拐头型和抛物线型,如图7.3所示。直线型丁坝是较常用的形式。坝头常见的外形有流线型和圆头型。圆头型易施工、管理,且导流能力强,是较为常见的坝头形式。流线型坝头迎流顺,托流稳,导流能力强,坝间回流小,也是较好的形式。

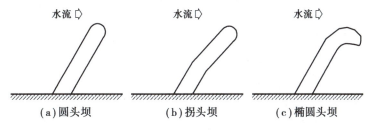

图7.3　不同坝头形式的丁坝

坝垛结构形式应按照坝垛所在位置、重要程度、水流条件、地质情况、施工条件、运用和管理要求、环境景观、工程造价等因素,通过技术经济比较确定。丁坝通常采用土坝基外围裹护防冲材料的形式。一般分为坝基、护坡和护根3个部分。坝基一般用砂壤土填筑,有条件的再用黏土修保护层;护坡用块石抛筑,由于块石铺放方式不同,可分为散石、扣石和砌石(浆砌、干砌)3种。护根一般用散抛块石、柳石枕和铅丝笼抛筑,也可用铅丝笼沉排、土工网笼沉排、土工长管袋等进行护根。修建工程按施工期有无水可分为旱地施工和水中进占施工。

二、丁坝的方位和间距

坝的方位是指连坝中心线与坝垛中心线的夹角。在坝长一定的情况下,夹角越大,掩护的堤线越长,但坝的迎水面坝脚处冲刷越严重,上跨角处局部冲刷越剧烈,且坝后回流淘刷也较大,工程出险的机遇较多。因此,夹角宜小不宜大,一般以30°~60°为宜。根据河道整治治理经验,丁坝与连坝夹角取30°~45°。

合理而经济的丁坝间距,应达到既能充分发挥每个丁坝的作用,又能保证两坝之间不发生冲刷。为此应使得下一丁坝的壅水刚好达到上一丁坝的坝头,避免在上一丁坝的下游发生水面跌落现象;同时应绕过上一丁坝之后形成的扩散水流的边界线大致达到下一丁坝的有效长度 L_p 的末端,以免沟刷坝根 $L_p = \dfrac{2}{3}l$,如图7.4所示。

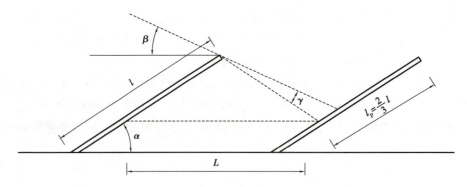

图 7.4 丁坝头扩散水流的影响长度

据此,可得直河段丁坝的间距计算公式如下:

$$L = \frac{2}{3}l \cos \alpha + \frac{2}{3}l \sin \alpha \cot(\beta + \gamma) \tag{7.9}$$

式中 L——坝的净间距,m;

  l——坝的长度,m;

  α——坝的方位角,(°);

  β——水流方向与工程位置线的夹角,(°);

  γ——水流过坝后的扩散角,一般可取 6°~10°。

丁坝间距的确定应遵循既充分发挥每道丁坝的掩护作用,又使坝间不发生冲刷的原则。根据已建工程经验,丁坝的间距可为坝长的 1~3 倍,处于整治线凹岸以外位置的丁坝及海堤的促淤丁坝的间距可增大。由于丁坝是成组布置方能充分发挥工程效益的,因此,一组丁坝中,不宜采取过多不同间距。资料统计,黄河下游丁坝间距一般采用坝长的 1~1.2 倍,长江下游潮汐河口区采用 1.5~3.0 倍,我国海堤前的造滩丁坝间距一般采用 2~4 倍,有的采用坝长的 6~8 倍。美国密西西比河为 1.5~2.5 倍,欧洲的一些河流为 2~3 倍。最终坝间距可根据上述计算结果,参考其他河流已建工程综合确定。

三、丁坝的设计冲刷深度

丁坝冲刷深度与水流、河床组成、丁坝形状与尺寸以及所处河段的具体位置等因素有关,其冲刷深度计算公式应根据水流条件、河床边界条件并应用观测资料验证分析选用。

①非淹没丁坝所在河流冲刷河床质粒径较细时计算如下:

$$h_B = h_0 + \frac{2.8v^2}{\sqrt{1+m^2}}\sin^2\alpha \tag{7.10}$$

式中 h_B——局部冲刷深度,从水面算起,m;

  h_0——行进水流水深,m;

  v——行进水流流速,m/s;

  α——坝轴线与来流方向的夹角,(°);

  m——坝迎水面的边坡系数。

②非淹没丁坝冲刷深度也可计算如下：

$$\Delta h = 27K_1 K_2 \tan\frac{\alpha}{2} \times \frac{v^2}{g} - 30d \tag{7.11}$$

其中

$$K_1 = e^{-5.1\sqrt{\frac{v^2}{gl}}} \tag{7.12}$$

$$K_2 = e^{0.2m} \tag{7.13}$$

式中　Δh——冲刷深度（低于一般冲刷以下的部分），m；

　　　K_1——与丁坝在水流法线上投影长度有关的系数；

　　　K_2——与丁坝边坡坡率有关的系数；

　　　α——水流轴线与丁坝轴线的交角，当丁坝上挑 $\alpha > 90°$ 时应取 $\tan\frac{\alpha}{2} = 1$；

　　　v——行近流速，m/s；

　　　d——床沙粒径，m。

③非淹没丁坝冲刷深度还可计算如下：

$$\frac{h_s}{H_0} = 2.80 k_1 k_2 k_3 \left(\frac{v_m - v_c}{\sqrt{gH_0}}\right)^{0.75} \left(\frac{L_D}{H_0}\right)^{0.08} \tag{7.14}$$

式中　h_s——冲刷深度，m；

　　　k_1, k_2, k_3——丁坝与水流方向的交角、守护段的平面形态及丁坝坝头的坡比对冲刷深度影响的修正系数，$K_1 = \left(\dfrac{\theta}{90}\right)^{0.246}$，位于弯曲河段凹岸的单丁坝 $K_2 = 1.34$，位于过渡段或顺直段的单丁坝 $K_2 = 1.00$，$K_3 = e^{0.07m}$；

　　　m——丁坝坝头坡率；

　　　v_m——坝头最大流速，m/s；

　　　v——行近流速，m/s；

　　　L_D——丁坝的有效长度，m；

　　　B——河宽，m。

对于黏性与砂质河床可采用张瑞瑾公式计算：

$$v_c = \left(\frac{H_0}{d_{50}}\right)^{0.14} \times \sqrt{17.6\frac{\gamma_s - \gamma}{\gamma}d_{50} + 0.00000065 \times \frac{10 + H_0}{d_{50}^{0.72}}} \tag{7.15}$$

式中　v_c——泥沙起动流速，m/s。

对于卵石的起动流速可采用长江科学院的起动公式计算：

$$v_c = 1.08\sqrt{\frac{\gamma_s - \gamma}{\gamma}gd_{50}}\left(\frac{H_0}{d_{50}}\right)^{1/7} \tag{7.16}$$

式中　d_{50}——床沙的中值粒径，m；

　　　H_0——行近水流水深，m；

　　　γ, γ_s——水和泥沙的容重，kN/m³；

　　　g——重力加速度，m/s²。

四、丁坝坝顶高程和宽度

丁坝坝顶高程应按设计洪水位加坝顶超高确定。其坝顶高程确定可参考护岸顶部高程确定。

丁坝坝顶宽度应根据自身结构、抢险交通和物料堆放及其他要求确定,丁坝、连坝坝顶宽度不宜小于6 m。由于丁坝坝头通常是丁坝最易于出险的位置,为保证大型抢险车辆转弯的需要,丁坝要求有更宽的坝顶宽度。根据黄河下游丁坝建设经验,防汛备石石垛尺寸一般为10 m×8 m×1.25 m(长×宽×高)。为方便抢险和坝顶布置防汛备石,丁坝不含护坡顶宽,一般取6+8=14(m),连坝顶宽,一般取10 m,不设防汛备石的丁坝坝顶宽度可适当减小。小流域河流治理中,丁坝可根据抢险情况综合确定。

根据汛期抢险需要,连坝坝顶路面可采用碎石、砂砾石或泥结石路面。坝顶应向一侧或两侧倾斜,坡度宜采用2% ~3%。

五、丁坝防护

丁坝临河侧易受水流淘刷处需进行防护。坝体裹护段的护坡应满足下列要求:
①防止土坝体被水流淘刷。
②能抵御风浪冲击,防止冰凌和漂浮物的损害。
③防止坡面被雨水冲蚀。
④防止动物破坏。

护坡应坚固耐久、就地取材,便于施工和维修。针对丁坝不同迎水段和同一坡面的不同部位可选用不同的护坡形式。

临水侧护坡的形式应根据风浪大小、近堤水流,结合丁坝的级别、坝高、坝身与坝基土质等因素确定。通航河流船行波作用较强烈的坝段护坡设计应考虑其作用和影响。临水侧坡面宜采用砌石、混凝土或土工织物模袋混凝土护坡,具体护坡形式参见护岸护坡部分。护坡一般由枯水平台、脚槽、坡身、导滤沟、排水沟和顶部工程等组成。枯水平台、脚槽或其他支撑体等,位于护坡工程下部,起支撑坡面不致坍塌的作用。枯水平台在护脚与护坡的交接处,平台高出设计枯水位0.5 ~1.0 m,宽2 ~4 m,一般用干砌块石或浆砌块石铺护。

非裹护段及连坝可采用草皮、水泥土等护坡。护坡的形式应根据当地的暴雨强度、越浪要求并结合坝高和土质情况确定。坝坡坡率是根据坝体及坝基土料的压实密度和力学性质通过稳定计算确定的。由于丁坝相对较低,加上丁坝本身对填土土质要求较低,一般土坝边坡可按水上1:2,水下1:4进行初估,然后根据稳定计算确定最终坝体边坡,原则上土坝边坡不宜小于1:2。

坡面每隔一定距离设置一条排水沟,其间距和断面尺寸视当地暴雨强度而定。长江中、下游排水沟的间距为50 ~100 m,断面尺寸为0.4 m×0.6 m。

丁坝护脚设计可参考护岸护脚设计,但需要注意丁坝护脚深度与护岸护脚深度的区别。

六、丁坝的稳定分析

丁坝的抗滑稳定计算可采用瑞典圆弧滑动法。当坝基存在较薄软弱土层时宜采用改良圆弧法进行加固。可参照第五章堤坡稳定分析。丁坝的抗滑稳定计算应计算下列水位的组合：

①工程完建无水期时坝体的护坡稳定。

②设计洪水位下稳定渗流期坝体的整体稳定和护坡稳定。

③设计洪水位骤降期坝体的整体稳定和护坡稳定。

④坝前最大冲深，设计洪水位下稳定渗流期坝体的整体稳定和护坡稳定。

⑤坝前最大冲深，设计洪水位骤降期坝体的整体稳定和护坡稳定。

需要注意的是，由于很多控导工程在洪水期间坝后可能是有水的，这种情况下进行渗流计算时，一定要注意坝的前后水位的确定。

七、丁坝的抢险备石

丁坝虽然具有稳定河势的作用，但也破坏了河道中原有的水流结构。由于丁坝改变了近岸流态，势必增强坝头附近局部河床的危险性。常有坝头附近形成较大的冲刷坑（图7.5），危及丁坝自身安全的情况发生。

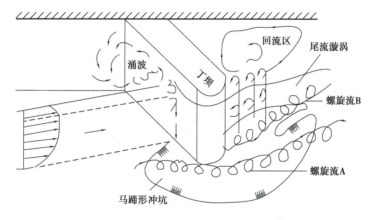

图7.5　丁坝前冲刷形态

由于丁坝设计的最大冲深相对较大，一次将护脚做到最大冲刷深度施工难度大，且一次性投资也大。根据已建工程经验，施工时需要将护脚做到施工期能够达到的深度，通过工程抢险和日常抛石逐渐使护脚达到最大冲刷深度，从而使坝身达到稳定。设计时，也通常将一次不能做到最大冲刷深度断面的缺石部分，通过采用一次或分期储备的方式将该部分石料储备在坝垛上。这部分储备的石方通常被称为备防石。

一般情况下，在设计时，护坡深度为施工期河床高程。考虑运用期河床冲刷，护坡将通过抢险逐步达到稳定状态，即最大冲刷深。施工期河床高程至设计最大冲刷深时达到高程之间的部分（如图7.6中A所示），即应储备的备防石数量。考虑到这部分工程量仍较大，且此部分工程量的发生有一定的概率，工程一旦脱河护脚可能长期达不到最大冲刷深；同时在坝面上也没有足够的空间存储全部备石。因此，一般按 5 m³/m 进行储备。近年来，由于工程管理体制和投资体制的变化，部分工程也根据实际情况，选择统一的料场，以集中存放的方法进行管理。

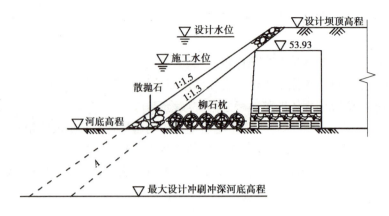

图 7.6　备防石计算示意图(单位:m)

第四节　其他河道整治建筑物

一、顺坝

顺坝是一种纵向河道整治建筑物,坝身一般较长,与水流方向大致平行或有很小交角,沿治导线布置,它具有束窄河槽、引导水流、调整岸线的作用。因此,顺坝又称为导流坝。顺坝常常布设在水流分散的过渡段,分汊河段的分、汇流区,急弯和凹岸尾部,以及河口治理段。对于堤前滩地较窄的堤防,可设置与堤岸线基本平行的顺坝。顺坝坝身溜段较长,能较平缓地迎溜送溜,而且不对河床产生剧烈的冲刷。图 7.7 所示的实例为澜沧江曼厅大沙坝 1号抛石顺坝。

图 7.7　澜沧江曼厅大沙坝 1 号抛石顺坝

顺坝有淹没式、非淹没式(潜坝)两种形式。淹没式顺坝多用于枯水航道整治,其坝顶高程由整治水位决定,并且自坝根至坝头逐渐降低,成一缓坡,坡度可略大于水面比降。淹没式顺坝用于中水整治时,坝顶一般与河漫滩齐平。为了促淤防冲,顺坝与老岸之间可加筑若干格坝,格坝的间距,可为其长度的 1～3 倍,过流格坝的坝顶高程略低于顺坝。对于非淹没式顺坝,一般多在下端留有缺口,以便洪水时倒灌落淤。

顺坝的结构形式可采取和平顺护岸、丁坝类似的结构形式。选取结构形式时,应尽可能地遵循就地取材、便宜施工、节约投资和方便日后管理的结构形式。

顺坝坝顶高程、宽度以及防护、护脚、稳定分析、抢险备石设计均可参考护岸、丁坝相关内容。

二、沉排坝

传统土石结构的丁坝或顺坝很难将根石一次修建至稳定所需的深度,因此,多数丁坝或顺坝易出险,需经过不断地抢险才能维持自身的稳定。为解决传统结构存在的自身缺陷,沉排坝就应运而生了。

所谓沉排坝,即用沉排作为护根体的坝。沉排是片状防冲物,通常为方形,并预先绑扎好,用船运至设计位置沉放。有混凝土排、土工布袋、土工长管袋成排、柴排等多种形式。如图 7.8 所示为混凝土沉排。

图 7.8 混凝土沉排

沉排常用于实体建筑物的护脚或护底。其特点是面积大,维修工作量小,整体性强,柔韧性好,易适应河床变形,随着水流冲刷排体外河床,排体随之下沉,可保护建筑物根基。但沉排结构比较复杂,施工技术性强。

三、桩坝

桩坝是一种较常用的、透水的河道整治建筑物。它由一组具有一定间距的桩体组成,按照坝前冲刷坑可能发生的深度,将新建工程的基础一次性做至坝体稳定的设计深度,当坝前河床土被水流冲失掉后,坝体仍能维持稳定而不出险,继续发挥其控导河势的作用。最早在浅水处使用木桩坝,有缓流落淤效果。垂直桩坝的桩,打入河底部分占桩长的 2/3,桩的上部以横梁联系。斜桩坝以 3 根桩为一群,上部用竹缆或铅丝绑扎在一起,排间连以纵横连木,基础可用沉排保护或在桩式坝内填石料保护。桩坝现已发展用钢筋混凝土或直接采用钢管等材料建造,用水冲钻或振动打桩机打桩,桩长及桩入土深度均可增加,由于其抗冲能力大,可用于河道主流区,如图7.9所示。

图 7.9　东安控导工程透水桩坝

四、潜坝

潜坝是在顶面设有防冲设施,允许一定洪水漫溢的坝。此类坝适用于河道排洪断面不足的河道治理工程或枯水整治工程。

潜坝设计流量的确定往往是其设计的关键因素。潜坝应根据其作用、工作环境确定其设计流量。潜坝设计坝顶高程一般与设计水位齐平,该坝顶高程一方面要能使工程达到其预期的设计目的;另一方面也尽可能地使其不影响河流的行洪。

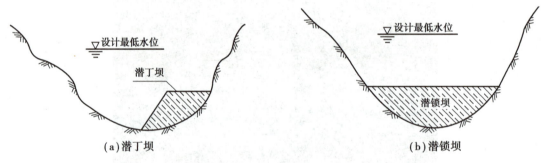

图 7.10　潜坝示意图

根据工程的作用不同,潜坝通常采用丁坝、平顺护岸(护滩)形式。

由于潜坝具有特殊的工作环境,其临河、背河两侧均需要防护,且其可能的淹没时间较长,因此其结构可靠性要求更高。防护体设计可参考丁坝防护进行计算。防护形式可采用铅丝网笼沉排、混凝土模袋沉排、土工长管袋沉排等结构。

五、锁坝

在通航河流中,锁坝是一种重要的航道整治建筑物,通常用于封闭非通航的汊、串沟,增加通航主槽的流量,冲刷浅区,提高通航水深。锁坝作为枯水整治建筑物,在枯水期或洪水降落期增加通航汊道流量,加速航道浅区的冲刷是十分有效的,如图7.11所示。锁坝在我国松花江、大渡河、嘉陵江、岷江、赣江、西江和长江等河道整治中发挥了重要作用。

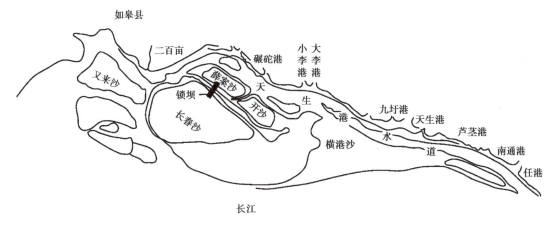

图 7.11　如皋沙群堵汊示意图

六、格坝

格坝也称为"隔坝",即相邻两坝之间所修的连接横堤。在两坝较长、间距较大时,为便于防汛检查、抢险交通和防守而修建。修建格坝使坝间封闭,易形成坝田淤积区;若有格坝连接,则格坝间距为坝长的 3~5 倍,坝田淤积效果较好(图 7.12)。格坝的大小视需要而定。

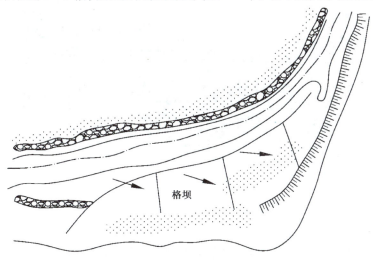

图 7.12　顺格坝组合示意图

七、洲头分流坝

洲头分流坝又叫鱼嘴,是在江心洲首部修建的分水堤,其目的是保证汊道进口具有较好的水流条件和河床形式,以控制其在各级水位时能具有相对稳定的分流分沙比(图 7.13)。洲头鱼嘴其外形沿程放宽,前端没入水下,顶部沿流程逐渐升高,直至与江心洲首部平顺衔接。

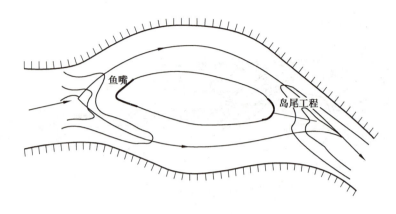

图 7.13　鱼嘴工程

八、杩槎坝

杩槎坝由杩槎支架和挡水两部分组成（图 7.14）。一般适用于在水深小于 4 m，流速小于 3 m/s 的卵石或砂卵石河床上，可做成丁坝、顺坝、Γ 形的透水或不透水坝。

图 7.14　杩槎坝

杩槎是用三四根杆件，一头绑扎在一起，另一头撑开，杆件以横杆固定、承载重物，如块石、柳石包、柳淤包等构成杩槎。

杩槎相连形成挡水面，可抛石或土筑成透水或不透水的构槎坝。

杩槎可就地取材，造价低廉，易建易拆，可修筑成永久性或临时性工程。在修筑都江堰时已采用杩槎坝截流、导流。

第五节　河道疏浚与吹填

一、疏浚工程

疏浚工程是指采用机械或水力方法为拓宽、加深水域而进行的水下土石方开挖工程，同时进行疏浚土的处理。疏浚工程是提高河道的行洪、航运以及湖泊的蓄洪能力的主要措施之一。

（一）疏浚工程的任务、特点和方法

1.疏浚工程的任务

在河道、湖泊整治工程中,疏浚工程的主要任务是根据河道和湖泊整治工程的总体规划要求,拓宽、加深河道、湖泊的过水边界,达到改善河道的行洪、航运条件以及提升湖泊的蓄洪能力的目的。此外,疏浚工程还可兼有吹填造陆的任务。

2.疏浚工程的特点

①疏浚工程应在河道整治规划确定的洪水、中水、枯水治导线和整治工程总体布置的基础上进行设计;疏浚断面和范围应满足河道整治规划所提出的泄洪、排涝、航运、灌溉、供水及生态环境等方面的任务要求,以确保工程的顺利实施。

②疏浚拓挖形成断面后,除石质河床断面外,要在砂质、砂卵砾石或淤泥质河床上维持其断面比较困难,一般要与河道整治建筑物相结合,才能保持疏浚的效果。

3.疏浚工程的方法

（1）砂质和砂卵砾石及淤泥质河床的常用疏浚方法

a.大型挖泥船。在大江大河上挖除其泥沙堆积物,一般多采用大型挖泥船。例如,长江航道疏浚、珠江河口的横门水道、磨刀门水道疏浚均采用大型绞吸挖泥船、抓斗挖泥船、链斗挖泥船和耙吸挖泥船等大型设备。

b.水力冲砂。该手段利用洪水控制或水库调度,形成人造洪峰将河床的泥沙扰动起来,将河道泥沙推至下游或河口外。例如,黄河小浪底调水调沙运作,已将下游黄河主河槽的过流能力由原来的 1800 m^3/s 恢复到 3500 m^3/s。

c.机械挖运。在城市中能排干的河涌或景观湖泊清淤工程中,多采用挖运机械拓挖或清淤。

（2）石质河床的常用疏浚方法

对于石质河床整治工程常遇的石嘴、石梁、孤石、岩盘等,可采用炸礁（爆破）手段,其炸礁形式有水下炸礁和水上炸礁两种。例如,三峡库区涪陵至铜锣峡河段 90 km 的航道整治工程,在该河段内共有 30 处碍航礁石需清除,在一个枯水期内清除礁石方量达 85 万 m^3,其中 10 万 m^3 水下炸礁,创造了长江在一个枯水期内炸礁工程新纪录。

（二）疏浚工程分类

1.基建性疏浚工程

基建性疏浚工程是指能在较长时间内从根本上改善河道的行洪、航运条件或结合吹填造陆的疏浚工程。由于基建性疏浚工程对河床的改变较大,以致引起水流条件的剧烈改变,为消除对河床演变可能产生的不良影响,以及避免大量工作付诸东流,基建性疏浚工程一般与河道整治工程相结合,且需根据河道整治工程规划,分析河流水文条件和河床演变规律,对治导线的轮廓形状和工程措施进行多方面研究,最后确定基建性疏浚工作内容。基建性疏浚工程一般包括以下内容:

①改变河道的平面轮廓或航道尺寸。如河道的裁弯取直、扩大航槽、开挖新运河、切除岸滩等。

②裁掉河岸凸出部分的土角,消除或缩小河槽的沱口。

③堵塞分流或各种支汊以及与整治工程相结合的吹填造陆挖泥。

④消除航道上的碍航物或礁石而进行的炸礁工程。

2. 维护性疏浚工程

维护性疏浚工程是指为保持河道或航道规定的尺寸,保证河道行洪安全或航运安全所进行的疏浚工程。维护性疏浚是维持基建性疏浚工程任务的一种补充手段,它不会引起河道较大的变动,属于一种经常性的疏浚项目。

3. 临时性疏浚工程

临时性疏浚工程是指为解决工程量较小的疏浚任务,同时又没有具备完善的疏浚力量,临时用其他疏浚力量进行的疏浚工作。

(三)疏浚工程断面设计

疏浚工程设计应遵循河道的开发、利用和保护的总体规划要求,根据河道整治工程任务、标准进行相应的疏浚平面布置、断面形式及疏浚纵向坡度的设计,其设计还应符合下列要求。

①疏浚断面除满足泄洪、排涝、灌溉、供水、航运和生态环境要求外,还应满足水下边坡的稳定要求。

②疏浚断面河槽设计中心线宜与主流方向一致,交角不宜超过15°。河槽开挖中心线应为光滑、平顺的曲线。弯曲段可采用复合圆弧曲线或余弦曲线。

③对有多项任务的河道(段),其疏浚断面应满足多项任务中最低的高程需要及水位要求。在未经过充分论证的情况下,不宜改变整治河道的比降。

④疏浚断面宜设计成梯形断面,对有多项任务的河道也可设计成复合式断面。

⑤扩大段的疏浚断面应渐变与原河道连接。

⑥对施工期或工程使用期内有回淤的,设计中应预留回淤深度。回淤深度可根据试验成果或观测资料推算确定。

⑦疏浚断面还应根据拟选用设备类型进行超宽超深值设计计算。

(四)疏浚土的处理

疏浚工程往往涉及大量疏浚弃土,且这些疏浚弃土将需占用大量的土地,如何处理这些疏浚土是疏浚工程的另一个重要环节。因此,疏浚土的处理需从技术经济以及环保的角度进行论证,且疏浚土的处理方案应得到相关部门的认可。疏浚土的常用处理方法有外抛法和吹填法两种。

1. 外抛法

外抛法是将疏浚土抛入指定水域抛泥区的方法。采用该处理方法时,由于水流及泥沙输移扩散的作用,处理不当将发生泥沙淤积,从而影响疏浚效果。疏浚土采用外抛法处理时,应满足下列要求:

①当地有关环保和海洋倾倒的规定。

②研究抛泥区的泥沙运动规律,防止抛卸的泥沙最终回到疏浚区;在此前提下,抛泥区离疏浚区距离尽量缩小。

③应根据疏浚工程量大小确定抛泥区的位置、容量和界限。

④抛泥区应具备足够的作业水域。当工程量大、多艘船舶同时作业时,可选择多个抛泥区。

⑤抛泥区需要的最小水深可计算如下:

$$h = h_T + h_K + h_B + h_n \qquad (7.17)$$

式中　h——抛泥区最小水深,m;

h_T——挖泥船或泥驳的最大吃水,m;

h_K——富裕水深,m,可按表7.3取用;

h_B——泥门开启时,超出船底的深度,m;

h_n——设计抛泥厚度,m。

表7.3　航道地质与富裕水深的关系

土质	$h_K(m)$
软泥	0.3
中密砂	0.4
坚硬或胶结土	0.5

注:风浪大的地区应适当增加。

采用拖船拖带泥驳时,若拖船的最大吃水大于泥驳开启时的 $h_T + h_B$,则式(7.17)中 $h_T + h_B$ 代之以拖船的最大吃水。

当抛泥区实际水深小于(h+2)m 时,应考虑在施工中对抛泥区实际水深进行必要的监测。

2. 吹填法

吹填法是将疏浚土吹填成陆、围海造地、海滩养护、修建人工岛和营造鸟类栖息地等。如上海市提出的圈围滩涂4.0万 hm² 、促淤滩涂7.3万 hm² 的吹填造陆10年计划,将疏浚土作为滩涂围垦的料源,变废为宝,有效解决了滩涂围垦所需的大量填土问题;长江航道疏浚与长江两岸基础建设有机结合,通过对疏浚土的处理,达到增加沿岸城市建筑用地、加固长江两岸堤防以及造就农田等目的。疏浚土采用吹填法处理时,需对下列条件进行分析:

①场区的地形、水文、地质条件和疏浚土的特性。

②场区的外部条件,包括场内外交通条件、施工用水、用电条件、场地地表面是否需要清理和其他外部约束条件。

③获得构筑围埝或堤岸材料的可能性。

④经扰动后的水体满足达标排放条件。

⑤疏浚设备正常作业的条件。

⑥陆上存泥区的容量。陆上存泥区的容量可计算如下:

$$V_P = K_S V_w + (h_1 + h_2) A_P \qquad (7.18)$$

式中　V_P——存泥区容量,m³;

K_S——土的松散系数,由试验确定,无试验资料时,可参照表7.4和表7.5确定;

V_w——疏浚土方量,m³;

h_1——沉淀富裕水深,m,一般取 0.5 m;

h_2——风浪超高,m,一般取 0.5 m;

A_P——存泥区面积,m^2。

表7.4 细粒土松散系数 K_S

土类	高塑黏土膨胀土 高塑有机土粉质土	高塑黏土 中高塑有机粉质土	中塑黏土 粉质黏土	砂质粉土 可塑粉土	有机粉 土泥岩
天然状态	硬塑~塑	硬塑	软塑	可塑	流动
K_S	1.25	1.2	1.15	1.1	1.05

表7.5 细粒土松散系数 K_S

密实程度	很紧密	紧密	中实	松散	极松散
标准贯入击数 N	>50	30~50	10~30	4~10	<4
K_S	1.25	1.2	1.15	1.1	1.05

二、吹填工程

吹填工程常以造陆为主,利用湖泊、河滩地、海滨水下开挖的疏浚土(或指定的疏浚土),采用泥浆(或砂)泵,并以浮筒为排泥管道,吹填上岸(或吹填至指定吹填区进行造地)进行综合资源利用的工程。吹填工程是对疏浚土的一种主要处理方法。

(一)吹填工程设计

吹填工程分两种情况:一种是沿江、湖、海沿岸已有堤防堤内吹填,其主要目的是解决堤内低洼地面填高问题;另一种是在江、湖、海浅水区进行吹填,其目的是围堤造陆。对后一种情况,常需先沿挡水前缘修建堤围,待堤围建至一定高程(如多年平均高潮位)或堤围建成后,可开始向堤内进行吹填。在吹填土高出堤内设计地面标高时,也可待吹填土沥干后用推土机等陆上挖运机械,转运吹填土。

1.吹填高程的确定

吹填高程需根据吹填区规划使用高程、吹填区的地基地质及吹填土本身的压缩、固结(可考虑有关工程措施)引起的沉降等因素确定,即

$$H_R = H_S + \Delta H \tag{7.19}$$

$$\Delta H = \Delta H_1 + \Delta H_2 \tag{7.20}$$

式中 H_R——设计吹填标高,m;

H_S——设计使用标高,m;

ΔH——考虑吹填工程完工后,由于地基和吹填土固结沉陷所需的预留超高,m;

ΔH_1——吹填区地基在吹填土自重作用下产生的沉降,按式(7.21)计算;

ΔH_2——吹填土本身固结引起的沉降,其值可按下列情况取值:砂性土按不超过吹填厚度的5%考虑,黏性土按不少于吹填厚度的20%以上考虑,黏性土和砂性混合土按吹填厚度的10%~15%考虑。

$$\Delta H_1 = \sum_{i=1}^{n} \frac{e_{1i} - e_{2i}}{1 + e_{ii}} h_i \tag{7.21}$$

式中　e_{1i}，e_{2i}——第 i 层地基土初始和最终孔隙比；

h_i——第 i 层土厚度；

n——基础不同土层的分层总数。

2. 吹填分区

若吹填分区面积较大，可根据堤围内的排水渠、交通干线规划进行吹填区分区。分区建成后，可分区吹填、分区固结，分期受益。

吹填区分区一般可沿排水渠或交通干线修建子围堰。子围堰一般应低于排水渠渠顶或交通干线路面，并可兼作分区场内交通工具。子围堰可利用堤内干土、外来土或沥干的吹填土填筑。

对于位于软土地基上的吹填区，因其地基承载力较差，分区内的吹填一般需分层吹填，其子围堰也需分层填高。子围堰一般可用土工编织袋，用泥浆泵冲填形成；当子围堰高度较大时，可用多层冲填袋，冲填袋的层厚一般为 0.4~0.8 m。软土地基上的分层吹填如图7.15 所示。

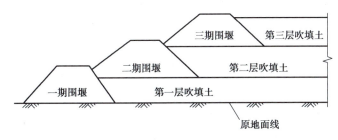

图 7.15　分层次吹填示意图

3. 排泥管布置

排泥管布置的总体原则是近土远用、远土近用，即采土区内距离吹填区近的土，应运至吹填区远的一侧；采土区内距离吹填区远的土，应运至吹填区近的一侧，以确保吹填管道运输距离较平均、较短。

排泥管的布置，应选择在交通方便的道路、堤线、河岸旁，并尽量避免管线急弯；此外排泥管的布置还应考虑吹填土粒径大小、泥泵功率、吹填高度及平整等因素。除布置干管外，必要时还应布设支管。排泥管口应距离子围堰 10~30 m，以免冲刷子围堰。排泥管口的间距可参照表 7.6 确定。

排泥管的安装高程，应与计划的吹填高程相适应。对于吹填土为淤泥的情况，应使用支架将管线支撑在吹填高程上。一般采用木支架，其顶宽为 1.5~3.0 倍排泥管直径，其间距可取一节排泥管长度；对于吹填沙和黏土，由于可边吹填边抬高和接长管线，可不安装支架；对于管道须跨越较深水面，可采用浮筒式管道输泥。当浮筒式排泥管道碍航或吹填区离疏浚取土区较远时，可将部分输泥管道沉入水下，或用泥驳运输靠岸再通过泥浆泵和管道运往吹填区。

表7.6 排泥管口间距表

土质分类	分项	泥泵功率(kW)				
		<375	375~750	1500~2250	3000~3750	>5250
		间距(m)				
软淤泥质土	干管与干管	150	250	350	400	450
淤泥质土	干管与干管	100	180	300	350	400
	支管与支管	40	60	100	130	180
粉细沙	干管与干管	80	150	250	300	350
	支管与支管	30	50	70	90	120
中粗沙	干管与干管	60	120	200	250	300
	支管与支管	20	40	50	60	100

排泥管线的间距应根据设计要求、排泥泵功率、吹填土的特性、吹填土的流程和坡度等因素确定。各类吹填土在施工中形成的坡度宜在现场实测，无实测资料时可参照表7.7选用。

表7.7 各类吹填土的坡度

土的粒径	水上	平静海域	有风浪海域
淤泥、粉土	1:100~1:300	—	—
细砂	1:50~1:100	1:6~1:8	1:1.5~1:30
中砂	1:25~1:50	1:5~1:8	1:10~1:15
粗砂	1:10~1:25	1:3~1:4	1:4~1:10
砾石	1:5~1:10	1:2	1:3~1:6

4.排水口设置

（1）排水口设置原则

①排水口的位置应根据吹填区的地形、几何形状、排泥管的布置、容泥量和排泥总流量等因素确定。

②排水口应设在有利于加长泥浆流程、有利于泥沙沉淀的位置上。一般布设在吹填区的死角或远离排泥管线出口的地方。

③在潮汐港口地区，应考虑在涨潮延续时间内，潮汐水位对排水口泄水能力的影响。

④排水口应设在具有满足达标排放条件的地方，如邻近江、河、湖、海等地方。

（2）排水口结构形式

排水口结构形式应根据工程规模、现场条件及设计要求等因素进行选择。常用排水口的结构形式有以下几种：

①溢流堰式排水口。其堰顶标高比围堰堰顶高程低，泄水直接漫溢到填筑场地外，宜采用混凝土、石、砖石混合结构。溢流堰具有坚固耐用，投资较大的特点，适用于大、中型吹填

工程。在吹填过程中,应人工控制堰顶水位。堰顶标高应随吹填厚度增加而增加。堰顶每次增加的高度,应根据吹填施工计划确定。加高的方法,可用土工织物袋装砂,直接放在堰顶上。溢流堰式排水口的堰顶宽度既可根据所选用的挖泥船泥浆泵的排水流量来确定,也可根据泥浆泵的功率参考表7.8确定。

表7.8　挖泥船功率与溢流堰宽度关系表

挖(吹)泥船泥浆功率(kW)	溢流堰宽度(m)
2206	6~8
1103	4~6
735	4

②薄壁堰式排水闸。其闸身设在围堰内,可调节水位、排水量。闸身内外应设置八字形翼墙进行导流。

③埋管式排水口。埋管式排水口可分为闸箱式和堰下埋管式两种。闸箱式泄水口可利用叠梁闸控制水位和泄流量;堰下埋管式排水口虽然不能控制水位,但可以在不同高程埋设几组管以控制水位和流量。

（二）吹填工程设计需注意的事项

吹填工程设计中应注意的事项如下:

①根据疏浚土的性质、工程量、自然工况、工期等,选用或建立合适的吹填区,尽量减少征地,缩短泵送距离。

②根据造地使用要求所进行的吹填工程,必须确定土源区可取土质对吹填的适用性和实际可取量。

③确保吹填区下原有地基的稳定性符合工程要求。

④选用和设置与吹填要求相适应的吹填船舶设备、管道设施和围堰等,提高施工效率、减少土方损失、降低成本费用。

⑤减少吹填作业对环境水质的影响。

⑥排水口排放的水体应满足达标排放条件。

第八章 防洪非工程措施

【学习任务】

了解防洪减灾信息技术；了解洪水预报、警报及通信。掌握防洪区的管理；掌握法治建设和防灾教育；掌握善后救灾和灾后重建。

【课程思政】

防洪非工程措施在防洪减灾方面发挥着重要作用，如通过宣传教育以提高民众风险意识，或通过恢复植被和湿地来增加自然调蓄能力从而降低洪涝风险等。党的二十届三中全会指出：要统筹好发展和安全，……，完善自然灾害特别是洪涝灾害监测、防控措施，织好社会安全风险防控网，切实维护社会稳定。

第一节　防洪区管理

防洪区是指因洪水泛滥可能淹及而需要防护的地区，分为洪泛区、蓄滞洪区和防洪保护区。洪泛区是指经常受到洪水淹没而无工程设施保护的地区，如河道两侧的行洪区、泛区、滩区以及一些没有堤防保护的平原洼地、湿地等。蓄滞洪区一般是指河道附近的湖泊、洼地加修围堤而形成的用于临时贮存洪水的区域。防洪保护区是指在防洪标准内受防洪工程设施保护的地区。

防洪区管理讲究科学性，特别是蓄滞洪区和洪泛区的管理。这项工作是一项重要的防洪非工程措施，对于减少区域内的洪灾损失和维护社会安定意义重大。因此，各蓄滞洪区和较大的洪泛区，应成立专门的管理委员会，全面负责区内规划的实施和相关工作的管理。尽管各地蓄滞洪区和洪泛区的管理事项不尽相同，但概括起来主要内容包括以下两个方面。

一、蓄滞洪区的管理

蓄滞洪区人民的生产、生活条件和社会经济活动，在很大程度上受分洪与否的制约和影响。不分洪年份，区内土地及各项经济活动照常使用与运营；发生大洪水需要分洪的年份，区内土地将被淹没，各项生产、经济活动和生态环

黄河护卫队

境无疑将受到一定的损失或破坏。因此,加强蓄滞洪区的管理,不仅有利于发挥蓄滞洪区的防洪作用,而且有利于区内居民脱贫致富和在分洪年份把损失减至最小。

由于各地蓄滞洪区的情况不同,管理项目也可能不同。但对于重要的蓄滞洪区,如荆江分洪区,管理工作内容则大致包括水工建筑物管理、安全设施管理、通信预警设施管理、法规制度建设管理和分洪救灾与灾后重建工作管理等。

(一)水工建筑物管理

1.进、泄洪闸的管理

闸工建筑物实施常年管理,闸工金属结构件要定期检修、漆油,汛前要试启动,保障启闭灵活;对混凝土建筑物作定期变形、变位及裂缝和埋设件的观测,发现问题应及时处理,重大问题报主管部门进行除险加固处理。启闭设备电源时,要精心维护和检查,确保满足运用需要。

无闸控制的进、出洪口门位置,要以保障进、泄洪顺畅为目标做好管理工作,同时应做好口门裹头,防止口门的任意冲刷扩大,不利于汛后恢复。

2.围堤管理

有的蓄滞洪区如长江的一些分蓄洪区,其围堤具有分洪时拦江河洪水于蓄洪区内和不分洪时御江河洪水于蓄洪区外的双重作用。因此,围堤必须达到上述要求的设计标准并维护其正常运用功能。分洪区围堤管理包括常年维护管养,汛前查险修复和分洪运用时的相关准备等。

(二)安全设施管理

1.安全区管理

安全区管理包括安全区围堤管理和区内安全建设管理。其中,区内安全建设须保障规划安置的人口需要,做好就近转移到区内的人员安置计划和落实工作。

2.安全台管理

做到台基稳定、台面完好,防止人畜损坏和台土流失。安全台要常年保养,每年冬、春季节重点维修。

3.安全楼管理

安全楼有单户楼、联户楼和集体楼3种。建成后的安全楼由使用者负责管理。单户、联户楼则根据相关合同交由住户管理;集体安全楼一般由学校、机关、乡镇企业使用,并负责维修管理,防汛部门定期检查。所有使用集体和单户都必须明确承接避水人员的任务,并将承接的户主及人数张榜公布。

4.转移交通设施管理

长江流域分蓄洪区的道路,依其作用、等级分为两类进行管理:主干公路、高等级公路及所属桥梁,由国家交通部门管养,分洪使用时服从分洪转移需要;乡级以下的公路,主要为分洪转移而建,由乡、村组织劳力维护,桥梁设专人管理。

船只是湖区转移人员的重要交通工具。船只易于老化、干裂,不能长期搁置不用。应使平时能为生产服务、分洪时紧急集结用于转移人员和防汛指挥,采取"平战结合"方式管理。

（三）通信预警设施管理

蓄滞洪区的通信设施在防汛期间具有特殊重要的作用。区内通信设施按属权管理,电信公网由电信基层部门管理,要求保障防汛需要;有线广播系统由各级广播电视部门维修、保养;防汛部门所属的专用话路及设备,由各级防汛部门管理,定期检查维修,确保良好的运行状况。

蓄滞洪区的洪水报警设施有无线电台、对讲机、报警发射机、警报接收器等。发布洪水或分洪警报信息,采用有线广播、电话、电视传播、报警器以及民间沿用的鸣笛、敲锣等方式。洪水警报由省防汛指挥部发布,并逐级下传。警报设备由各级防汛部门管理,警报接收器汛前交由村委会使用,汛后由防汛部门收回并检查维修,民间警报设备由防汛部门指定专人保管。

（四）法规制度建设管理

1988 年,国务院批转了国家水利部《蓄滞洪区安全与建设指导纲要》,对蓄滞洪区建设、管理、运用作出了原则规定。各地出台的蓄滞洪区的相关管理法规和办法很多。其内容主要涉及蓄洪区内经济建设管理、安全设施建设管理、人口户籍管理和洪水保险制度等。

1. 经济建设管理

要求蓄滞洪区内的建设按总体规划进行,珍惜土地资源,建设项目不得影响分洪区运用,不得污染水质和损害环境。调整产业结构,引导农业改种耐淹、早熟作物品种,发展适于分蓄洪区的种植业、养殖业、工副业,开展多种经营,增强经济实力,提高抗灾能力。

2. 安全设施建设管理

做好安全建设规划,管理各项设施,保证分洪保安需要。

3. 人口户籍管理

蓄滞洪区是一个抗风险能力差和环境容量有限的区域,要求实施严格的人口政策,鼓励外流,限制内迁,控制人口自然增长。

4. 试行洪水保险制度

各地蓄滞洪区的洪水保险机制要尽快建立和完善。即动员蓄滞洪区的单位和个人积极投保,或通过相关法律法规程序收取保险金,以用于补偿分蓄洪后居民的财产损失。

（五）分洪救灾和灾后重建工作管理

主要工作内容包括帮助灾民紧急疏散和转移,妥善安排灾民生活,帮助灾民重建家园、恢复生产,修复水毁工程设施,做好卫生防疫工作等。

二、洪泛区管理

洪泛区管理的重点是加强河道管理,制止和清除河滩上各种违章建筑和行洪障碍;安排好区内居民的生产、生活和确保其在行洪、滞洪期间的生命财产安全。其他如有关人口政策、土地利用政策等与使用频繁的蓄滞洪区基本相同。

第二节　法治建设和防灾教育

《水法》

《防洪法》

一、法治建设

治水防洪必须有法可依,依法治水是社会主义法治建设的重要组成部分,也是防洪工作在新的历史时期的要求。我国现已颁布《中华人民共和国水法》《中华人民共和国防洪法》《中华人民共和国防汛条例》《中华人民共和国河道管理条例》《中华人民共和国水土保持法》等重要法律,各地、各部门也有相应的法规条例,标志着我国的防洪工作已初步走上法治化的道路。

但应该看到的是,我国现有的防洪法律法规还不健全、不完善,在不少地方,有法不依、执法不严的现象仍然存在。如在河道中违规采砂,在河滩上设置行洪障碍,市政建设挤占河道,水利工程和防洪设施时常遭到破坏,河道的不规范、不合理开发利用等,有的甚至习以为常、司空见惯。因此需要进一步出台相关配套的法律、法规文件,以形成完整的防洪法规体系。同时要加大执法力度,真正做到有法可依,有法必依,执法必严。对于各种违法、违规行为,该罚则罚,该处则处,情节严重的,依法严惩。

《防汛条例》

《河道管理条例》

《水土保持法》

二、防灾教育

(一)防灾教育的意义

防洪是人命关天的大事。只有居安思危,防患于未然,方能遇危不惊。我国大部分江河防洪工程标准低,洪水灾害频繁发生,严重威胁着广大人民群众的生产、生活和社会经济的可持续发展。而在不少地方,人们水患意识与防洪观念淡薄,防洪法律和政策意识不强,防灾抗灾与避险保安知识欠缺。因此,对全民进行防洪防灾的教育实属必要。

(二)防灾教育的内容

①宣传我国江河洪水灾害的严重性及其防洪形势,使广大人民群众明确洪涝灾害发生的不可消除性与可预防性,克服麻痹侥幸心理,树立常备不懈、有备无患和以防为主的思想。

②宣传《中华人民共和国水法》和《中华人民共和国防洪法》等法律法规,使相关防洪法规植根于民,使干部群众自觉抵制各种违法行为,维护防洪工程设施的完好,确保防洪调度运用的顺利进行。

③宣传洪水保险和防洪基金的作用与意义,使广大民众自觉参加洪水保险,明确缴纳防洪基金的责任和义务。

④及时发布"汛情公报""灾情通报"等水情灾情信息,宣传"防洪减灾""防洪法律、法规""防汛抢险技术"等知识,使广大民众知晓防洪形势,掌握相关防洪知识与防灾抗灾技能,增强防洪观念,积极支持和协助相关部门和专业人员落实各项防洪减灾措施。

⑤向蓄滞洪区的居民宣传国家对蓄滞洪区的相关法规和政策,讲清牺牲局部、保护全局

的道理与重大意义,让广大民众主动配合政府做好区内安全设施的建设与管理,确保蓄滞洪区的正常运用。

⑥在江河两岸的重要位置,设立醒目的历史最大洪水"水位标志""淹没标志"或"风险警告标志"等标牌或竖立防洪纪念碑,以经常提醒广大人民群众洪水灾害的危险性,自觉投入防洪减灾的行动中来(图8.1)。

图8.1　哈尔滨防洪胜利纪念塔

（三）防灾教育的形式

宣传教育要有针对性,因地制宜、因时制宜、因人施教。其形式多种多样,主要有以下几个方面的内容:

①把自然灾害常识和防洪减灾知识纳入中、小学课本,旨在让青少年了解防洪防灾的基本知识。

②通过广播、电影、电视、报纸杂志、书籍、公益广告宣传、网络信息等媒体,向全社会宣传与普及防洪减灾知识。

③确立防洪日(周、月),或利用世界水日、中国水周,开展多种形式的学习、宣传、培训与各种活动,如防洪知识讲座、竞赛,抗洪英模报告,抗洪抢险演习,防汛抢险技术培训与经验交流等。

④编写《防洪手册》《防洪法律法规解读》《防汛抢险知识》等读物,以及宣传画、宣传单等,在社会上广泛散发与张贴。

第三节　洪水预报、警报及通信

洪水信息预报是防洪斗争的核心基础。在洪水到来前,适时收集各种水情、雨情信息,准确作出洪水预报,及时发布洪水警报,可为防洪调度决策及人员和财产的安全转移赢得宝贵的时间。因此,洪水预报、警报和防汛通信工作是一项十分重要的防洪非工程措施。

一、洪水预报

洪水预报是根据洪水的形成和运动规律,利用过去和实时水文气象资料,对未来一定时段内的洪水情势做出的科学预测。

(一)洪水预报的分类

1. 按预见期长短

按预见期长短分,可分为短期、中期和长期预报。通常把预见期在 2 d 以内的称为短期预报;预见期在 3 ~ 10 d 以内的称为中期预报;预见期在 10 d 以上一年以内的称为长期预报。

河流洪水预报的预见期,通常是指洪水由上游流向下游的传播时间。不同河流的预见期不同。一般来讲,大、中河流的预见期稍长,在 1 ~ 2 d 以上,如长江上游洪水传播至中、下游一般要 2 ~ 5 d;小流域河流洪水,预见期要短一些,但至少也在 5 ~ 6 h。

2. 按洪水成因

按洪水成因分,可分为暴雨洪水预报、融雪洪水预报、冰凌洪水预报、海岸洪水预报等。在各类洪水中,暴雨洪水最为多见。因此,绝大多数河流的洪水灾害是由暴雨洪水引发的,故暴雨洪水的预报通常成为洪水预报中的重点。

3. 按发布预报时所依据的资料不同

按发布预报时所依据的资料不同,可分为水文气象法、降雨径流法和河段洪水演进法 3 类。

(1)水文气象法

水文气象法依据的是前期的气象要素情况,例如,我国中央气象中心,根据全球的气压场、温度场、湿度场、风场等,按天气学原理通过巨型计算机的运算,所得成果之一是每天发布大尺度的 12 h、24 h、36 h、48 h 雨量,水文工作者再据此分析计算,作出超前期的洪水预报。

(2)降雨径流法

通常大多采用的方法是,根据当前已经测到的流域降雨和径流资料,经产流和汇流计算,由暴雨预报流域出口的洪水过程。随着计算机技术的普及和信息传输技术逐步实现现代化,许多大流域,将"降雨—流域—出流"作为一个整体系统,用一系列的雨洪转化方程编成计算机程序,将信息自动采集系统获得的降雨信息直接输入计算机,即可计算出洪水过程,这种方法称为流域水文模型法。

(3)河段洪水演进法

根据河段上断面的入流过程预报下游断面的洪水过程,常用算法为河道流量演算法和相应水位法。

这三类方法中,水文气象法的预见期最长,但预报精度最差。降雨径流法和河段洪水演进法的预见期一般不长,多为短期预报,预报精度较高,是当前应用的主要方法。前者的预见期,一般不超过流域汇流时间;而后者的预见期大体等于河段洪水的传播时间。另外,近年来,为提高预报精度,在实际预报过程中,利用随时反馈的预报误差信息,对预报值进行实时校正,称为实时洪水预报。

(二)暴雨洪水预报

暴雨洪水预报或简称雨洪预报,是根据过去和实时的场次暴雨资料和相关水文气象信息,对暴雨形成的洪水过程所做的预报。暴雨洪水预报的内容包括:流域内一次暴雨将产生多少洪水径流量及其在流域出口断面形成的洪水过程,前者称为降雨产流预报,后者称为流域汇流预报。

暴雨洪水预报的主要项目有洪峰水位(流量)、洪峰出现时间、洪水涨落过程、洪水总量等。暴雨洪水预报常采用水文学方法,即基于暴雨信息,通过产汇流水文模型计算进行洪水预报的经验性方法。如产流量预报中的降雨径流相关图是在分析暴雨径流形成机制的基础上,利用统计相关的一种图解分析法;汇流预报则是应用以汇流理论为基础的汇流曲线,用单位线法或瞬时单位线法等方法对洪水汇流过程进行预报;河道相应水位预报和河道洪水演算是根据河道洪水波自上游向下游传播的运动原理,分析洪水波在传播过程中的变化规律及其引起的涨落变化寻求其经验统计关系,或对某些条件加以简化求解等。随着实时联机降雨径流预报系统的建立、发展与电子计算机的应用,以及暴雨洪水产流和汇流理论研究的进展,不仅从信息的获得、数据的处理到预报的发布,费时很短(一般只需数分钟),而且既能争取到最大的有效预见期,又具有实时追踪修正预报的功能,从而提高了暴雨洪水预报的准确性和预见性。

二、洪水警报

洪水警报主要在可能受淹的地区发布,以便居民能及时按计划、有组织地迁安。目前在我国的一些蓄滞洪区,采用地方无线专用小电台的方式,即用 70 MHz 专用频率的调频广播,在每个蓄滞洪区设 1～2 个中心台,每个中心台覆盖半径为 20～30 km 的范围,在居民点或小的自然村装有接收机(汛期都开着,不需人工开关),防洪警报和组织迁安工作的部署由当地防汛指挥部门在中心台发布,各地都能及时收听到。这种警报系统价格便宜、方便实用,现已在全国数十个蓄滞洪区配备了近百个中心台和近万台接收机。此外,还发展了无线寻呼报警系统。

三、防洪通信

防汛通信是防洪工作的生命线。通信方式主要有有线通信和无线通信两大类。有线通信有架空明线、同轴电缆、光纤等方式,具有较高的电路稳定性、保密性强等特点,但抗自然灾害能力差,不适于作为长距离的通信方式。无线通信以无线电波为媒介,无线电波一般是指波长从 0.75 mm 到 100000 m 的电磁波。根据电磁波传播的特性,无线电波可分为超长波、长波、中波、短波及超短波、微波等不同波段。

过去我国的防汛通信主要依靠有线通信,大多使用邮电部门的通信线路。近年来,水利防汛的无线通信网迅速发展,水利部利用电力微波、水利微波,以及一点多址、移动通信和卫星通信,已组成全国重点防洪地区通信网。各地也相继建立起了局部的专用防汛通信网、无线通信网,有些城市还建立了移动式的专用通信网。这些水利系统专业通信网,在历年防洪抢险中发挥着重要作用。

第四节　防洪减灾信息技术

一、遥感技术

遥感(Remote Sensing,RS)是20世纪60年代以来蓬勃发展起来的一门新兴的综合性探测技术。该技术是利用装在飞机或人造卫星等运载工具上的传感器获取地表的图像或光谱数据,并通过对图像与光谱数据的处理和判读,达到鉴别地表物体及其性质的目的。

遥感的主要特点:视域广阔,观测面积大;可重复观测;获取图像、数据和处理过程迅速;具有多种工作波段;不受地理条件限制等。因此,在防洪减灾方面,遥感技术的优势和成效尤为突出。其中应用最为广泛、最为成功的遥感技术是气象卫星云图。该技术已成为当今水利部门进行水情、雨情预报和防汛决策调度的重要依据。由于技术不受时间、地点和恶劣气候影响,能快速跟踪监测洪水,提供各种不同比例尺的遥感图像,因而能满足防洪决策部门随时获知洪水信息及做好抗洪救灾工作的需要。根据遥感资料,可以掌握洪水淹没范围和确定灾情,有助于正确估算洪水灾害损失,从而为国家采取必要的救灾措施提供重要的科学依据。

二、地理信息系统

地理信息系统(Geographic Information System,GIS)是指以地理空间数据库为基础,在计算机软件和硬件的支持下,运用系统工程和信息科学的理论,对具有空间内涵的相关地理数据进行采集、管理、操作、分析、模拟和显示,并采用地理模型分析法,适时提供规划、管理、决策和研究所需的多种空间动态地理信息,为地理研究和地理决策服务而建立起来的计算机技术系统。该技术系统是一门介于信息科学、计算机科学、现代地理学、测绘遥感学、空间科学、环境科学和管理科学之间的新兴边缘学科,目前已迅速形成一门融上述各学科及各类应用对象为一体的综合性高新技术。由于地球是人类赖以生存的基础,因此GIS将成为数字地球的基础,与人类的生存、发展和进步密切相关。

在防洪减灾方面的应用,主要是根据遥感技术分析与处理灾情的相关信息,为防洪减灾决策提供理想的信息支持。如中国科学院资源与环境系统国家重点实验室,用GIS研究开发的洪水预测和灾情信息系统以及黄河三角洲区域信息系统;长江水利委员会开发的《南水北调中线工程GIS地形数据库》《长江干堤加固工程管理信息系统》《长江中下游堤防工程地质信息系统》等,均为这方面的应用范例。

三、全球卫星定位系统

全球卫星定位系统(Global Positioning System,GPS)由美国国防部于1993年研究建成。

最初设计建造的目的是用于军事领域。由于 GPS 系统以"多星、高轨、高频、测时—测距"为体制,以高精度的原子钟为核心,具有全球覆盖,导航定位精度高、速度快、隐蔽性好、抗干扰能力强、容纳用户多等特点,现已广泛用于工程测绘、交通、海洋、地质、水利、电力、港建、石油等领域。

GPS 现已广泛应用于我国的水利工程建设和防洪减灾事业。如长江流域,在流域水资源监测与开发,洪水监测预报,水库库区移民标界测量,库区滑坡崩岸监测,河道地形观测,河道险工险段监测,以及湖泊水域、护岸工程、大坝安全、泥石流滑坡预警监测等方面得到广泛应用。

除美国的 GPS 外,近年来,世界上一些其他国家和地区,也开始建立或规划建设自己的卫星定位系统,如俄罗斯的 GLONASS 计划、欧洲的 GALLEO 计划,以及我国自主建立的北斗导航系统等。

四、3S 集成系统

3S 集成系统即指遥感(RS)、地理信息系统(GIS)及全球卫星定位系统(GPS)3 个技术系统的联合与运用。这 3 个空间信息处理技术系统,除可以独立完成自身的功能外,还日益显示出彼此相互依赖、相互需要、相互支持的发展趋势。在实际应用中,很多空间领域所要解决的问题,常常需要 3 个系统联合应用,即从遥感技术中获取信息,由全球卫星定位系统进行定位、定向及导航,由地理信息系统进行分析处理,并提供各种图像,最终提出决策实施方案。简单来说,在 3S 系统中,GIS 相当于中枢神经,RS 相当于传感器,GPS 相当于定位器,三者的联合应用将使人们感受到地球的实时变化。

在防洪减灾方面,3S 集成系统联合应用相关遥感数据,在 GIS 的支持下,结合 GPS 定位与导航,进行遥感图像处理,解决水体识别、云影消除、洪水演进监测与分析、行洪障碍调查、淹没损失评估等问题。如 1991 年在太湖领域,1993 年在黄河下游,1994 年在福建和广东等地,利用 3S 集成技术分别进行了洪水灾害应急反应的实际应用。

上面介绍的遥感、地理信息系统和全球卫星定位系统,是已日臻成熟的 3 项空间信息技术。毫无疑问的是,防洪减灾研究离不开空间信息技术的支持。在防洪减灾过程中,涉及信息的采集、信息的存储与管理以及信息的应用 3 个方面的内容,空间信息技术则可以发挥其重要作用。在这三项技术中,遥感技术是对地观测的主要技术,因而是防汛信息采集的重要途径;地理信息系统是防洪减灾各类信息存储、管理和分析的强有力工具;而以 GPS 为代表的卫星空间定位方法,则是获取防汛信息空间位置的必不可少的手段。近年来,以 RS、GIS 和 GPS 为支撑的空间信息技术,在防洪减灾领域得到越来越广泛的应用,随着信息时代的到来,这些技术必将成为防洪减灾现代化建设的重要支撑和解决防洪减灾问题必不可少的工具。

五、防洪决策支持系统

决策支持系统(Decision Support System,DSS)是一种以现代信息技术为手段,综合运用计算机技术、管理科学、经济数学、人工智能技术等多种科学知识,针对某种类型的决策问题,通过提供背景材料、协助明确问题、修改完善模型、列举可能方案等方式,帮助决策者快速做出最佳决策的人机交互式系统。

防洪决策支持系统(Flood Control Decision Support System,FCDSS)是为了实现防汛工作规范化、现代化,提高洪水预报时效和精度,快速而科学地进行防汛指挥和防洪调度决策自动化,而专门设计开发的动态交互式计算机信息系统。该系统一般由信息输入、信息服务、汛情监视、洪水预报、防洪调度、灾情评估等子系统组成。其结构一般为:人机界面层、应用层、信息支持层和基层数据支撑等层面。应用层包括方法库、模型库、知识库、图形库等防洪工作的具体业务;信息支撑层一般包括水情、雨情、工情、灾情等数据库;决策辅助人员通过人机接口和应用层交互,利用系统应用层和信息支撑层的众多分析、计算功能,完成防洪决策过程中各个阶段、各个工作环节的信息查询和分析计算。按照我国现有的防汛组织体系,防汛组织可分为中央级、流域级、省(区、市)级和地市级,各级之间通过通信和计算机网络相互连接。例如,长江防洪决策支持系统,黄河防洪、防凌决策支持系统等。

六、水文遥测法

水文遥测系统是一种数字式遥测系统。该系统应用遥测、电子计算机和通信等技术,完成江河流域内降雨量、水位、流量、含沙量和水利工程运用等相关参数的实时自动采集、传输和处理,以实现防洪、供水、发电等优化调度,提高江河防洪能力和水资源利用效益(图8.2)。

图8.2 水库水文遥测终端

遥测系统一般由若干个水情、雨情遥测站和中心站组成。遥测站进行数据采集和发送;中心站则进行数据接收和处理。有些地方若受地形等条件影响时,还需在遥测站和中心站之间增设中继站。

水文遥测系统的工作方式有自报式、应答式和混合式3种。自报式遥测站按照规定的时间间隔或在被测的水文要素发生一个规定增量(如水位涨或落1 cm)时,自动向中心站发送水文数据,中心站的数据接收设备始终处于工作状态。应答式遥测系统由中心站发出指令,定时或不定时地呼叫遥测站,遥测站响应中心站的查询,实时采集水文气象数据并发送给中心站,中心站收集完所有数据后,即进行处理、存储。混合式遥测系统是由自报式遥测站和应答式遥测站混合组成的系统,有自报式和应答式两种功能。

在上述 3 种遥测系统中,自报式遥测系统设备简单,可靠性高,电源功耗和系统造价较低;应答式遥测系统具有通话功能,便于人工控制,但设备较为复杂,与自报式遥测系统相比可靠性稍低,功耗和造价较大;混合式遥测系统则介于两者之间。

在水文遥测系统中,数据的处理与传递包括两个方面的内容,即系统数据处理和水情、雨情等情报的分发与传递。系统数据处理过程是指本系统遥测站采集、传输来的数据,以及通过电话电报传输来的其他水文数据,进入中心站计算机进行加工处理,提供预报和其他水文成果的整个过程。

系统内各遥测站的水情、雨情,经中心站接收后再进行数据处理,生成各种根据用户要求编制的文件和图表后,有的通过计算机联网传递,而大多数情况下,则是利用通用或专用的通信方式(如有线电话、短波、微波、超短波、卫星等)予以分发和传递。

第五节　洪水保险和防洪基金

一、洪水保险

(一)洪水保险的概念

洪水保险是指投保人向承保人(保险公司)缴纳保险费,一旦投保人在保险期内因洪水灾害蒙受损失,承保人应按既定契约予以经济赔偿。

(二)洪水保险的意义

①在较大范围内分摊了洪水造成的损失。洪水发生的时间和地点具有不确定性,今年可能这个地区发生洪水,明年可能那个地区发生洪水,因此,在全体可能遭受洪水灾害的地区分摊洪灾损失是合理和必要的。

②体现了国家对洪泛平原进行合理开发的政策导向。在洪泛平原的开发与管理中发挥保险的功能优势,可以有效控制洪泛区内经济的盲目发展并降低洪灾损失。如果单纯限制洪泛区的发展,实施起来阻力较大,运用洪水保险作为经济杠杆来调整和控制洪泛区的经济发展,实施有关洪泛区的管理法规是一种更有效的办法。

③能增强公民的防洪减灾意识。广大居民和单位参加了洪水保险,每年要缴纳保险费,这无疑有利于人们增强防洪意识、树立经常性的防灾观念,这种经济手段比"行政命令"和"政治动员"更有效。

④有利于灾区灾后重建和快速恢复正常的生产和生活。灾民在灾后能迅速得到一笔经济赔偿,这可以贴补国家救灾经费的不足,有利于快速恢复生产、重建家园。

(三)洪水保险的方式

洪水保险的方式主要有两种:一种是法定保险,又称强制保险,即依据国家相关法律、法令而实施的保险;另一种是自愿保险,即由保险双方当事人在自愿的基础上协商、订立保险合同而成立的保险。或者分为四类,即通用型洪水保险、定向型洪水保险、集资型洪水保险和强制性全国洪水保险。显然在这种分类方法中,前三类具有自愿性质,而第四类则具有法定意义。我国现阶段洪水保险机制主要有单保、代办和共保 3 种模式。

①单保:即由保险公司独立承担全部风险,办理洪水保险业务,由水利、防汛部门提供洪水风险范围和受损概率等资料。

②代办:即由保险公司代为办理保险业务,所有风险由当地洪水保险基金管理部门承担,保险公司只收取一部分手续费。

③共保:即水利、防汛部门和保险公司合作,利润共享,风险共担。

近年来,也有专家学者倡议成立国家洪水保险公司,独立开展洪水保险业务。洪水保险公司要把保险业务的开展和防洪工程建设直接结合起来,既起到保险公司的经济作用,又要不断研究和制订防洪减灾所需的各种政策与法律规范文件,为国家的决策提供科学依据。

我国于 1949 年建立保险公司,但作为防洪非工程措施的洪水保险,直到 1986 年才在安徽省淮河中游南润段行洪区开始试点,试办 3 年后因未行洪而停止。我国的洪水保险业务起步不久、经验不多。目前需要各级领导的重视和全社会的支持,通过广泛地开展宣传,提高人们对洪水保险的认识,需要政府策动、政策诱导和加强科学研究,以尽快探索出适合我国国情的洪水保险机制,使其为中国的防洪减灾事业服务。

二、防洪基金

(一)防洪基金的概念

防洪基金是指各级政府专拨的防洪经费和向防洪受益区内从事生产经营活动的工商企业、集体与个人征收的由特定机构或组织管理的专用资金。该项资金主要用于防洪工程的运行管理、维修加固,救灾善后,以及新建防洪工程或实施新的防洪措施等方面。防洪基金的设立不是以营利为目的,而是用于发展防洪事业。

(二)防洪基金的性质

防洪基金取之于民、用之于民。该基金是依据国家相关法律法规设立,由国家水利部门主管而专门用于防洪事业的资金。征收防洪基金的主要目的:弥补国家防洪事业经费的不足,加强防洪建设和洪灾救助与补偿,能更好地为社会和经济可持续发展服务。因此,缴纳防洪基金是公民应尽的防洪责任和义务。

(三)防洪基金的作用

防洪基金的作用:支付防洪工程管理和维修加固费用;修建新的防洪工程或实施新的防洪措施;赔偿蓄滞洪区的分洪损失及其他地区的洪灾救助。此外,通过征收防洪基金,还可增强人们的水患意识与防洪观念。

(四)防洪基金征收的原则、范围和标准

征收防洪基金的基本原则是"谁受益,谁出资;多受益,多出资"。防洪基金的征收范围有两种:一种是按受益和非受益分,如以某河流、某堤段所保护的受益地区划分范围;另一种则是不论受益与否,均需缴纳防洪基金,按行政区域进行征收。前者公平、合理,既符合"水利为社会,社会办水利"的水利发展要求,又符合经济发展规律;而后者则具有一定的强制性。

防洪基金的征收标准从原则上讲,主要是依据一定时期内某一地区防洪建设的资金需要量来确定的。在具体制定征收标准时应考虑以下因素:征收范围内实际获得的防洪经济效益的大小;保护区内防洪标准的高低;当地经济发展水平和居民的承受能力等。

(五)防洪基金的使用与管理

防洪基金的使用应立足长远,除了主要用于巩固防洪工程和发展防洪事业,随着基金的滚动增加,还可根据防洪救灾发展需要参与洪水保险,即将防洪基金用于支付防洪保险金,使防洪、抗洪与灾后救济,工程措施与非工程措施实现互补。

防洪基金的管理要责、权、利明确,以保持基金连续增值,充分发挥基金的作用。因此,开征基金的地区应成立相应的管理机构。根据防洪工程的特点,防洪基金可以按流域、省、市、地、县分级管理,国家设立基金管理委员会(下设各级分会)。基金管理委员会由国家水利、财政、工商、税务、银行、保险等部门成员组成,负责基金的日常工作,包括征收基金的相关政策、制度的制定和基金的筹集、审查、监督基金的分配与使用等。

三、洪水保险与防洪基金的关系

洪水保险基金与防洪基金之间既有联系又有区别。下面分别从两者的定义、征收对象以及各自的作用3个方面进行说明。

(一)从两者的定义看

洪水保险是易遭受洪灾地区的群众居安思危、互助自救、对洪灾后果谋求妥善解决的一种防洪非工程措施。从时间关系上看,洪水保险基金是群众在未遭受洪灾年份积累一定的保险金,以供遭灾年份灾后补贴生活、恢复生产所用;从空间关系上看,是用未遭受洪灾地区的保险基金来补偿受灾地区的洪灾损失。这样从时空两个方面在整体上达到安定社会、稳定经济的目的。而防洪基金则是指各级政府专拨的防洪经费及定期向防洪受益地区从事生产经营活动的集体或个人征收的防洪费用。

(二)从征收的对象看

实行洪水保险与征收防洪基金的对象并没有明确的划分。但一般来说,洪水保险对象可分为两类:一类是计划的蓄滞洪区,洪水达到规定标准时就要牺牲局部保全大局,这些地区必须参加强制性洪水保险;凡是属于因为蓄滞洪水而遭受不同损失区域内的企、事业单位的固定资产和个人财产,均应列为法定的保险对象,对这些地区具有法律强制性和约束性。另一类是洪水危险区,这些地区所在的位置低于洪水位,或者有防洪工程,但工程防洪标准低,洪水超过一定标准就可能淹没受损。

征收防洪基金也可分为两类:一类是防洪工程标准较低的地区,这些地区在一定程度上受到了防洪工程的保护,同时又易遭受洪水威胁,所以该地区的单位及个人除须参加洪水保险外,还应缴纳一定的防洪保护费用。另一类是防洪工程标准较高的地区,当防洪受益区的防洪标准达到一定水平时,这些地区的居住者对洪水灾害往往缺乏危机感,并且这些地区往往不是强制性洪水保险的对象,缺乏参加洪水保险的自觉性。此外,这类地区一旦出现防洪工程不能抗御的洪水,其受灾范围之广、损失之大,不是生产自救能够解决的,政府不得不进行巨额财政补贴。因此,这类地区应该被列为法定的防洪保护费用征收对象。

(三)从各自的作用看

洪水保险基金主要用于洪灾发生后补偿投保人恢复生产和生活的费用,减轻国家抗洪救灾的财力负担,促进防灾减损工作及洪泛区的统一规划管理。防洪基金则主要用来支付防洪工程运行管理费用和维修加固费用;修建新的防洪工程或实施新的防洪措施,提高防护区的防洪标准;部分赔偿蓄滞洪区的分洪损失;当发生防洪工程无法防御的洪水后还可用来补助受灾群众、恢复生产和生活。

综上所述,防洪基金与洪水保险基金互不相同,互为补充,收取防洪基金可在一定程度上弥补洪水保险存在的缺陷。在规划的蓄滞洪区和没有防洪工程保护的区域,推行强制性洪水保险比较合适。对有防洪工程但其防洪标准较低的地区,既应推行强制性洪水保险,又应征收防洪基金;对防洪工程达到较高防洪标准的地区,征收防洪基金较为适宜。

2024年贵州
灾后重建

第六节　善后救灾与灾后重建

在洪水发生前,社会各相关部门要未雨绸缪,从思想、组织到料物、技术等方面精心准备;在洪水到来和洪灾即将发生时,采取一切可能的措施,全力抗洪,奋勇抢险,制止洪水灾害的发生或将灾害损失降至最低。

洪灾发生后,各级政府要迅速动员一切社会力量,救助和安置灾民,帮助灾区修复水毁设施,恢复生产、重建家园。多年来,党和各级政府高度重视抗灾、救灾工作,不仅帮助灾区尽快度过灾情,避免了灾后出现灾荒的景象,而且大大减轻了洪水灾害损失,充分显示了社会主义制度的优越性。现将我国善后救灾与灾后重建工作简要介绍如下:

(一)善后救灾

历史上灾荒种类繁多,史载的救灾办法主要有:养恤,即临时紧急救济,如施粥等;调粟,即把粮食调入灾区,或迁灾民到外地就食;赈济,发放救济粮款,或以工代赈。这些办法都是以临时救济为主。

我国多年来的救灾工作总方针是"依靠群众,依靠集体,生产自救,互助互济,辅之以国家必要的救济与扶持"。这个救灾方针的基本精神是:坚持生产自救,通过恢复和发展灾区的生产,克服自然灾害带来的困难。善后救灾工作的主要任务是,转移安置灾民和安排好灾民的生活。

1. 转移安置灾民

水灾发生后,首要任务是转移安置灾民。这项工作的一般做法是:

①动员灾民就近投亲靠友,无可投奔者集体安置。

②遵循由近及远的原则,尽量就近安置。

③动员灾民自愿离开危险地点,对不听劝告者,要采取强制措施。

④发挥当地干部的作用,做好物资发放、医疗卫生、治安保卫等各项工作。

⑤做好灾民的接待、安置工作。

2. 安排灾民生活

群众灾后的基本生活是衣、食、住、医。为了妥善安排受灾地区的群众生活,国家每年都在财政预算和物资供应方面拨出巨款用于灾民紧急救济,以解决他们的吃饭、穿衣、住房和治病困难。国家的救灾款物既是帮助灾区人民渡过灾荒的物质条件,又是鼓舞灾民稳定情绪和恢复生产的精神力量。

国家对救灾款物的发放和管理,要求严格掌握专款专用、专物专用和重点使用的原则,以保证灾区人民都有饭吃、有衣穿、有房住,不致冻死、饿死,没有大的疫病流行,不出现大批灾民外流,人心稳定,社会秩序井然。

关于救灾款物的发放办法,一般是采取民主评议,领导审查,政府批准,张榜公布,落实到户等一系列程序。严格杜绝贪污挪用、惠亲厚友的不良弊端,保证把救灾款物发放给确实需要救济的困难户。

(二)灾后重建

灾后重建工作主要包括帮助灾民恢复生产、重建家园和修复水毁工程设施两个方面。

1. 帮助灾民恢复生产、重建家园

当洪水消退,善后安置工作告一段落后,要立即组织灾区群众恢复生产,开展生产自救工作。灾区恢复生产是多方面的,其中农业生产的恢复最为重要。实践经验证明,灾区恢复最能奏效的办法莫过于组织灾民开展生产自救,尽快恢复农业生产。只要在灾区进行耕种,不仅可以减轻灾情和缩短灾期,而且更有利于增强抗灾信心,减少发生灾荒和外流现象。恢复农业生产主要包括:

①疏通沟渠、排除积水;

②保护畜力,安排好牲畜的饲料供应与喂养;

③做好种子、化肥的调运与供应工作等。

洪灾发生后,灾区房屋尽毁,灾民财物尽失。在重建家园中,首先要解决的是灾民的住房问题。住房的修复、重建通常是因陋就简,先临时后永久。建房资金要多渠道、多层次筹集,如国家补一点,灾民拿一点,亲友帮一点,集体筹一点,政策优惠一点等,要确保入冬前灾区人民全部搬进过冬住房。

2. 修复水毁工程设施

洪水灾害的破坏性强,摧毁力大,每次暴发洪水特别是大洪水后,通常会出现一些水毁工程的现象,原有工程的效能遭受破坏。例如,水利工程被冲毁,防洪工程失效,交通路桥、供水供电系统、邮电设施被破坏等。因此,每次洪水灾害过后,各类水毁工程都要按所属系统,负责进行修复或重建。

国家历来很重视防洪工程设施的修复或重建。每年除防汛事业费外,中央政府还列有防御特大洪水专项经费,用于补助特大洪水的抢险、堵口、复堤等项目。遇洪水灾害比较严重的年份,国家还特别采取以工代赈和加大水利投资等特殊政策,以加快水毁水利工程的复建速度。

第九章 防汛抢险

【学习任务】

了解堵口技术。掌握江河防汛工作;掌握险情类型及产生的原因;掌握河道整治工程及建筑物抢险知识。

【课程导入】

防汛是指在汛期掌握水情变化和工程状况,做好水量调度和加强建筑物及其下游安全度汛工作;抢险是指建筑物出现险情时,为避免失事而进行的紧急抢护工作。防汛抢险的主要目的是保护人民生命安全、减少经济损失、维护社会稳定和自然环境;防汛抢险的原则是以人为本。党的二十大报告提出:"坚持以人民为中心的发展思想。维护人民根本利益,增进民生福祉,不断实现发展为了人民、发展依靠人民、发展成果由人民共享,让现代化建设成果更多更公平惠及全体人民。"

防汛应急小知识　　暴雨防汛小知识

第一节　江河防汛工作

防汛是为了防止或减轻洪水灾害,在汛期进行的防御洪水工作。其目的是保证水库、堤防、涵闸等防洪工程设施的正常运用和防洪区人民生命财产的安全。防汛是人类与洪水进行搏斗的一项社会性活动。在我国,"任何单位和个人都有保护防洪工程设施和依法参加防汛抗洪的义务"。

一、防汛方针和任务

(一)防汛方针

防汛方针是根据各个时期国家经济状况、防洪工程建设情况和防洪任务的要求提出的。现阶段的防汛工作方针是:"安全第一,常备不懈,以防为主,全力抢险。"防患于未然,把各种险情消灭在萌芽阶段。对出现超标准洪水或严重险情,要本着"有限保证、无限负责"的精神,积极防守,力争把灾害降到最低限度。

目前,我国的防汛工作已进入新阶段,江河防洪工程体系基本形成,防洪非工程措施建设已见成效,蓄滞洪区的安全建设逐步展开,对各种类型的洪水制订了相应的防御方案,各级防汛组织机构与责任制度已建立起来,因而当前防汛方针的制订,是在总结多年的实践经验和立足现实的基础上提出的。

(二)防汛任务

防汛的基本任务是:组织动员社会各方面的力量,积极采取有力的防御措施,充分发挥各类防洪工程设施的效能,严加防守,确保重点,最大限度地防止洪水灾害的影响,减少损失。为此需要做好许多方面的工作,主要包括:

①宣传教育工作,提高广大群众的防汛抗灾意识。

②组织动员工作,组建防汛抢险队伍。

③物资准备工作,储备充足的抢险器材和物料。

④检查落实工作,确保各项防洪工程设施完好和正常运行。

⑤制订防御洪水预案,优选洪水调度方案和防汛抢险方案。

⑥开展洪水预报、警报和汛情通报工作,及时掌握水情、雨情、工情和灾情,确保通信畅通和各项防汛信息的上传下达。

防汛是一项艰巨而长期的任务,各级防汛部门要常备不懈,克服麻痹侥幸思想,应立足于防大汛、抢大险,针对当地的地理环境、气候特征、工程设施以及社会经济条件,确定具体的防汛任务。

二、防汛组织

防汛抗洪工作实行各级人民政府行政首长负责制,统一指挥、分级分部门负责。

(一)国家防汛指挥机构

国务院设立国家防汛抗旱总指挥部,负责领导、组织全国的防汛抗旱工作,其办事机构设在国家应急管理部(图9.1)。

(二)流域防汛指挥机构

重要江河、湖泊管理机构设立的防汛抗旱(总)指挥部,其成员由相关省、自治区、直辖市人民政府和相关江河、湖泊的流域管理机构负责人组成,代理国家防汛抗旱总指挥部指挥所管辖范围内的防汛抗旱工作,其办事机构设在流域管理机构。

(三)地方防汛指挥机构

县级以上地方人民政府设立的防汛抗旱指挥部,在上级防汛抗旱指挥部和本级人民政府的领导下,负责指挥本地区的防汛抗洪工作。

当江河、湖泊的水情接近保证水位,水库水位接近设计洪水位,或防洪工程设施发生重大险情时,相关县级以上人民政府防汛指挥机构可以宣布进入紧急防汛期。在紧急防汛期,防汛指挥机构根据防汛抗洪的需要,有权在其管辖范围内调用物资、设备、交通运输工具和人力,决定采取占地取土、林木砍伐、阻水障碍物清除和其他必要的紧急措施;必要时,公安、交通等相关部门按照防汛指挥机构的决定,依法实施陆地和水面交通管制。

防汛抗洪工作是全社会的大事,除上述主管防汛指挥机构外,电力、交通、气象、邮电、通信、财政、商务、卫生、公安和部队等部门的主要领导,都要参加防汛指挥部的工作,积极配合主管部门,协同抗洪。图9.1为全国防汛抗旱组织体系简图。

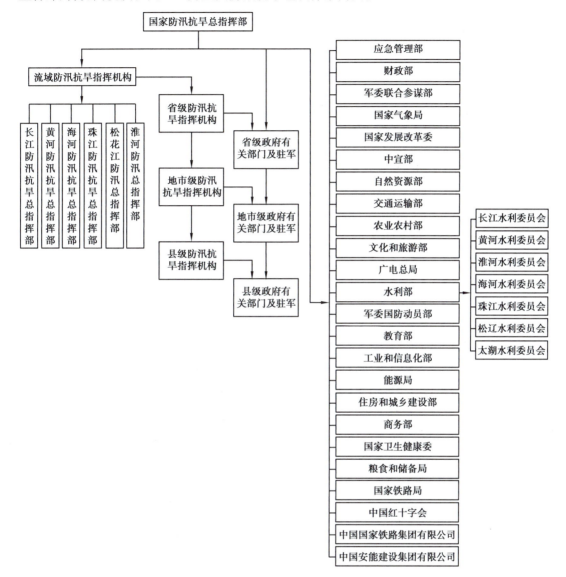

图9.1　全国防汛抗旱组织体系框架图

三、防汛责任制

防汛工作责任重大,必须建立和健全各种防汛责任制,实现防汛工作正规化和规范化,做到各项工作紧张有序,各司其职,各负其责。防汛责任制包括以下几个方面。

1.行政首长负责制

行政首长负责制是各种防汛责任制的核心,是取得防汛抗洪胜利的重要保证。防汛抢险需要动员和调动各部门、各方面的力量,党、政、军、民齐上阵,发挥各自的职能优势,同心协力共同完成。因此,只有实行防汛行政首长负责制,政府主要负责人亲自主持防汛指挥机构工作,坐镇指挥防汛抢险工作,才能确保防汛抗洪的全面胜利。

2. 分级责任制

根据水库、堤防、闸坝所在地区、工程等级和重要程度等,确定省、市、地、县、乡、镇分级管理运用、指挥调度的权限和责任。在统一领导下,实行分级管理、分级调度、分级负责的原则。

3. 分包责任制

为了确保防洪工程和重要堤段的防洪安全,各级行政负责人和防汛指挥部领导成员实行分包责任制,责任到人,有利于防汛抢险工作的开展。

4. 岗位责任制

管好用好防洪工程的关键在于充分调动工程管理单位职工的积极性。因此,管理单位各业务处室和管理人员,以及护堤员、防汛工、抢险队等,必须制定相应的岗位责任制,明确任务和要求,定岗、定责,落实到人,同时,必须定期检查、考评,发现问题及时纠正,以确保圆满完成岗位任务。

5. 技术责任制

为充分发挥技术人员的专长,在防汛抢险工作中,凡是涉及评价工程抗洪能力、确定预报数据、制订调度方案、采取抢险措施等相关技术问题,均应由专业技术人员负责,建立技术责任制。关系重大的技术问题,要组织相当技术级别的人员集体咨询与决策,以防失误。

6. 值班工作制

为了随时掌握汛情和险情,防汛指挥机构应建立防汛值班制度,加强上、下联系,多方协调,充分发挥中枢作用。汛期值班的主要责任是:及时掌握汛情;按时请示报告,跟踪掌握各地发生的险情及其处理情况,做好重大险情的值班记录,注意保密,严格执行交接班制度与手续等。

四、防汛队伍

历史的防汛经验告诉我们:"河防在堤,守堤在人,有堤无人,如同无堤。"因此,每年汛前必须组织好一支"召之即来,来之能战,战之必胜"的防汛队伍。各地防汛队伍名称不同,基本上可分为以下几类。

1. 专业队

专业队是防汛抢险的技术骨干力量,由堤防、水库、闸坝等工程管理单位的管理人员组成。平时根据掌握的工情、险情情况,做好出险时的抢险准备。进入汛期后,投入防守岗位,密切注视汛情,加强检查观测,发现险情及时带领群众组织队伍防守。专业队要不断学习工程管理维护知识和防汛抢险技术。

2. 常备队

常备队是防汛抢险的基本力量,是群众性防汛队伍,人数较多,由沿河两岸和闸坝、水库工程周围的乡、村、城镇居民中的民兵或青壮年组成。其成员在汛前要登记造册,编成班组,做到"思想、工具、物料、抢险技术"四落实。汛期按各种规定的防守水位,分批组织出动。

3. 预备队

预备队是防汛的后备力量,当遇到较大洪水或紧急抢险需要时,及时出动以补充防守力量。人员条件和来源范围更宽些,必要时可扩大到距离河道、水库、闸坝等较远的县、乡和城镇,但要落实到户和人。

4.抢险队

抢险队是防汛的技术协助力量,由群众防汛队伍中有抢险经验的人员组成。哪里出险就奔向哪里,配合专业队投入抢险。这支队伍动作迅速,组织严密,服从命令听指挥,经过一定的技术培训,掌握了基本的抢险技能。

5.机动队

机动队的任务是承担主要江河堤段和重点工程的紧急抢护。由训练有素、技术熟练的青壮年组成,配备必要的交通运输和施工机械设备。机动抢险队人员相对稳定,平时结合工程管养,学习提高技术,参加培训和实践演习。在一些地方,机动队就是专业队。

除上述防汛队伍外,还要实行军民联防。人民解放军、人民武装警察是防汛抢险的突击力量,是取得防汛抗洪胜利的主力军。汛前防汛指挥机构要主动与当地驻军联系,通报防汛形势、防御方案和防洪工程情况,明确部队的防守任务。

第二节 险情类型及产生的原因

一、漫溢

当堤坝防洪标准过低或遇到超标准的特大洪水时,因河水猛涨,堤坝加高培厚不及时,洪水漫越堤坝顶部,称为漫溢。漫溢也可能由堤坝局部地段塌陷等险情和风暴潮袭击所致。

漫溢将直接导致堤防溃决。例如,1855—1938年,黄河山东段堤防共决口424处,其中漫溢184处。1931年,长江大水,沿线堤决17处,多为漫溢,淹死18万人。1975年8月,淮河上游发生特大暴雨,造成板桥、石漫滩两座大型水库大坝漫溢失事,损失惨重。

二、冲决

堤身临近河岸,汛期可能因大溜顶冲随河岸的坍塌而失事,称为冲决。冲决多发生在弯道水流的凹岸一侧,此处受水流顶冲和横向弯道环流作用较强,尤其是凹岸弯顶稍下部位,汛期通常是重点防守的最危险的工段。对于游荡型河段,洪水时因河势变化迅速,有时会出现横河或斜河,水流直冲堤岸,严重威胁堤防安全。另外,河流上游大型水库的兴建,使出库水流的含沙量锐减,引起下游河道重新造床,也会使河势和溜势发生剧变,引起冲滩塌岸,危及堤防安全。岸、滩、堤是唇齿相依的关系,汛期只有护住岸,才能守住滩,固住堤,要改变过去"只守堤、不守滩"的防洪对策。

受主流顶冲严重的险工段,也常因水位的变化或上下游河势的变化而变迁。这种变迁很难预料。因此,防汛抢险机构除加强对堤防险情巡查外,对河势的变化也应予以高度重视,保持大量的防冲抢险材料在手,以备不测。

三、溃决

堤坝本身和基础隐患是造成汛期高水位时堤坝产生渗漏、管涌、沉陷、滑坡等险情的主要原因。如果抢险不及时或抢护方法不当，便会发生猝不及防的堤坝塌陷而形成决口，称为溃决。

四、凌汛险情

我国淮河以北冬季结冰的河流，在开河解冻、冰块下泄的过程中，通常出现冰块聚集堵塞河道的现象，形成冰坝。冰坝壅高上游水位，可造成洪灾。据统计，黄河下游 1875—1937 年，有 27 年发生凌汛决口，决溢 74 处。特别是 1927—1937 年，几乎连年凌汛决口。1951 年和 1955 年，也因凌汛抢险不及而决口，淹没利津等县耕地 133 万亩，受灾人口达 26 万余人。

五、其他原因造成的险情

汛期地震也可能造成堤坝基础"液化"，堤坝断裂、沉陷、滑坡，甚至溃决等险情。山区地震或滑坡可能因山体崩塌、堵塞河道，导致堵坝溃决形成溃坝洪水。如 1933 年四川叠溪发生了 7.5 级地震，崩塌的山体堵塞了岷江。45 d 后，坝溃，水头高 60 余 m，洪泛千余公里，死亡 2 万余人。

除上述自然因素外，战争也可能导致洪水险情与灾害。人类历史上"水攻"战例颇多，我国战国时期曾出现了防水攻的专著，如《墨子·备水》等。1938 年，蒋介石下令扒开黄河花园口，企图以水代兵，阻止日军进攻，其结果淹没豫、皖、苏三省耕地 54000 km^2，淹死和病死、饿死人口达 89 万人。战争中，堤防、水库大坝、水闸等也通常是敌人的轰炸目标。因此，对于特别重要的堤防和大坝，在设计时应考虑战争造成的破坏因素和防御措施。

2024年洞庭湖堤防抢险

第三节　堤坝抢险

防汛抢险堪称是人与洪水"短兵相接"的战斗。抢险工作的成败，除做好组织领导工作外，熟悉堤坝特点、善于识别险情和采用正确的抢险技术措施，将起着决定性的作用。下面概括介绍堤防常发生的险情抢护技术，这些技术也适用于水库土坝险情的抢护。

一、防漫溢

防漫溢的方法不外乎"泄、蓄、分"3 种。"蓄"与"分"是指根据流域防洪规划设计的，在河道有可能出现超过其安全泄量的洪水时，充分发挥水库和分蓄洪工程的调蓄作用，或进行临时性的行洪、滞洪。1998 年，长江大洪水，特别是在战胜第四次和第六次洪峰的过程中，隔河岩水库、葛洲坝水利枢纽、丹江口水库对长江干流削峰错峰起着重要作用。"泄"是采取工程措施，扩大河道安全泄量。

汛期根据水情预报，当水位有超过当地堤顶高程的危险时，如果时间允许，可对原堤防加高培厚。例如,1954 年武汉市防汛总指挥部及时正确地分析了水文气象情报,前后决定对五期堤防加高加固,每期工程都赶在洪峰到来前完成,争取了抗洪的主动。如果防洪情况紧急,不允许将堤身普遍加高培厚时,为防止洪水漫溢,常采用在堤顶抢筑子堤的办法。1998 年长江中下游在许多堤段面临漫溢危险时,靠 1 ~ 2 m 高的子堤挡水避免了漫溢险情的发生。子堤有如图 9.2 所示的几种形式。

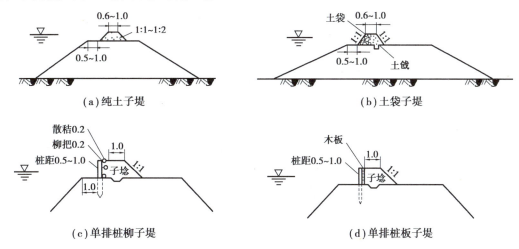

图 9.2　子堤示意图(单位: m)

纯土子堤适用于附近有合适土料或风浪较小的地方;而土袋子堤适用于附近土质不良或风浪较大的地方。当水即将漫堤或已漫溢之处,可用桩柳子堤或桩板子堤抢险;堤顶不宽,或附近取土困难时,还可在堤顶修筑相距约 1.0 m 的双排桩柳子堤或双排桩板子堤抢护,前后两排桩应相互错隔,并用铅丝交叉扣系。

二、散浸抢护

散浸出现清水者为渗,浊水者为漏。散浸是汛期堤防常见的严重险情,如果处理不及时或不当,发展成为脱坡、管涌等,便有产生溃堤决口的危险。抢护散浸的原则是外截内导。即采取措施,在堤防临水面截渗,在背水面导渗,以降低浸润线逸出点,减小堤内渗水压力,制止滑坡、管涌产生。

(一)临河截渗

在散浸严重堤段,若堤外溜缓,可倾倒黏土作前戗截渗,或用不透水的土工膜铺在外坡截渗。

黏土前戗两端应各超出散浸区 5 · 10 m,高出水面 0.5 ~ 1 0 m,戗台宽 3 ~ 5 m,戗底部以能盖住堤脚为度。筑戗前,应先清除坡面及坡脚处的杂草树木及其他杂物,以免影响截渗效果(图 9.3)。若溜急戗土易被冲走时,可用桩柳或土袋先在临水堤脚外 0.5 ~ 1.0 m 处修筑一道防冲墙,然后在防冲墙与堤间填土筑戗(图 9.4)。

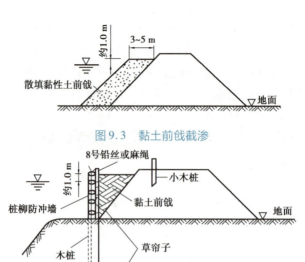

图 9.3　黏土前戗截渗

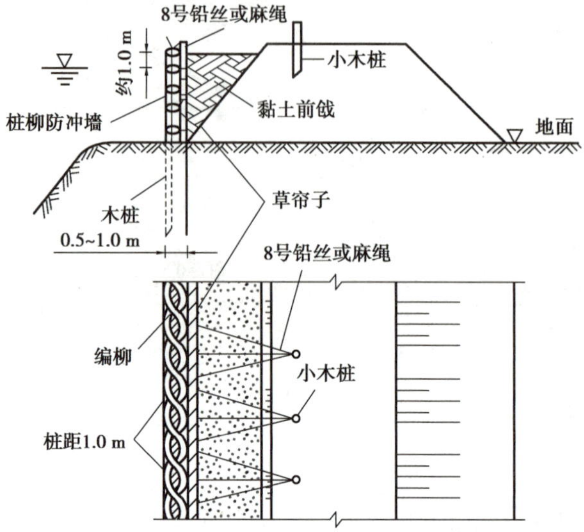

图 9.4　桩柳前戗截渗

用土工膜截渗简便、迅速。施工前先清理铺设范围内堤坡和堤脚附近地面杂草树木等，再铺土工膜。土工膜尺寸，以满铺堤坡为宜，下边伸入临水坡脚外 1.0 m，上边露出水面 0.5 ~ 1.0 m。膜幅间接缝，可预先粘接或焊好。铺设时，可将土工膜下边缘折叠粘牢成卷筒，插入 $\phi 4 ~ 5$ cm 的钢管，滚至坡下，展铺在坡面上，然后自下而上，满压一层土袋保护，同时可防波浪冲击堤坡（图 9.5）。为了对土工膜提供保护和增大其表面摩擦阻力，最好选用土工织物和土工膜的复合材料。

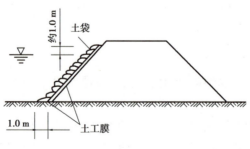

图 9.5　土工膜截渗

（二）背河导渗

在背河坡处理散浸，只能采取导渗措施，切忌采用封闭政策，否则将会导致浸润线抬高，从而加速险情恶化。对于大面积严重散浸，可在背河坡开沟导渗。对于局部严重散浸，可在背水坡脚做反滤层，使清水滤出，稳定险情。

1. 导渗沟

导渗沟布置形式有纵横沟、"Y"形沟和"人"字形沟等。沟上端从浸润线逸出点开始,下端至堤脚为止。沟的尺寸和间距视具体情况而定。对于容易滤水的土壤,沟的间距可大一些,一般每间隔 5～8 m 开一条沟,沟深 0.5～1.0 m,沟宽 0.5～0.8 m,沟底坡度与堤坡相同,沟内可填筑砂石料或芦柴捆、土工织物等滤水导渗材料(图 9.6)。为避免险情扩大,施工时可边开挖边回填反滤料。

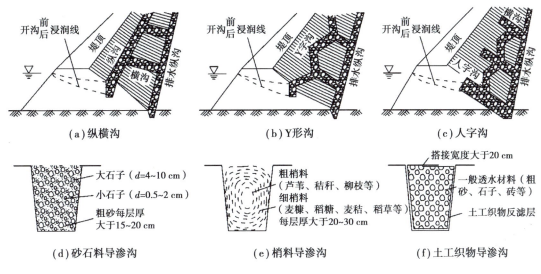

图 9.6　导渗沟

在使用砂石料导渗时,应按反滤层的级配要求,分层填放粗砂、小石子、大石子。每层厚度 15～20 cm,各滤层级配连续,要保证被保护的土壤颗粒不得从滤层中穿越。各滤层本身级配的不均匀系数应满足 $d_{60}/d_{10} \leqslant 5～10$;各相邻层间粒径级配应满足中值粒径 d_{50} 之比小于 10～15。为防止泥沙掉入导渗沟内阻塞渗水通道,可在导渗料面上覆盖草袋或土工织物等,然后适当压土袋或石块加以保护。

缺乏砂石料的地区,也可用芦苇或柴草代替。其做法是将芦柴捆成直径为 30～40 cm 的把子,外用稻草、麦秸或土工织物裹捆,不使芦柴与土壤直接接触。放入沟内时,芦柴根部向上,梢部向下,由沟下往上铺,接头处适当搭接好。梢料导渗沟上面铺块石或土袋压实(图 9.7)。用芦柴作导渗材料,简便易行,价格低廉,但芦柴易腐,汛后必须拆除翻修。

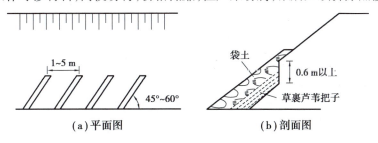

图 9.7　芦苇暗沟导渗

用土工织物作反滤材料时,应满足保土性、透水性和防堵性原则。为了防止被保护土流失而引起渗透变形,必须使土工织物的有效孔径和土的特征粒径满足以下要求:

$$O_{95} \leqslant nd_{85} \tag{9.1}$$

式中　O_{95}——土工织物的等效孔径，mm；

　　　d_{85}——被保护土的特征粒径，mm；

　　　n——与被保护土类型、级配、织物品种和状态有关的经验系数，可按表9.1规定采用。

表9.1　系数 n

被保护土细粒含量 （$d \leqslant 0.075$ mm）（%）	土的不均匀系数 或土工织物品种		n 值
≤50	$8 \geqslant C_u \geqslant 2$		1
	$4 \geqslant C_u \geqslant 2$		$0.5C_u$
	$8 \geqslant C_u \geqslant 4$		$8/C_u$
>50	有纺织物	$O_{95} \leqslant 0.3$ mm	1
	无纺织物		1.8

备注：①对有动力作用和水流往复的情况，不论保护何种土类，n 值应采用0.5。

　　　②C_u 为土的不均匀系数 $C_u = d_{60}/d_{10}$。

为了保证渗透水通畅排走，土工织物的透水性应符合下列条件：

$$k_g \geqslant Ak_s \tag{9.2}$$

式中　k_g，k_s——土工织物和被保护土的渗透系数，cm/s；

　　　A——系数，当被保护土级配良好，水力梯度低和预计不致发生淤堵时，$A=1$；当排水失效导致土结构破坏，修理费用高，水力梯度高，流态复杂时，$A=10$。

为了保证土工织物不致被细土粒淤堵失效，当被保护土级配良好，水力梯度低，流态稳定时，$O_{95} \geqslant 3d_{15}$；当被保护土具有分散性，水力梯度高，流态复杂，易管涌，渗透系数 $k_s \geqslant 10^{-5}$ cm/s 时，要求其孔径应符合以下条件：

$$GR \leqslant 3 \tag{9.3}$$

式中　GR——梯度比，即以现场土料制成的试样和拟选用的土工织物在进行淤堵试验中，水流垂直通过织物及其上面25 mm 厚土料时的水力梯度与通过在上面50 mm 厚土料时的水力梯度的比值；当被保护土的渗透系数 $k_s < 10^{-5}$ cm/s 时，应以现场土料进行长期淤堵试验，并观察其淤堵情况。

铺设时，土工织物应紧贴沟底和沟壁，沟内织物需露出一定高度，然后向沟内小心塞满一般透水材料，如粗砂、石子等。填料时应避免有棱角的材料刺破织物。当土工织物尺寸不足时，可以进行搭接，其搭接宽度不少于20 cm。在透水材料铺放好后，上面覆盖草袋等遮蔽材料，再压土保护，保护土层厚度不小于0.5 m。堤脚需设排水沟，将渗水排往远处。

2. 反滤层

反滤层根据所用的材料不同，可分为砂石反滤层、梢料反滤层和土工织物反滤层。

砂石反滤层的做法：先将散浸区面层软泥铲除，然后按图9.8所示的方法铺放反滤料。其质量要求与砂石导渗沟相同。

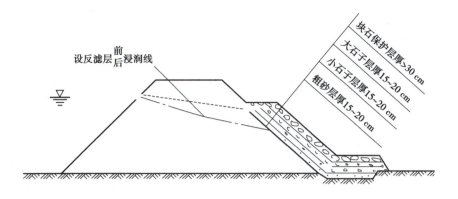

图9.8　砂石反滤层

梢料反滤层的做法较简单,先将渗水堤坡清理好后,铺一层麦糠或稻草、麦秸等细料,厚度不小于 10 cm,再铺一层苇草或秫秸、柳枝等粗料,厚度不小于 30～40 cm,最后压块石或土袋,或在梢料上直接盖草袋或土工织物等,再压 30～50 cm 厚的土层(图9.9)。

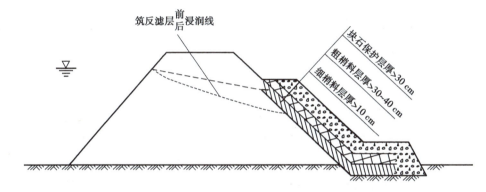

图9.9　梢料反滤层

土工织物反滤层的做法:先将渗水堤坡清理干净和平整后,再铺一层土工织物,其顶部超出渗水逸出点以上 0.5～1.0 m,然后再满铺一般透水材料,厚度不小于 40～50 cm,最后再压块石或土袋保护(图9.10)。土工织物搭接可用线缝,但不准穿钉鞋作业。

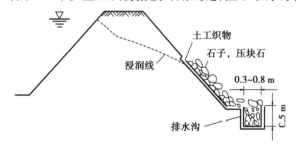

图9.10　土工织物反滤层

3.透水后戗(滤水压浸台)

如果堤身断面不足,背水坡较陡,土壤渗水饱和后有脱坡的危险时,应做透水后戗抢护。透水后戗可直接采用比堤身透水性大的砂土填筑,如图 9.11(a)所示,也可用层土层梢填筑,如图 9.11(b)所示。修筑后戗前,先将工程范围内堤脚和堤坡上的软泥、草木等清理干净,挖深约 10 cm,若填以砂土,可分层夯实。后戗一般高出渗水逸出点 0.5~1.0 m,长度宜超出浸润区两端各 5.0 m,顶宽只需补足土壤饱和后的稳定坡度即可,一般采用 2~4 m,戗坡度为 1:2~1:5,具体断面尺寸视填筑土料的透水性而定。若用层土层梢作戗,每层梢料厚度约为 30 cm,其做法同梢料反滤层。梢部向外,伸出戗身,在粗料上下各铺 5 cm 以上细料。每层滤料间填土夯实后,厚度为 1.0~1.5 m。

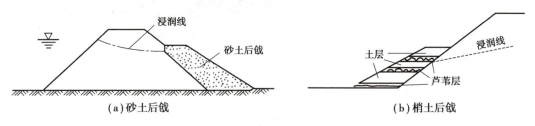

（a）砂土后戗　　　　　　　　　　（b）梢土后戗

图 9.11　透水后戗

三、脱坡抢护

汛期一旦发现堤身有脱坡迹象或已经脱坡时,必须不失时机地加以抢护。抢护原则是滤水还坡。即采取措施,消除渗水压力,恢复堤身的稳定性。抢护方法除以上介绍的抢护散浸法外,还有以下几种。

（一）滤水土撑

若脱坡不严重,但范围较大且取土困难时,可间隔修筑滤水土撑。修筑前,先将脱坡松土清除,削坡后开挖导渗沟,并填以滤料,然后在其上做好覆盖保护,再进行土筑土撑(图 9.12)。土撑可在已完成的导渗沟部分抢筑,并分层夯实至浸润逸出点以上 0.5~1.0 m 处,坡度 1:3~1:5,断面尺寸随堤情、水情和险情而定,一般顶宽 5~8 m,长约 10.0 m,间距 10~20 m。若堤脚基础不良,应先用块石或土袋固脚;坡脚靠近水塘处,可先用砂土或土袋填塘至渍水面以上 0.5~1.0 m。

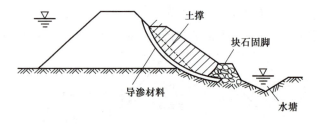

图 9.12　滤水土撑

（二）滤水还坡

凡采用反滤层结构恢复堤身断面的抢护方法,统称为滤水还坡法。其做法与防散浸相同,即清理脱坡软泥后,将滑坡处陡立的土坎削成斜坡,再按原堤身断面回填透水体,或者填铺反滤层材料。图 9.13 为各种形式的滤水还坡结构。

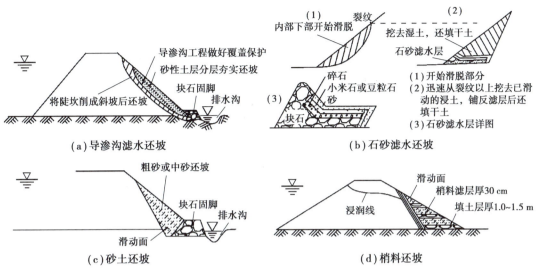

（a）导渗沟滤水还坡

（b）石砂滤水还坡

（c）砂土还坡

（d）梢料还坡

图9.13 滤水还坡示意图

（三）注意事项

①脱坡是堤防的一种非常严重的险情,如果处理不及时,其发展是很快的,这是造成堤防决口的常见原因之一。若此时堤基也饱和发软,堤坡滑脱时,可连基础一起出现深层滑动。在情况复杂而又紧急时,可考虑就地取材,临背同时抢护,或用多种方法抢护,以争取时间,达到迅速脱险的目的。

②堤坡开始滑脱时,堤的下部土壤已被水浸润饱和,承载能力和凝聚力已大大削弱。因此在滑动土体的中上部不能用加压的办法来阻止滑坡。如果企图通过在背水坡上过量堆土或压石块、加土袋等办法阻止滑坡,其结果只能是促成背水坡更快更大规模的滑脱,再无它用。为此要避免大批人员上堤践踏,填土还坡也不能过急和过量,以免超载,影响土坡稳定。

③在防止堤坡滑脱的抢护中,一般不能使用打桩法。因为打桩一方面会使土体震动,抗剪强度进一步降低,促使险情发展;另一方面,若堤外滩地较窄,或堤外有深塘,桩打至透水流砂层上,就可能顺桩向上涌水涌砂,产生难以收拾的大管漏。只有在堤的坡脚伸入池塘或湖沼,塘底有淤泥层,而其下土质较硬,且当地又缺乏石方和适宜填塘的砂土时,可在塘边打排桩,里衬苇、柴捆或土袋,挡住堤脚的土,以免坡脚软滑而脱坡(图9.14)。但此时堤坡是稳定的,不依靠桩排支撑,塘边不透水硬土层较厚,木桩有足够的直径和长度。一般桩径为15~20 cm,只能挡住厚度约为1.0 m的土。

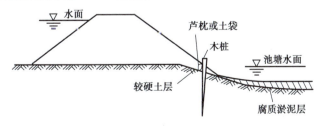

图9.14 打桩护脚

④无论在散浸还是在脱坡的抢护中,最忌在背水坡用黏土或其他不透水性的材料堵渗。

因为新填黏土很快就会饱和甚至变成泥浆,毫无加强堤身的作用;同时堤身渗水因不能逸出,将会导致浸润线的进一步抬高,加速险情恶化。

⑤修筑反滤层时,必须根据堤身土壤颗粒的粗细,配以相应的反滤材料,以确保反滤质量,反滤层必须一次做好,汛期不能翻修,尤其是在高水期贸然翻修反滤层是极端危险的。对于用苇柴等易腐材料修建的反滤层,汛后必须拆除翻修。

四、漏洞抢堵

汛期堤防背水坡出现横贯堤身或堤基的流水孔洞,称为漏洞。根据漏水是否带砂,可分为清水漏洞和浑水漏洞两种。清水漏洞往往是由堤身散浸集中形成的,其发展过程首先是细微的小洞漏出清水,如处理不及时或处理不当,便会发展成为浑水漏洞。浑水漏洞产生的原因大多数是由堤防施工质量较差或堤内洞穴隐患所致。二者都可能导致堤防发生蛰陷或坍塌而溃决。处理漏洞的原则:堤外堵塞漏洞,堤内导水抑砂,堤身截断漏管。

(一)堤外堵塞漏洞

堤外堵塞漏洞首先必须查明漏洞进口位置。一般水浅流缓处,较大的漏洞进口水面往往会产生漩涡,容易被发现。较小的漏洞,漩涡不明显,可采用锯末、麦糠或纸屑等漂浮物撒于水面,如发现打漩或集中一处时,即表明此处为漏洞进口。对于水深流急之处,水面看不到旋涡,在保证安全的前提下,由潜水员下水摸探。

当探明漏洞进口位置、洞口大小和附近的土质后,便可采取相应的堵漏措施。如果洞口较小,周围土质较硬,水浅流缓,人可接近洞口,可用棉絮或草袋、扎制的锥形草捆等物堵塞,也可用铁锅扣住洞口,然后用土袋压牢,再用黏土封堵闭气。如果洞口周围的土质已经软化,且有多处小洞口时,可铺一层棉絮或复合土工膜闭口断气,上面再密排一两层土袋。对于较大的漏洞口,也有用木板抹一层胶泥先盖住洞口,再用棉被或土工织物等盖严,然后压土袋并填筑黏土封死洞口。当堤防漏水洞较多、范围较大,难以用上述方法全部堵塞时,可迅速修筑临水围堰进行抢护。其做法是先在漏洞周围用土袋筑成月牙形围埝,然后填筑黏土堵塞。

在国外防汛抢险中,普遍采用一种防汛抢险袋,它是用高吸水、高膨胀的高分子树脂装入特制的土工袋中而成的。这种高分子化学材料遇水膨胀,形成胶冻状凝体,吸水率可达自重的140倍。用其制成的抢险袋可用来堵塞管漏通道,若将其装入不同结构形状的土工袋中,也可用来快速修建挡水围堰,或堵塞穿堤建筑物基础渗漏等险情的抢护中。这种新型的防汛抢险器材,具有体积小、质量轻、易运输、易存放、抢险迅速等优点。

(二)堤内导水抑砂

如果险情严重,外堵一时难以奏效时,可在临河堵塞的同时,堤内采取导滤围井措施,以减小洞内水流流速,延缓并制止土料流失,防止险情扩大。

堤内导滤措施有反滤围井、土工织物反滤导渗体、滤水后戗等。对于硬性管漏,如没有堵塞好的涵管等,可在漏洞出口筑围井提高井内水位,使之与堤外水压平衡以阻止漏水。对于软性管漏,即通过土壤的管漏,一般不能采用以压力对抗的办法,而应采取变浑水管漏为清水渗漏,阻止泥土流出的措施。有效办法是用石砂或土工织物等做反滤盖层。当洞口流速较大,砂层无法覆盖时,可先进行围井平压,然后在井内铺设反滤料。最后必须拆除围井,以免漏洞内的水在原出口附近另觅出路。如果不做围井,也可在洞口内先填碎石消弱水势,再铺反滤层也可奏效。反滤层的直径一般为漏洞出口直径的 5 倍以上,并盖住周围软化土层,保护好反滤层周围边缘。必须强调指出的是,在堤内处理漏洞时,切不可用不透水的材料硬塞洞口,否则洞口被塞,水压增大,势必会在他处又形成新的漏洞,或使小的漏洞越塞越大,造成溃堤。1935 年黄河董庄决口,就是防汛人员用门板堵塞漏洞出口造成的。

(三)堤身截断漏管

无论是堤外堵塞洞口或堤内导水抑沙,都是临时性急救措施。彻底消除管漏险情的办法是在堤身内部截断漏管。但此方法只能在洪水退后,水压对堤身的威胁减小的情况下进行。其做法是:弄清漏管位置,在堤顶中心线附近或靠近临河堤肩开槽。槽深至管漏以下,宽以能容人侧身工作为限,槽内填筑黏土,层踩层夯,回填密实。高水期使用此方法必须特别慎重,除堤身断面较大,抽槽后仍能具有足够的抗洪能力外,一般不宜采用。

凡是发生漏洞的堤段,岁修中一定要进行锥探灌浆加固,或从出口追挖,彻底翻修。

五、管涌抢护

管涌又称翻沙鼓水,通常是由横贯堤基下的强透水层在高水位时,其渗透压力大于上部覆盖层允许的压力时,渗水带动泥沙在覆盖层薄弱处破土而出,形似泡泉,泥沙堆在出口周围,形成"沙环"。若管涌出口地表为草皮或其他胶结体,水压尚未突破,则表层土就会隆起而形成鼓泡现象,又名"牛皮胀"。

管涌险情在冲积河流堤防工程中非常普遍。1998 年长江大洪水,江西省九江市、湖北省孟溪大垸、牌洲合镇垸等发生溃堤决口,均由管涌所致。管涌一般发生在堤内坡脚附近的地面上或较远处的潭坑、水井、池塘、稻田内,尤其是发生在池塘内的管涌,危险性最大,因为它不易被发现,而且其发展较快,又难处理。1950 年 7 月,汉江在汉川县蚌湖口附近决口,就是因为背水堤脚外塘内管涌未能发现而致堤身坍陷漫决。

抢护管涌的原则和方法与前边所介绍的抢堵浑水漏洞的方法相似,所采取的措施,主要是制止涌水带沙,使浑水滤清,给清水留有出路,以减小渗透压力和流速。当背水堤脚附近出现较大范围的管涌群时,也可修筑背水月堤(图 9.15)或反滤铺盖层(图 9.16)、透水压浸台(图 9.17)等进行抢护。月堤内应埋设滤水管,月堤的高度以制止涌水带沙、险情稳定为宜。透水压浸台适用于沙源丰富的地区,一般在管涌处先铺草袋,上压树枝 30 cm,再用透水性大的砂土修筑平台。对于池塘内发生的管涌,在人力、物力和时间允许的条件下,可迅速用石块、砖块等填塞管涌出口,集中力量,用砂土或粗砂填塘。若塘坑过大,为了不贻误时机,可在管涌处修反滤堆或滤井,防止土粒外流,控制险情发展。

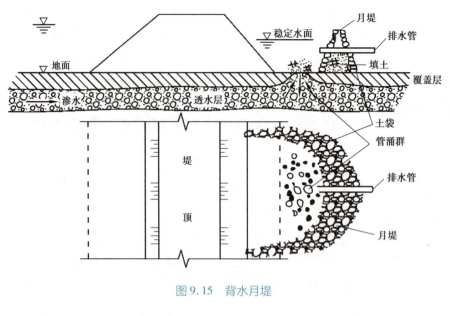

图 9.15　背水月堤

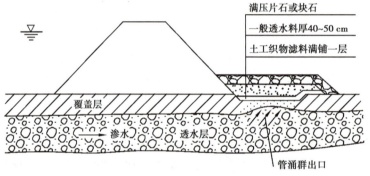

图 9.16　土工织物反滤铺盖

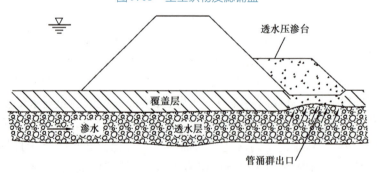

图 9.17　透水压浸台

实践证明,利用土工织物制作反滤铺盖,治理渗漏和管涌效果十分显著。如安徽省城西湖蓄洪大堤,1991 年汛期间因淮河连续 5 次洪峰,高水位持续时间较长,城西湖蓄洪大堤多处出现翻沙鼓水现象;在紧急情况下,采用渗透系数 $K_g = 2.5 \times 10^{-2}$、等效孔径 $O_{95} = 0.047$ mm 的无纺土工织物覆盖水眼,压住冒沙,形成反滤,30 min 后即冒清水。又如,江西省都昌县矶山湖圩中、下两主堤堤基有相当一部分是沙或夹沙层,下堤堤基有 1000 m 长为淤泥层,1954

年、1958 年汛期两次因管涌险情溃决;1984 年针对长 230 m、宽 150 m 的最严重的管涌带,以级配砂滤料做成反滤铺盖;建成后未经洪水考验,便有一部分被挖作养鱼塘,使堤后地下水位下降 2.1 m,增大了堤防临背水位差,于抗洪不利,故 1988 年汛前在下堤南端长约 300 m、宽 20 余米的范围内铺设 6000 m²、质量为 300 g/m² 的针刺无纺布,上压 0.5 m 厚的砂砾料;1988 年 9 月长江大汛,当时堤内外水位差 7.08 m。9 月 14 日晚,原铺砂砾反滤盖层段突然出现 10 m² 的泡泉群,而土工织物反滤层段则是清水涓涓、安然无恙;后将上述 10 m² 泡泉处改铺土工布,加压砂砾料后,情况立即改观。土工织物与砂砾反滤料盖层相比,每平方米前者节约投资 1.7 元,后者省工 1/3。

六、跌窝抢险

汛期堤身或外滩发生局部塌陷,形成陷坑,称为跌窝。产生跌窝的原因较多。可能是由堤身洞穴隐患所致,也可能是因筑堤质量较差,回填不实,土块架空,以及堤内涵管断裂或混凝土结合部分漏水等经水浸雨淋而成跌窝;此外,也可伴随漏洞、管涌等险情未能及时发现和处理而形成。

发现跌窝要及时翻筑抢护,防止险情扩大。当跌窝与漏洞或管涌同时发生时,应配合漏洞或管涌险情的处理进行抢护。

对于发生在堤顶附近的干跌窝,应将坑内松土清除,再用黏性土壤分层回填夯实。如果跌窝较深,并伴有漏洞,堤身又单薄时,应外帮加宽堤面,保证翻挖跌窝时不发生意外。开挖跌窝时若发现漏洞,应先堵死洞口,清除软泥,再行回填。

对于发生在堤外坡的跌窝,常伴有漏洞险情。当水深不大时,可筑围堰,高度超过水面 0.5 m,抽干堰内积水,沿跌窝翻挖,找出洞门,进行堵塞,然后清除软泥,用黏土回填,分层夯实。

在跌窝回填抢护时,如果开挖坑内土壤含水量过重,可在回填土中掺入一部分新石灰,但切忌在跌窝内填石块、砖渣等。

七、防风浪

风浪对堤防的威胁,不仅因波浪连续冲击,使浸水时间较久的临水堤坡形成陡坎或浪窝,甚至产生坍塌、滑坡等险情;也会因波浪壅高水位,引起堤顶漫水造成溃决。1954 年洞庭湖、鄱阳湖区的圩垸大部分溃决,风浪的破坏是重要原因之一。同年汉口张公堤外湖水位接近堤顶时,防风浪工程处于首要地位。防风浪最好的办法是平时在堤外滩种植防浪林,或堤防外坡用干砌块石,下垫砂石反滤层进行保护,这要比临时抢护有效且节省费用。黄河下游、汉江中下游、洞庭湖区等许多堤段,采取种植高、低层防浪林的方法,对防御不同频率的洪水十分有效。汛期临时防风浪措施,主要是利用漂浮物破浪,削减波浪高度和冲击力,或在迎浪坡面抢修一些防浪工事。常用的方法有以下几种。

(一)柳枕防浪

用柳枝或其他梢秸料,扎成直径为 0.5 ~ 0.8 m 的浮枕,长 30 ~ 50 m(弯曲堤段可适当缩短),在枕的中心穿入 1 ~ 2 根粗绳做芯,枕的横向每隔 0.5 ~ 1.0 m 用铁丝绑扎。安放时,堤顶打桩,桩长 1.0 m,桩距约 3.0 m,将枕滚入水中,芯绳系在桩上。枕离开堤坡的距离相当于波高的 2 ~ 3 倍。浮枕随波起伏,起削减波浪的作用(图 9.18)。若风大浪高,也可平行捆扎几排浮枕,各排以绳索相连,间隔 0.1 ~ 0.2 m,又称连环枕。前枕较大,碰击波浪;后枕较小,消除余力。为稳定枕位,可在枕下坠块石或土袋。若风浪骤起,来不及捆枕时,也可用梢料扎成 0.1 ~ 0.2 m 直径的梢把,纵横排列,捆成柳把排,中间填塞秸料,用石块压沉一头,另一头系在堤顶桩上,使风浪直接冲击柳排,起保护堤坡的作用。

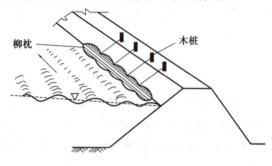

图 9.18　挂枕防浪

(二)木排防浪

将直径为 5 ~ 15 cm 的圆木捆扎成排,将木排重叠 3 ~ 4 层,总厚 30 ~ 50 cm,宽 1.5 ~ 2.5 m、长 3 ~ 5 m 的连续锚离堤坡水边线外一定距离,可有效防止风浪袭击堤防。根据试验,同样的波长,木排越长,消浪效果越好。同时木排的厚度为水深的 1/20 ~ 1/10 时最佳。木排圆木排列方向,应与波浪传播方向垂直。圆木间距应等于其直径的 1/2。木排与堤防岸坡的距离,以相当于波长的 2 ~ 3 倍时作用最大。木排锚链长度约等于水深时,木排最稳定,但此时锚链所受拉力最大,锚易被拔起,因此木排锚链长度一般应比水深大。1954 年武汉市曾用如图 9.19 所示的木排防浪,保证了大堤安全。据观测,在 4 ~ 7 级风时,浪高可降低 60%;在 8 ~ 9 级风时,浪高可降低 30%。汛后木料仍可使用,但所需木料较多,技术性强,多用于重要城市堤防或木材丰富的地区。

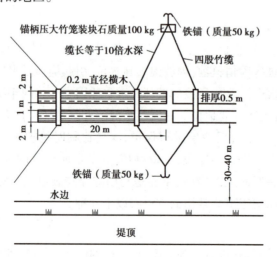

图 9.19　防浪木排

（三）芦柴或土袋还坡防浪

当风浪冲刷、堤坡产生崩坍时，可用芦枕挡浪，其后填土还坡。一般1.0 m高的浪头冲刷堤坡时，其影响深度为0.6～0.7 m。用外层芦柴、里层稻草包黏土，捆成直径大于崩块外缘水深的大枕，并以桩固定在缺口外缘挡浪。枕后填土，水面以上用20～25 cm直径的芦枕（泥埽）编成帘排铺在坡上，排下压一层稻草，排上用袋装小石块压稳，可抵抗1.0 m以下的浪头。也可用袋土堆叠出水，袋后填土还坡，坡面铺袋防浪（图9.20）。

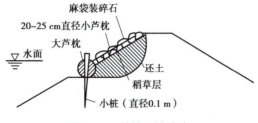

图9.20　芦枕还坡防浪

（四）土工织物防浪

用土工织物展铺于堤坡迎浪面上，并用预制的混凝土块或石袋压牢，也可抗御风浪袭击。土工织物的尺寸应视堤坡受风浪冲击的范围而定，其宽度一般不小于4.0 m，较高的堤防可达8～9 m。当宽度不足时，需预先黏结或焊接牢固；当长度不足时，可允许搭接，搭接长度不少于10 cm。铺放前应将堤坡杂草和树木清除干净。织物上沿应高出洪水位1.5～2.0 m（图9.21）。

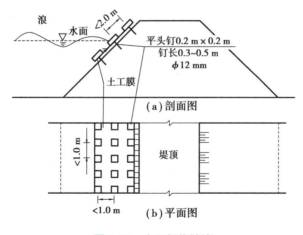

图9.21　土工织物防浪

八、凌汛抢险

冬季结冰的河流，当冰盖形成后，增加了湿周，缩小了过水断面和水力半径，通过封冻前同流量的水流时，必然壅高上游水位，增加河槽部分蓄水量，称为冰期壅水量。开河时，冰期壅水量逐渐转化成流量下泄，加上冰盖沿程破裂融化的水量，使流量沿程递增，形成融冰洪水。特别像黄河这类上宽下窄、开河解冻又是自上而下发展的河流，流冰时常因下游开河较晚，或流冰塞卡致结冰坝，使上游水位迅速上涨，形成冰塞洪水，若抢救不及时，将会造成堤防漫溢溃决。例如,1951 年 1 月,黄河花园口以下封冻总长 550 km,总冰量约 5300 万 m^3,河槽蓄水 10.57 亿 m^3。后因气温回升,冰盖自上而下逐渐破裂,满河淌凌,利津站凌峰流量由封河前的 460 m^3/s 猛增至 1160 m^3/s。开河至垦利前左 1 号坝,形成冰塞,壅水位迅猛上涨,利津、垦利河段滩地全部淹没,局部堤段水已平堤,大块冰凌壅上堤顶,多处堤防出现漏洞,形势万分危急。虽经爆破队和两岸万余人奋力抢救,但终因天寒冰重,难以奏效,于 2 月 11 日夜,在利津王庄堤陷溃决成灾,溃口很快展宽至 200 余 m,水最深处 13 m,过流量约 700 m^3/s。泛区 8641 间房屋倒塌,8.5 万群众受灾。

凌汛抢险的措施为:上游利用水库调度及分洪,下游破冰泄流。

利用水库在伏秋汛后预蓄水量。根据天气预报,在河流即将封冻以前增大和调匀下泄流量,以便推迟封河和抬高冰盖的时间。在河道解冻前,利用水库控制下泄流量,或利用引水、分流等工程,将上游的冰期壅水量部分储蓄或分走,使下泄流量减小到不致造成凌汛威胁的程度。黄河三门峡水库在调度运用中曾考虑过下游防凌汛问题。利津县曾修建防凌分水堰,当水位接近该处堤防保证水位时,分流约 1000 m^3/s 导水入海。

下游破冰泄流,是用爆破或其他手段,促使冰盖解冻和破除冰坝,加大下泄流量。具体做法有打冰撒土,打封口,爆破冰盖和冰坝,破冰船破冰等。

人工打冰撒土是过去黄河上曾用过的一种破冰促融方法。实践证明,在冰厚风多的情况下,此法费力效微,现已很少使用。

打封口是在急弯、狭窄、浅滩等解冻较晚和容易卡冰成坝的重点河段,用炸药爆破等方法,大面积地破除冰盖。打封口宜在气温上升达 0 ℃时进行。弯道封口,宜打在凹岸通溜处,因为通过弯道下泄的冰凌压力,除顺流向的推力外,还有一横向分力,此分力表现为拉力,其方向指向凹岸封口,可促使冰块破裂。

用炸药爆破冰块时,宜将炸药包吊入冰盖下,入水深度为冰盖厚度的 1.5~2.0 倍。在建筑物附近爆破时,炸药质量一般不超过 0.5 kg。冰厚不足 1.0 m 时,炸药质量约 2.0 kg;冰厚超过 1.0 m 时,可用炸药 3.0 kg 以上,孔距 20.0 m,用电火起爆,以药鼓水,以水鼓冰,效果较好。

冰坝形成后,水位猛涨,人力爆破难以实施时,可由下游向上游用排炮轰击或用飞机投弹,破除冰坝。但必须注意的是,因冰坝通常在狭弯河段形成,这些地方险工较密,堤防临近,稍有不慎,可能酿成严重后果。

国外利用破冰船破冰效率较高,投资小且安全,但我国北方河流一般因水浅冰厚,难以实施。

第四节　河道整治工程及建筑物抢险

一、河道整治工程建筑物抢险

此处所述的河道整治工程建筑物主要是指保护大堤的险工及保护河漫滩的控导工程,

如丁坝、垛（矶头）、护岸工程等。这些工程大都位于迎流顶冲之处，所承受的水流冲击力、环流淘刷作用十分强烈，因而险情比一般堤段更严重。河道整治工程建筑物常见的险情有漫溢、墩蛰、溃膛、坝岸滑动等。这些险情的抢护原则和方法，基本上与堤防抢险相同，不同之处作如下说明。

（一）漫溢抢护

岸墙式护岸险工垛（矶头）或城市的防水墙有漫溢危险时，可参考堤防防漫溢方法加筑子埝。但应该注意的是，加筑的子埝不能过重，以免造成堤基承载超荷，或者使建筑物形成头重脚轻的失稳状态，导致险情恶化。必要时应先筑内帮，再加子埝。图 9.22 为 1954 年武汉市沿江防水墙加筑子埝和滤水内帮的典型样式，这种结构的挡水建筑物不会导致堤身、墙基和柏油路面间的严重漏水，也不会影响内帮土坡的稳定。

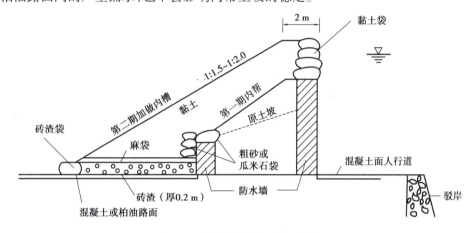

图 9.22 防水墙加筑子埝和内帮

护滩控导工程可能漫溢时，最好不采取加筑子堤的办法，应对坝顶加以保护，防止过坝水流冲刷破坏。对于土质结构坝顶面的保护，可用砌石、预制混凝土板、土袋等配合梢料或土工织物护顶。

（二）防基础淘刷（坍岸抢护）

处于弯道凹岸或主流顶冲处的护岸工程、丁坝、垛（矶头）等建筑物，因临河水深流急和环流作用，基础淘刷是造成坝岸崩塌的根本原因。抢护这类险情的关键在于护脚固基。对于散抛块石的护脚工程，在抛石护坡根基未稳时，一旦遇到急流，石坡脚就会被淘刷很深，发生急剧崩塌。散抛在砂层上的石料，更易发生塌坎。因此，汛期需对此进行经常检查和测量，一旦发现根石走失或塌坎，就应及时补抛块石。若大溜迅急，抛石易被冲走时，可抛石笼或柳石枕。抛前柳石枕可用绳子系在岸桩上，再抛下去，以便控制枕位。柳石枕护岸工效较高，可节约大量石方。若主流靠岸，堤外滩较宽，需做丁坝或矶头守滩时，所修丁坝或矶头对水流的影响不会对岸或上、下游造成危害。另外，在丁坝或矶头的上下侧，通常会产生回流淘刷，抢险时采用挂柳方法是防止回流淘刷或急流刷岸的有效方法之一，尤其是在我国北方含沙量较高的河流中效果更显著。柳树要现砍的，连枝带叶用，树干用绳索系在岸上，头部加铅丝石笼压沉入水。深水处可用排柳树分层压沉到底（图 9.23），以便滞溜挂淤，把冲刷变为淤积。

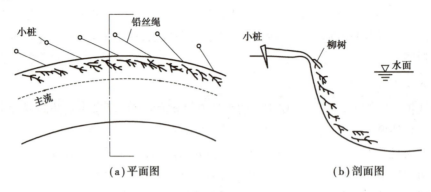

(a)平面图　　　　　　(b)剖面图

图 9.23　挂柳防冲示意图

（三）溃膛抢险

在中、常洪水位变动处，水流通过坝体保护层和垫层，不断淘刷下面的土壤，蛰成深槽，槽内过水加速土体冲刷，险情进一步扩大，使保护层及垫层失去依托而坍塌，称为溃膛。溃膛严重时，可造成整个坝岸溃塌。

产生溃膛的原因，对于散抛石结构来说，可能因保护层厚度较小，保护垫层与堆石间隙大，与堤身或滩岸结合不严，或堤岸土质较差，在水流作用下，泡松软后被淘出；对于浆砌石的结构来说，可能因水下部分有孔洞裂缝，水流串入淘刷形成空穴而致。

发现溃膛险情后，首先应堵截串水来源，同时加修后膛，防止蛰陷。切忌单纯向沉陷沟槽内填土，以免扩大险情，贻误抢险时机。

抢护时，可用袋装土 70% ~ 80% 后扎口，在开挖体内顺坡上叠，层层交错排列，坡度 1 : 1，直至要求高度（图 9.24）。垒筑土袋时，在土袋与原建筑物之间用土填实，袋外抛石或石笼使土袋恢复原状。

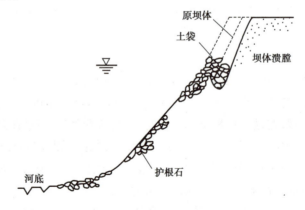

图 9.24　袋土抢护溃膛

黄河下游常用就地捆枕(懒枕)抢护溃膛。其做法是：先开挖溃膛以上未坍的部分，边坡 1 : 0.5 ~ 1 : 1，直至水位以下。然后打桩捆枕，枕芯为宽 0.8 m、高 1.0 m 的大笼，内填石料，外裹护柳 0.5 m，用绳扎牢，形成高、宽各为 2.0 m、中间有桩固定的大枕（图 9.25），再在枕上压石，或向蛰陷的槽内混合抛压柳石，制止险情发展。

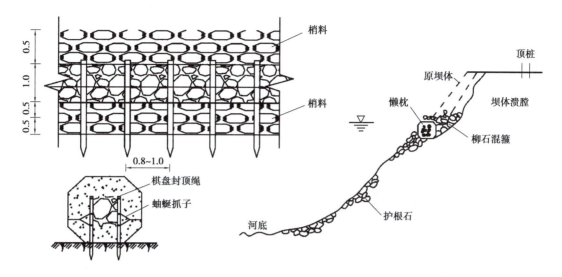

图 9.25　就地捆枕抢护溃膛

（四）坝岸坐崩及倾倒抢险

坝岸在自重和外力作用下失去整体稳定,使坝体护坡、护根连同部分坝体沿弧形断裂面向河槽滑动,滑动情况可分为坐崩和倾倒两种。坐崩险情发展很快,大块岸坡突然崩塌,抢护比较困难;倾倒是由临河坡面或堤坝面发生裂缝,坝岸上部失去稳定性,其抵抗倾覆的力矩小于倾覆力矩时所致。

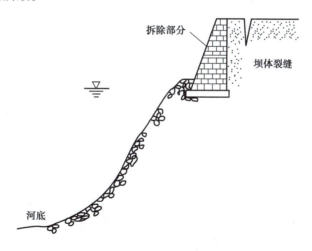

图 9.26　坝岸滑动抢护

抢护这类险情,必须根据险情原因,采取相应措施。一般常用的抢护方法有:加固下部基础,增加抗滑力或减轻上部荷载,减小滑动力。当坝体产生裂缝,出现滑坡征兆时,可迅速采取抛石块、柳石枕或铅丝石笼等措施加固根基,以增加抗滑力。抛石最好从船上向下抛,保证将块石和铅丝笼抛至滑动体下部,同时可避免在岸上抛石时对坝身造成震动。抛石或抛笼时,要边抛边探测,抛护坝面要均匀,坡度为 $1:1.3\sim1:1.5$。当坝顶超载或坝岸基础受淘刷严重,有坍塌危险而又缺乏其他材料可抢护时,则可上拆下抛,即移走坝顶重物,拆除洪水位以上或已倾倒部分坝体,以减小滑动力。对于坡度小于 1 : 0.5 的浆砌石坝岸,必须拆除水面以上 1/2 部分的砌体,将拆除的石料抛入水中,以加固基础,并将拆除坝体处的土坡削缓至不陡于 1 : 1.0(图 9.26)。当坝岸滑动已经发生时,可用柳石楼厢法抢护,以防止险情扩大。堤身断面不足者,同时填筑内帮。

二、穿堤建筑物抢险

沿河大堤上常建有涵闸、虹吸及排灌站等建筑物,这些工程破坏了大堤的完整性,除建筑物本身出现险情外,大堤与建筑物接合部位及闸前、闸后引渠也是经常发生险情之处。

(一)接合部位渗水及漏洞抢护

建筑物与土基或堤身结合部位土料回填不实,是产生渗水和漏洞的根本原因。抢护这类险情的方法,原则上与堤防漏洞和散浸抢险相似。对于渗漏不甚严重,或作为堵漏后的加固措施,也可用高压喷射板墙或压力灌浆阻渗。在浸润线以下进行灌浆构筑截渗板墙时,需采用约 10% 的壤土与普通硅酸盐水泥的混合浆灌注。为加速截渗体早强固结,可加入 3% ~ 5% 的水玻璃等速凝剂。若使用黏土灌浆,黏土浆的水土比为 1 : 1 ~ 1 : 1.4。

(二)闸体滑动抢护

修建在软基上浮筏式结构的开敞式水闸,主要靠自重及其上部荷载在闸底板与土基之间产生的摩擦力维持其抗滑稳定。但当上游水位超过设计挡水位时,水平压力和渗透压力与上浮力同时增大,从而使水平方向的滑动力超过抗滑摩阻力,或者其他附加荷载超过原设计值,如地震力等均会造成闸体滑动。

抢险原则:增加抗滑力,减小滑动力,以稳固工程基础。对于平面缓慢滑动的险情,可在水闸的闸墩和公路桥面上等部位堆放块石、土袋或铁块等重物。加载量应由稳定校核计算确定,不得超过地基允许应力,否则会造成地基大幅度沉陷;同时加载量不得超过构件的允许承载限度。堆放重物的位置要注意留出必要的通道,一般情况下,不要在闸室内堆物加压,以免破坏闸底板或损坏闸门构件。险情解除后,要及时进行善后处理。对于圆弧滑动和混合滑动两种缓滑险情,可在水闸可能出现的滑动面的下端,铺放反滤材料,然后堆放土袋或石块等重物,滤水止滑(图 9.27)。重物堆放位置及数量由抗滑稳定计算确定。另外,在闸下游一定范围内修筑围堤或利用下游渠道上较近的节制闸蓄水平压,也可阻止闸体滑动。

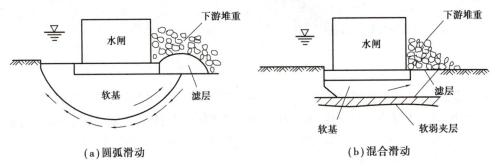

(a)圆弧滑动　　　　　　　　　　　(b)混合滑动

图 9.27　闸下滤水堆重止滑示意图

(三)建筑物裂缝及止水破坏的抢护

建筑物发生裂缝和止水设施破坏,通常会使工程结构的受力状况恶化和工程整体性的丧失,对建筑物的稳定、强度、防渗能力产生不利影响,严重者可导致工程失事。对此可采取下述方法进行抢修。

1. 防水速凝砂浆堵漏

在水泥砂浆内加入防水剂,可使水泥砂浆具有防水和速凝性能。防水剂的配合比见表9.2。具体做法为:将水加热到100 ℃,然后将表中编号1~5的材料(或其中的3~4种,其质量达到5种材料总重,各药量相等)加入水中,搅拌溶解后,降温至30~40 ℃,再注入水玻璃拌匀,30 min后即可使用。配置好的防水剂应密封保存在非金属容器内。

表9.2 防水剂的配合比

编号	材料名称		配合比 (质量比)	颜色
	化学名称	通称		
1	硫酸铜	胆矾	1	水蓝色
2	重铬酸钾	红矾	1	橙红色
3	硫酸亚铁	黑矾	1	绿色
4	硫酸铝钾	明矾	1	白色
5	硫酸铬钾	蓝矾	1	紫色
6	硅酸钠	水玻璃	400	无色
7	水		40	无色

防水速凝灰浆和砂浆的配合比见表9.3。在水泥浆或水泥砂浆内注入防水剂,迅速搅拌均匀,并立即涂抹使用。在涂抹防水速凝砂浆前,应先将混凝土或砌体裂缝凿成深约2.0 cm、宽约20 cm的毛面,清洗干净后,在面上涂一层防水灰浆,厚约1 mm,硬化后,即抹一层厚0.5~1.0 cm的防水砂浆,再抹一层灰浆,交替填抹至与原砌体面齐平为止。

表9.3 防水速凝灰浆和砂浆的配合比

名称	配合质量比				初凝时间 (min)
	水泥	砂	防水剂	水	
急凝灰浆	1		0.69	0.44~0.52	2
中凝灰浆	1		0.20~0.28	0.40~0.52	6
急凝砂浆	1	2.2	0.45~0.58	0.15~0.28	1
中凝砂浆	1	2.2	0.20~0.28	0.40~0.52	3

2. 环氧砂浆堵漏

防水堵漏用的环氧砂浆配合比(质量比)见表9.4。

表9.4 防水堵漏用的环氧砂浆配合比(质量比)

序号	环氧树脂	活性溶剂	590号固化剂	聚酰胺	多乙烯多胺	聚硫橡胶	304聚酯树脂	二甲苯	丁醇	煤焦油	水泥	石膏粉	石棉绒
1	100	20	25					35	35				
2	100		20	10~15	5			5~10	5~10	20	100		
3	100	20	20		5		20	5~10	5~10	20	100		适量
4	100			10~15	15			5~10	5~10			100	
5	100			50~60	5~10			10~20					
6	100				5~10	80		0~20					
7	100	5	25				30	5		80	100		适量

环氧砂浆配置程序如图9.28所示。

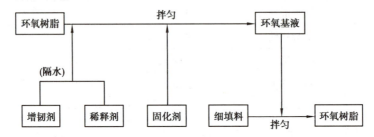

图9.28 环氧砂浆配置程序

施工工艺为沿混凝土裂缝凿槽,槽的形状如图9.29所示。图中(a)形槽大多用于竖直裂缝;图中(b)形槽一般用于水平裂缝;图中(c)形槽用于顶面裂缝或有水渗出的裂缝。

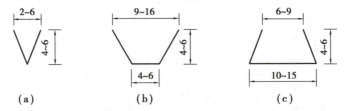

图9.29 补缝凿槽形状(单位:cm)

浆砌石或混凝土块体砌缝和伸缩缝漏水严重者,需先将缝中残渣清除干净,然后用沥青或桐油麻丝填塞并压紧,再用水玻璃掺水泥止渗,最后用防水砂浆或环氧砂浆填充密实并勾缝。除了使用丙烯酰胺为主剂,配以其他化学药品制成不溶于水的弹性聚合体丙凝水泥浆进行堵漏,也有用其他化学涂料进行防渗止漏的。

(四)建筑物上下游险情处理

在汛期高水位时,关闸挡水或开闸泄洪,通常会出现大溜顶冲、风浪淘刷或闸下游产生折冲水流,使上下游护坡、防冲槽、护坦、消力池或翼墙等被淘刷、蛰陷、倾斜甚至倒塌等险情,若抢护不及时,将有可能危及闸身安全。

　　当建筑物与土体结合部位被冲刷或淘空时,应在冲刷部位抛投石块或混凝土块、铅丝石笼、土袋等,也可用柳石枕抛护,防止继续冲刷。当涵闸下游海漫或河床被冲刷有可能危及建筑物安全时,也可在下游临时修筑潜锁坝,以抬高尾水位,减小水面比降和流速,防止冲刷(图9.30)。为了避免穿堤涵闸在建筑物汛期出现故障或人为操作失误,平时应有高标准的养护和维修措施。发现问题应及时排除,保证在汛期任何情况下闸门开启灵活,止水严密,使各种启闭设备均处于完备状态。

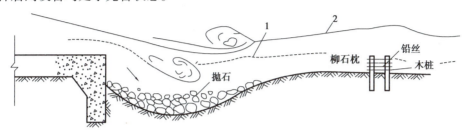

图 9.30　抛石护底和柳枕潜坝示意图

1—修建潜坝前的水面线;2—修建潜坝后的水面线

三、水库工程整险

　　我国是世界上修建水库最多的国家,截至 2013 年年底,已建成大、中、小型水库 94877 座,总库容 9999 亿 m^3。这些星罗棋布的水库,不仅对洪水的控制和调度起着重要作用,同时也为工农业生产的发展和居民生活用水提供了条件。

　　为了保证洪水能在大坝不发生事故的条件下安全地通过水库,除水库必须满足规定的设计防洪标准和采取科学的调度方式外,对汛期出现的险情必须不失时机地处理。

　　水库工程,尤其是病险水库,除土坝常见的漫溢、崩塌、渗漏、脱坡、跌窝、裂缝、漏洞及风浪袭击等险情外,各种泄水建筑物也会出现渗漏、冲刷、浮托等险情。这些险情产生的原因及抢护方法,基本上与堤防和其他河道整治工程建筑物抢险相同,此处仅就防漫溢和防冲刷等内容略加补充说明。

(一)防土坝漫溢

　　防土坝漫溢主要采取的工程措施有加大溢洪道泄量、临时分蓄洪水、修筑子埝等。在吸取了河北省"63·8"特大暴雨和河南省"75·8"特大暴雨的教训后,我国对所有重要水库工程都以可能出现的最大洪水作为水库保坝标准进行安全复核。按照新的要求,解决原设计标准偏低的办法是加高大坝,增加库容或增加泄洪能力。但在抢修补救工程实施前,必须降低水库汛期限制运用水位或加强水情、气象预报工作,采取预泄以增加调洪库容的办法解决与兴利之间的矛盾。

　　为了增大泄洪能力,可打开涵管的闸门帮助泄洪。但在影响涵管内部的安全和引起下游渠道的剧烈冲刷时,涵管不宜全部敞开。另外,在溢洪道基础较好的情况下,可以通过加大溢洪道断面来提高泄洪能力。对于土质溢洪道,一般都砌有护底和侧墙,加宽开挖时,不应影响坝身安全。如果把溢洪道设计得过大,足以通过全部洪水,也是不必要、不经济的。根据坝址附近的自然地形条件,选择适当的地方,修建特别的溢洪道,以宣泄稀遇洪水。对于现行的水库安全标准来说是完全可行的。

在泄洪不及、其他方法也一时难以奏效时,也可在坝顶临时抢筑子埝,防止洪水漫坝。子埝的类型、材料和结构,与堤防子埝相同。

(二) 防冲刷

溢洪道尾部的消力池或其侧面发生稀遇的漫溢时,只要不威胁大坝的整体性安全,是允许的。但若溢洪道下游消能设备破坏冲成深潭,冲刷逐渐向上游发展,危及坝身安全时,必须临时用抛石、柳石枕或其他防冲构件抢护,汛后再进行整修、加固或改建。当土质溢洪道砌护不好,底部发生冲深现象时,须打桩抛石抢护,即在冲深处打数排木桩,桩间抛石至与原溢洪道底部相平为止。若溢洪量较大,则需使用石笼进行防护。

第五节　堵口技术

一、概述

堵口复堤是防汛工作的重要组成部分。一旦堤防决口,其首要的工作是在口门两端抢筑裹头,防止溃口继续扩大,同时迅速撤离泛区居民。实践证明,此时企图用汽车、拖拉机、船舶去堵塞口门,往往是无济于事的,只会加速口门拓宽拓深,进一步扩大险情。其次设法在下游导引溃水入原河或采取其他措施,减少淹没范围,将灾害损失降到力所能及的范围。

关于堵口时机的选择,一般桃汛与凌汛往往流量不大,且洪峰历时较短,此时出现的溃口可待洪峰一过,即可进行抢堵。伏秋大汛,洪水峰高量大,历时较长,汛期溃口难以堵复,须待汛后进行。对于长江、淮河及其他河槽低于两岸滩地的所谓地下河的溃口,洪水退落后,口门往往干涸,用一般土工堵口即可。但若有必要和可能时,也可在汛期前一个洪峰降落、后一个洪峰到来前抢堵。1998 年 8 月 7—9 日,长江九江市大堤堵口就是在第三次洪峰与第四次洪峰期间抢筑截流戗堤,为成功堵口闭气创造了条件。

对类似于黄河的地上河的溃口,即使在汛后,口门仍然过水。若溃口处在迎流顶冲之处(如河槽的凹岸),则往往会产生夺流改道现象,堵口工程十分艰巨。常说的堵口工程,是对于地上河的溃口而言的。

堵口的主体工程是堵坝,辅助工程包括挑流坝、引河等。若发生多处溃口,堵口的顺序原则上是“先堵下游口门,后堵上游口门,先堵小口,后堵大口”。但也应根据上下溃口的距离及分流量相差的程度而定。若上溃口流量很小,可先堵上溃口;若上下溃口分流量相差不多,且两溃口间距较远时,则宜先堵下溃口。总之,要使先堵溃口尽可能小地影响后堵溃口的分流量,以避免造成后堵溃口险情扩大。

二、堵口前的技术准备

(一) 选择堵口坝基线

堵口坝基线选择的合适与否,直接关系到堵口工程的成败。堵口前,首先应对溃口附近的河势、水流情况及地形、地质等因素做出详细的调查分析,慎重选择堵口基线位置,做好堵口方案设计、备料和施工组织工作。

对于主流仍走原河道的溃口,堵口坝基线应选在分流口门附近。这样在进堵时,只要口门处水位略有抬高,将使部分流量归入原河,溃口处流量就随之减小。但应注意的是,切忌堵坝基线后退,造成入袖水流。因为入袖水流具有一定的比降和流速,在入袖水流的任何一点上堵塞,均需克服其上水体所挟的势能。

对于全河夺流溃口,因原河道下游淤塞,堵口时,首先必须开挖引河,导流入原河,以减小溃口流量,缓和溃口流势,然后再进行堵口。堵坝基线位置的选择,应根据河势、地形、河床地质情况等因素决定。一般堵坝基线距离引河口 350~500 m 为宜。若就原堤进堵,坝基线应选在口门跌塘的上游,如图 9.31(a)所示;若河道滩面较宽,就原堤进堵时距分流口门太远,不利于水流趋于原河,则堵坝基线可选在滩面上,如图 9.31(b)所示。但是在滩地上筑坝不易防守,只能作为临时性措施,堵口合龙后,应迅速修复原堤。

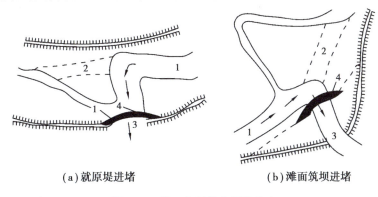

(a)就原堤进堵　　　　　　　(b)滩面筑坝进堵

图 9.31　堵口坝基线位置的选定

1—原河道;2—引河;3—溃口;4—堵坝基线

(二)开挖引河

对于堵塞发生全河性夺流改道的溃口,必须开挖引河时,引河进口的位置可选择在溃口的上游或下游,如图 9.31 所示。前者可直接减小溃口流量,后者能降低堵口处的水位,吸引主流归槽。若引河进口选择在溃口上游,则宜选择在溃口上游对岸不远的迎流顶冲的凹岸,对准中泓大溜,造成夺流吸川之势。如果进口无下唇,尚需修建坝埽,以助吸溜之力。引河出口应选在溃口下游老河道未受或少受淤积影响的深槽处,并顺接老河。此外,还应考虑引河开挖的土方量、土质好坏、施工难易程度等。引河开放时间,宜乘涨水和顺风的机会。另外,在类似黄河这种游荡型河流上开挖引河,前人有"引河十开九不成"的说法,故通常只能在堵塞夺溜决口时,由于下游河床淤塞才开挖引河以助分流,一般不采用。

(三)修筑挑水坝

设计有引河的堵口工程,为了使引河流量能掣动大溜,可在引河进口上游修筑挑流坝(图 9.32)。引河进口在溃口下游者,挑流坝应建在堵口上游的同一岸,挑流入引河,并掩护堵口工程。引河进口在溃口上游者,挑流坝所在河岸视情况而定,以达到挑流的目的,通常多修建在引河进口对岸的上游。没有开挖引河的堵口工程,必要时也可在溃口附近河湾上游修建挑流坝,以挑流外移,减小溃口流量和减轻水流对截流坝的顶冲作用。

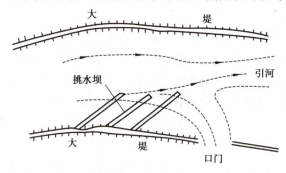

图9.32 堵口挑流坝示意图

挑流坝的长短应适中。过短,则挑流不力,达不到挑流的目的;过长,则造成河势不顺,并可能危及对岸安全。若溜势过猛,可修建数道挑流坝,下坝与上坝之间距离约为上一坝长的2倍,其方向以最下的坝恰能对着引河进口上唇为宜,不得过于上靠或下挫。

三、堵口方法

堵口进占方法有立堵、平堵、混合堵3种。立堵是从溃口两端,沿设计的堵口坝基线向中间进占,逐渐缩窄口门,最后留下缺口(龙门口),备足物料,周密筹划,抢堵合龙闭气。平堵是在选定的堵坝轴线上打桩架设施工便桥,桥上铺轨,装运块石或柳石枕,在溃口处层层抛铺,堵坝平行上升,直至达到设计高度为止。当溃口较大、较深时,采用立堵与平堵相结合的方法,可以互相取长补短,称为混合堵法。选用哪种堵口方法,需根据溃口分流形势、水位差、土质情况和当地的技术条件与材料供应情况等因素决定。

(一)立堵法

根据进占和合龙采用的材料、施工方法和堵口的具体条件,立堵法又可分为埽工进占和打桩进占两种。此处以黄河下游过去常用的堵口方法加以说明。

1. 捆厢埽工进占

利用捆厢埽堵口是我国黄河上2000多年来1000多次堵口积累发展下来的经验。此法相当于陆地施工,施工方便、迅速,所用材料便于就地选取,且不论河底土质的好坏,地形如何,都能与河底自然吻合,易于闭气,尤其是在软基上堵口,具有独特的优点。

在溃口水头差较小、口门流势和缓、土质较好的情况下,可采用单坝进占堵合;即用埽工做成单坝,由口门两端向中泓进占,如图9.33(a)所示。坝顶宽度为预估冲刷水深的1.2~2倍,最窄处不小于12 m。埽坝边坡坡度为1∶0.2。坝后填筑6~10 m宽的后戗,背水坡的边坡系数为3~5。

在溃口水头差较大,口门流势湍急且土质较差的情况下,可采用正坝与边坝同时进占,称为双坝进占,如图9.33(b)所示。正坝位于边坝上游5~10 m处,两坝间填筑黏土,称为土柜,起隔渗和稳定坝身的作用。正坝顶宽为16~20 m,其迎水面抛石防护;边坝顶宽为预估冲刷水深的1.0~1.5倍,最窄不小于8 m,后筑顶宽6~10 m的后戗,背水边坡系数为3~5。

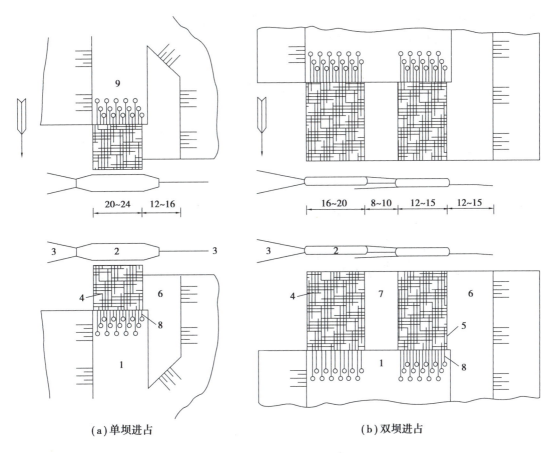

（a）单坝进占　　　　　　　　　　（b）双坝进占

图9.33　堵口进占(单位：m)

1—原堤；2—捆厢船；3—锚；4—正坝；

5—边坝；6—后戗土；7—土柜；8—底钩绳；9—桩

无论单坝进占还是双坝进占，后戗必须随坝进占填筑，以免埽工冲坏。当口门缩窄至上下水头差大于4 m，合龙困难或龙口坝有被冲毁的危险时，可考虑在口门下游适当距离(最好事先通过模型试验确定)，再修一道坝，称为二坝，使水头差分为两级，以减小正坝的水头差，利于堵合。二坝也可用单坝或双坝进占，根据水势情况而定。还可在后戗或边坝下游围一道土堤，蓄积由坝身渗出的水，壅高水位，降低渗水流速，使泥沙易于停滞而填塞正坝及边坝间的空隙，帮助断流闭气，也就是所谓的养水盆。

合龙口门水深流急，过去常用关门埽堵筑合龙口，但因埽轻流急，易遭失败。近年来，改用柳石枕合龙，并用麻袋装土压筑背水面以断流闭气，相对稳妥。当水头差较小时，可用单坝一级合龙；当水头差较大时，可用单坝和养水盆，或正坝和边坝同时二级合龙；当水头差很大时，则可用正坝、边坝、养水盆同时三级合龙。

2. 打桩进占

一般土质较好，水深小于2～3 m的口门，在口门两端加筑裹头后，沿堵口坝线打桩2～4排，排距1.2～2 m，桩距0.3～1.0 m，桩入土深度为桩长的1/3～1/2，桩顶用木桩纵横相连，桩后再加支撑以抗水压力。在桩临水面用层柳（或柴草等）、层石（或土袋）由两端竖立向中间进占,同时填土推进。当进占到一定程度、流速剧增时,应加快进占速度,迅速合龙。必要时在坝前抛柳石枕维护,最后进行合龙。

(二)平堵法

平堵法通常用于分流口门水头差较小,河床易冲的情况。按照施工方法的不同,又可分为架桥平堵和抛料船平堵两种。抛料船适用于口门流速小于 2 m/s 时,直接将运石船开到口门处,抛锚定位后,沿坝线抛石堆,至露出水面后,再以大驳船横靠在块石堆间,集中抛石,使之连成一线,阻断水流。图 9.34(a)和(b)分别为 1922 年黄河山东省利津宫家堵口截流坝和 1969 年长江田家口堵口截流坝的断面图,前者采用架桥平堵法,后者采用抛料船平堵法。

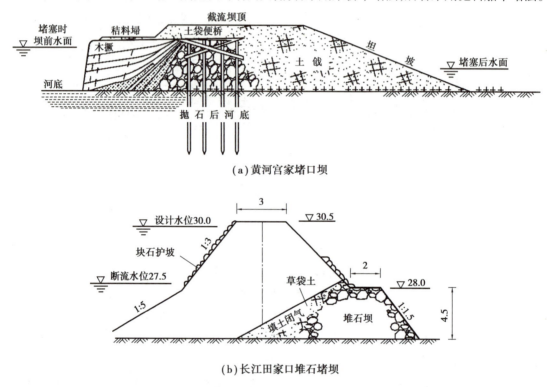

(a)黄河宫家堵口坝

(b)长江田家口堆石堵坝

图 9.34　堵坝断面(单位:m)

平堵坝抛填出水面后,需于坝前加筑埽工或土袋,阻水断流,背水面筑后戗以增加堵坝稳定性和辅助闭气。

平堵法所抛成的坝体,比埽工坚实可靠,同时可采用机械化施工,进度较快,随着口门底部逐渐平铺抬高,口门单宽流量及流速相应减小,冲刷力随之减弱。但平堵法用料量大。另外,若河底土质松散,或若投抛物料不均匀,石料块径和重力不足,均会造成倒桩和断桥事故。1946 年 6 月黄河花园口堵口失败就是一个深刻的教训。

(三)混合堵法

混合堵法一般先采用立堵进占,待口门缩窄至单宽流量有可能引起底部严重冲刷时,则改为护底与进占同时进行合龙。也有一开始就采用平堵法,将口门底部逐渐抛填至一定高度,使流量、流速减小后,再改用立堵进占。或者采用正坝平堵、边坝立堵相结合的方法。例如,1946—1947 年黄河花园口堵口工程(图 9.35),在平堵合龙失败后,改用立堵法,取得了成功的经验。当时堵口采取的工程措施包括:

①用柳枝、块石、绳索等材料把前期平堵失败后残存的石坝、栈桥改造成进占的正坝。

②在正坝南边 50 m 用捆厢埽加筑一座边坝,在两坝之间填筑土柜,边坝后另筑后戗,合龙时两坝分担水头差,减小风险。

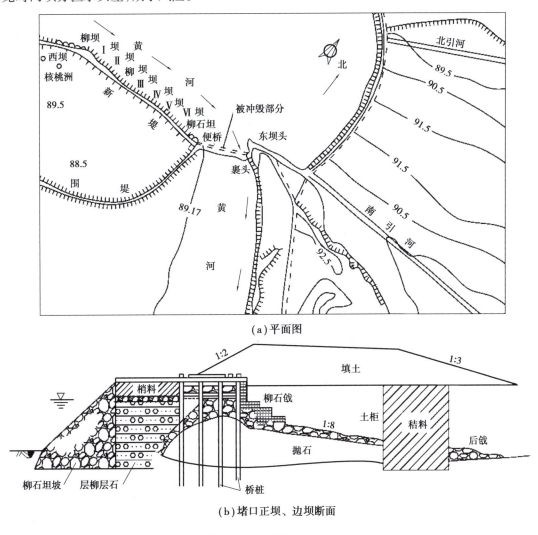

(a) 平面图

(b) 堵口正坝、边坝断面

图 9.35 黄河花园口堵口

③在故道头开挖南北两条引河。

④在口门上游做挑流坝,使大溜离开新厢的西坝脚趋向引河口,并使口门流向顺直,合龙后口门外能迅速淤出新滩,加速闭气。合龙时,口门宽 32 m、水深 10 m 以上。正坝两端对抛钢筋石笼(1 m×1 m×4 m),边坝与二坝之间两端对抛柳石枕,三道合龙坝进度互相呼应,把龙口水位差分成三级。随着合龙的进展,口门里的水渐渐只剩一线细流,最后中部西坝推下一个直径 1.2 m、长 15 m 的特大柳石枕,截断口门水流。接着填平龙口,加高堵坝至设计高度。

　　堵口合龙后,为了防止合龙埽因漏水随时有被冲开的危险,必须采取措施使堵坝迅速闭气。1998年,长江中下游发生溃口险情约1975处。江西省九江市8月7日13:10,外江水位22.82 m,大堤在4～5号交通闸之间,距5号闸口约250 m处发生管涌险情。初时泉口不大,水略带黄沙;20 min后,在堤外迎水面找到2个进水口,用100床棉絮抢堵,同时在堤后用水泥块和块石压盖,但因水压力过大,难以奏效。20 min后防水墙后的土堤突然塌陷出一个洞,5 m宽的堤顶也随之全部塌陷,并很快形成宽约10 m的溃口。紧急向溃口处推入1辆跃进132型载重汽车、1艘水泥趸船和1艘铁舶船,结果全被急流冲走(图9.36)。口门迅速扩大到36.9 m宽,估计溃口流量超过400 m³/s,第二天溃口扩大到61.6 m宽。8月7日15:00左右,调用一艘长75 m、已装煤1650 t的大型铁舶船堵口,船行至溃口外7.5 m处,由于中部搁浅在残存的油码头浆砌块石挡土墙上,大部分船底未能接触河底,溃口流量仍有300 m³/s左右。受抢险材料限制,又继续沉船7艘,使溃口流量有所减小。同时沿沉船外侧下插拦石钢管栅、抛投钢筋笼及块石护底,采用平堵方式大量抛投块石直至出水面。于9日形成截流戗堤;11日19:00完成了在溃口处架设钢木构架石袋组合堤;12日18:30完成石袋后戗台任务,堵口基本成功;13日完成加宽、加固后戗台任务;14日开始在截流戗堤与组合堤中间水下抛土闭气,15日晨闭气成功。在堵口的同时,沿原龙开河废弃老堤和利用柴桑路自然高地抢修了二道和三道防线。

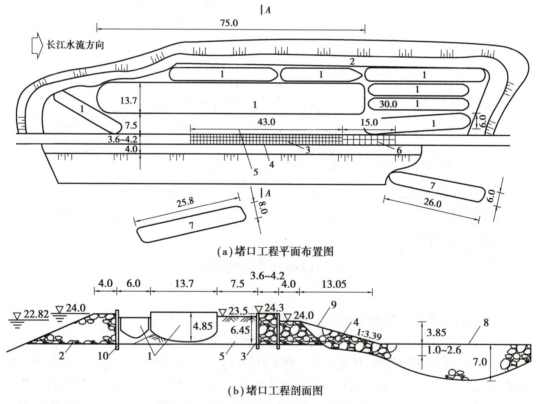

(a)堵口工程平面布置图

(b)堵口工程剖面图

图9.36　1998年长江九江市堵口(单位: m)

1—沉船;2—截流戗堤;3—堵口钢木构架组合堤;4—石袋后戗堤;5—水下抛土铺盖;

6—残堤保护段;7—冲进溃口船舶;8—冲刷坑及填塘固基;9—临时断面线;10—拦石钢管栅

第十章 工程泥沙问题

【学习任务】

了解水库泥沙的淤积；了解取水工程及渠系泥沙的淤积。掌握河道泥沙的利用情况。

【课程导入】

泥沙虽然会造成淤积，影响河道行洪、堵塞水库、降低有效库容、淤堵渠道、减少引水量等问题；但泥沙中的矿物质和有机物质有助于土壤肥力的提高，另外，泥沙也是建筑材料的直接来源。通过治沙用沙，使浑水变清水，变不利为有利。党的二十大报告指出："我们坚持绿水青山就是金山银山的理念，坚持山水林田湖草沙一体化保护和系统治理，全方位、全地域、全过程加强生态环境保护，生态文明制度体系更加健全，污染防治攻坚向纵深推进，绿色、循环、低碳发展迈出坚实步伐，生态环境保护已经发生了历史性、转折性、全局性的变化，我们的祖国天更蓝、山更绿、水更清"。

水库排沙原因

第一节　水库泥沙

在河流上修建水库，改变了天然河流水沙的条件，破坏了河床的相对平衡，使河床形态发生了重新调整。库区水位壅高，水深增大，水面比降减缓，流速减小，水流输沙能力显著降低，大量泥沙淤积在库区内，其结果不仅带来了一系列严重的危害，还使水库有效库容逐年减少。

一、水库泥沙淤积的不利影响

1. 水库兴利库容和防洪库容减少

泥沙淤积使水库兴利库容和防洪库容被侵占，水库综合效益逐年降低，严重的可危及水库的正常运用和安全。泥沙淤积使水库有效库容不断减少，兴利效益逐年下降，甚至导致水库淤满报废或溃坝失事，使防洪、发电、灌溉、供水等兴利指标不能实现。

2. 引起淹没和浸没损失

水库淤积抬高了上游河床和周围地下水位，造成淹没和浸没损失。水流进入库区，流速

213

减小,其所带泥沙在水库回水末端淤积并逐步上延,抬高上游河床和水位,形成"翘尾巴"现象。"翘尾巴"不仅使上游河道的行洪能力降低,通航条件恶化,还会引起两岸农田的淹没、浸没或盐碱化,危及城镇、厂矿和铁路交通的安全。水库淤积会抬高河床,在局部范围内还会对航运造成不利影响。

3. 影响水利枢纽和建筑物的正常运用

泥沙淤积会增加枢纽建筑物泄水闸门的荷载,使闸门在汛期泄洪时无法正常开启,产生严重后果。泥沙淤积不仅会增加坝体的荷载,还会影响坝体的稳定和安全。

4. 使水库下游河床变形

在水库运用初期,泥沙淤积在水库,出库含沙量很低的清水会引起下游河道长距离冲刷,改变河势,形成新的险工,淘刷引水口、桥梁和防洪工程的基础。当水库排沙时,大量泥沙下泄使下游河道回淤,影响水位、比降和河道行洪能力,给河道整治工作带来很多新问题。

5. 造成水力机械和泄流设施磨损

粗颗粒泥沙进入水轮机、水泵及其他泄流建筑物过流面,会引起磨损,影响机械效率,缩短水力机械的寿命,增加材料损耗和维修时间,加速工程老化和损坏。

6. 加重水库污染

水库淤积既可增强水的自净能力,同时也加重了水库污染。细颗粒悬移质泥沙的表面积大,能吸附大量污染物质。库区蓄水后,大量细颗粒泥沙淤积,虽然下泄水流水质有所改善,但库区水质污染加重,影响生态环境和鱼类等水生生物的生长和繁殖。

二、水库泥沙淤积形态

水库泥沙淤积形态是指泥沙在库区内的淤积形状,它反映了水库泥沙淤积的分布情况。水库淤积形态十分复杂,与来水来沙条件、水库地形条件和水库运用方式等因素有关。

(一)水库淤积纵剖面形态

水库淤积纵剖面形态大致分为3类:三角洲淤积、锥体淤积和带状淤积。

1. 三角洲淤积

水库淤积体的纵剖面呈三角形。三角洲淤积分为四段,即尾部段、顶坡段、前坡段和细沙淤积段(图10.1)。若存在异重流,则细沙淤积段又分为异重流坝前淤积段和坝前静水沉积段。三角洲淤积一般出现在库水位比较高而且稳定,变幅较小,具有一定回水长度和相对入库洪量而言库容较大的水库。湖泊型水库容易形成三角洲淤积,如刘家峡、官厅是典型的三角洲淤积水库。

2. 锥体淤积

水库淤积厚度自上而下沿程增加,坝前淤积厚度最大。在多沙河流上修建中小型水库,普遍会出现锥体淤积,如陕西省黑松林水库和甘肃省巴家嘴水库。由于库区雍水段短,底坡大,淤积迅速发展到坝前,断面呈锥体。

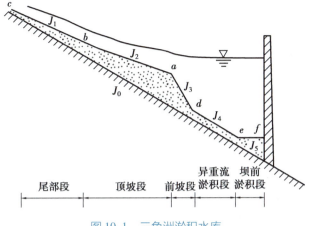

图 10.1　三角洲淤积水库

如图 10.2 所示。锥体淤积的比降主要取决于回水长度和淤积量的大小,并且随着淤积的发展而不断变缓。

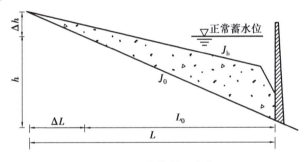

图 10.2　锥体淤积水库

3. 带状淤积

水库淤积厚度沿程分布较均匀。对于库形狭窄的河道型水库,水位变幅大,含沙量较少,泥沙颗粒较细,库区常呈带状淤积分布,泥沙均匀分布在库区的回水范围内。松花江上的丰满水库就属于带状淤积。

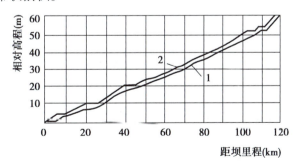

图 10.3　带状淤积水库

1—原河底高程线;2—淤积后河底高程线

有些水库可以形成复杂的淤积形态,上述 3 种形态兼而有之,这是由水库的条件和运用方式所决定的。在研究水库淤积现象和规律时,需具体问题具体分析。

（二）水库横向淤积形态

根据来水来沙条件、河势及边界情况的不同,水库淤积的横向分布大致有以下4种。

1. 沿淤积面水平抬高

当水库高水位运行、水深较大、滩槽水流条件相近、淤积量较大时,常呈现出全断面水平淤高[图10.4(a)]。

2. 沿湿周均匀淤积

这种情况多出现在流速和沙量较小,泥沙较细,但又不形成异重流的坝前段。在这种条件下,含沙量及泥沙粒径沿横向均匀分布,为沿湿周均匀淤积创造了条件[图10.4(b)]。

3. 主槽淤积

当水深不大,水流基本集中在主槽里且来沙量较大时,淤积主要发生在主槽中。随着淤积的发展,主槽摆动,可使全断面逐渐淤高[图10.4(c)]。

4. 滩地淤积

在弯道凸岸局部区域,当主流取直,水位壅高,凸岸边滩时会发生淤积[图10.4(d)]。

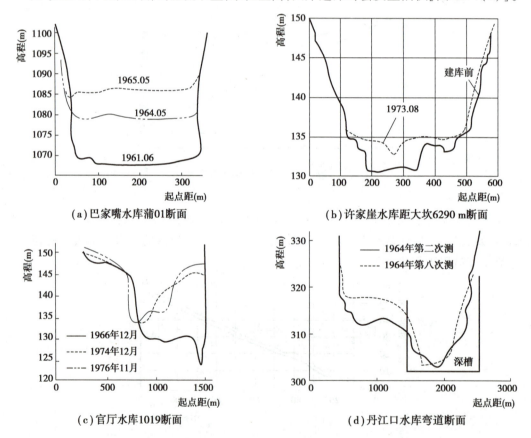

图 10.4　水库淤积横向分布图

（三）淤积后的冲刷形态

在水库的水位消落期或泄洪排沙期,原来淤积在库区的泥沙将受到冲刷,这种冲刷一般集中在较窄的河道内,在足够的流量或比降条件下,水流在库区拉出一条深槽,形成滩槽分明的复式河槽断面。图 10.5 是陕西省黑松林水库一个横断面的淤积和冲刷过程。该图表明,1962 年以前该水库采用拦洪蓄水运用方式,水库严重淤积,滩槽不分,横断面基本淤平。1962 年以后该水库改为蓄清排浑运用,汛期泄空排沙,不仅减轻了库区淤积,在横断面上又出现了分界明显的滩槽,即出现"冲刷一条线"的现象。

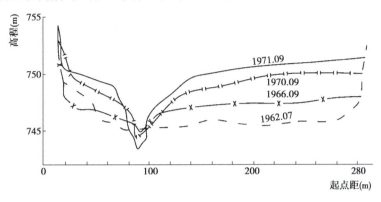

图 10.5 黑松林水库横断面的淤积和冲刷过程

淤积和冲刷的综合结果,使库区滩地只淤不冲,滩面逐年淤高,而主槽有冲有淤,使库区保持相对稳定的深槽。"死滩活槽"即库区横断面的冲淤现象规律的形象总结。

三、水库淤积上延

挟沙水流进入水库回水区,由于水流条件的改变,在回水末端产生壅水淤积,使回水曲线在淤积区上下游范围内普遍抬高,水库回水末端水位的抬高又促使淤积向上游继续发展。这种自回水末端向上游不断发展的淤积现象叫作水库的淤积上延,也称为水库"翘尾巴"。

水库淤积上延会带来一系列严重的后果。上游河床的淤高,使洪水位和正常水位以及两岸地下水位相对升高,不仅造成库区上游河道两岸土地的淹没、浸没和盐碱化,严重影响工农业生产和人民生活,同时也加重了两岸洪水漫溢的威胁和防洪工程的负担。三门峡水库建成初期高水位运用,淤积上延影响黄河北干流和渭河的行洪;山西镇子梁水库因淤积上延,淹没赔偿造成严重的经济损失均是典型的例子。淤积上延还可能使河道形态发生改变,主流摆动,航道紊乱,影响航运的安全。

在修建水土保持工程拦泥库或拦沙堰时,利用淤积上延可以拦截更多的泥沙淤滩造田,化害为利。

水库淤积上延的模式如图 10.6 所示,坝前原正常蓄水深为 h,淤积末端高程与正常蓄水位高程之差为"翘尾巴"高度 Δh,正常蓄水位与原河床平交点至坝体的距离为 L_0,淤积末端距正常蓄水位与原河床交点的距离为"翘尾巴"长度 ΔL。水库淤积上延的程度常用淤积上延系数 ξ 表示:

$$\xi = \frac{L_0 + \Delta L}{L_0} = \frac{\Delta h + h}{h} = 1 + \frac{\Delta h}{h} \tag{10.1}$$

一般认为,当淤积上延系数 $\xi > 1.3$ 时,"翘尾巴"情况比较严重。

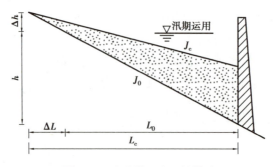

图 10.6　水库淤积上延的模式

谢鉴衡教授经过分析,用淤积平衡比降 J_e 和原河床比降 J_0 的比值表示淤积上延的程度。当 $J_e/J_0 < 1$ 时,说明淤积面趋于水平,淤积末端靠近大坝,"翘尾巴"现象微弱;若 $J_e/J_0 \Rightarrow 1$ 时,说明新河床平衡比降与原河床平衡比降接近,"翘尾巴"现象严重。

一般来说,多沙河流"翘尾巴"现象比少沙河流严重,因为在其他条件相同的情况下,多沙河流的平衡比降 J_e 要比少沙河流的平衡比降大得多。此外,如水流挟带的泥沙比原河床的床沙要细得多,则达到新的平衡,其糙率使 J_e/J_0 要小得多,水库末端淤积轻微;反之,水流挟沙与原河床组成接近,J_e 接近于 J_0,"翘尾巴"现象严重。

解决水库"翘尾巴"的问题,主要是通过合理的水库调度,采用"蓄清排浑"的运用方式,降低库水位泄流冲刷,减轻水库回水区的淤积。

四、水库泥沙的防治与利用

通过长期对水库泥沙淤积治理的实践经验总结,可以把减少水库淤积的措施概括为"拦、排、用"3 个方面。

(一)水库泥沙的拦截与合理利用

水库泥沙主要来自上游流域内的水土流失。因此在水库上游拦截泥沙,减少入库泥沙,是防止和减少水库淤积的根本方法。

首先,在流域内积极开展水土保持工作,封山育林,植树种草,因地制宜,治沟治坡,可以减少水库泥沙的来源。

其次,在水库上游多沙河流上修建拦沙库和淤地坝,将拦截支流泥沙与淤地造田相结合。这样既可减少入库沙量,拦泥库淤满后又可改造耕田,增加土地资源。北京官厅水库建成后,库区淤积十分严重。为了减少入库泥沙,1958 年以后在官厅水库上游的支流上修建各种拦沙小水库 516 座,到 1972 年拦沙总量达 2.5 亿 m^3,大大减轻了官厅水库的淤积。陕西榆林土桥水库利用上游沟道中的 26 座淤地坝,不仅基本控制了河道来沙,减轻了水库淤积,而且淤地 293 hm^2,这些措施促进了农业生产的发展。

再次,采用多库联合运用方式综合利用水沙资源。如在挟沙水流进入水库前,利用有利地形在上游修建子水库拦沙,子母水库上下串联,联合运用,可以减少母水库的淤积,也可以利用子水库水流冲刷母水库的淤沙。类似的还有并联水库、旁引水库等。数千年前,我国已开始采用"引洪淤灌,用洪用沙"的办法,把拦沙与用沙结合起来,变沙害为沙利。例如,2000多年前宁夏、内蒙古的河套灌区就实行了"引洪放淤",成了"黄河百害,惟富一套"的塞北江南。

最后,在水库上游选择有利地形,把挟带大量泥沙的洪水引入低洼地区引洪放淤,清水退回河道进入水库进行调节,可大大减少水库的淤积。需要注意的是,"引洪淤灌,用洪用沙"必须要有配套工程和科学的管理才能取得较好的效果。

(二)水库库区的冲刷和排沙减淤措施

利用河道水流运动的特性,冲刷库区淤积的泥沙,将进入水库和被冲刷起动的泥沙尽可能排走,是减少水库淤积的有效方法。

1.库区冲刷

库区水位的变化不仅可以导致库区淤积,还可以利用上游来水对淤积的泥沙进行冲刷。库区冲刷可分为 3 种类型:溯源冲刷、沿程冲刷和雍水冲刷。

(1)溯源冲刷

水库雍水造成泥沙淤积,形成一定的淤积纵剖面,如三角洲淤积形态。当库水位降至三角洲顶点高程以下时,在三角洲顶点处就会形成跌水,流速增大,挟沙能力增加,从而导致三角洲顶点处发生自下向上游发展的冲刷。这种冲刷使三角洲前坡段比降逐渐减小,冲刷强度也逐渐减弱。这种由于库水位下降而逐步向上游发展的冲刷称为溯源冲刷,如图 10.7 所示。产生溯源冲刷要具备两个条件,即存在前期淤积和库水位有较大的降落。

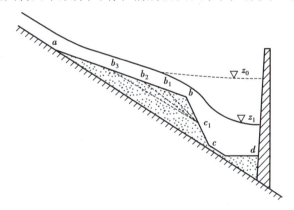

图 10.7　溯源冲刷过程示意图

(2)沿程冲刷

对于不受库水位升降影响的河段,因为来水来沙条件改变而引起河床从上游向下游发展的冲刷,称为沿程冲刷。在自然条件下,来水来沙的变化比较平缓,因此沿程冲刷的强度比溯源冲刷要低。但是沿程冲刷历时较长,冲刷带走的泥沙总量并不少。沿程冲刷是从上游向下游发展,回水变动区的淤积主要依靠沿程冲刷带到坝前,而近坝段的泥沙淤积主要依靠溯源冲刷排出水库。

虽然沿程冲刷与溯源冲刷产生的原因不同,但其冲刷的机理是相同的,都是来水含沙量低于水流挟沙能力,需要冲刷河床得到补充。

(3)雍水冲刷

汛期当水库泄洪能力小于入库洪水流量时,即发生库区滞洪,使库水位雍高,这时开启底孔闸门可以将淤积在坝前的泥沙排出库区,这种冲刷称为雍水冲刷。发生雍水冲刷取决于泄水孔前的流速场分布,如果这个流速场能对泄水孔前的淤积物产生冲刷,就能形成壅水冲刷。当泄水孔前有淤积,且未堵塞泄水孔时,泄水孔的泄流可以冲刷孔前淤沙形成漏斗,并随着冲刷漏斗的扩大,冲刷强度逐渐减弱,最终趋于平衡。壅水冲刷的范围十分有限,且与淤积物的固结程度有关。

2. 水库的排沙减淤措施

水库的排沙方式主要有滞洪排沙、异重流排沙、泄空排沙、基流排沙和机械清淤排沙等。

(1)滞洪排沙

在汛期低水位或空库迎汛,如入库洪水大于泄量时,就会产生滞洪壅水,泥沙来不及大量落淤,可通过泄水建筑物排出库外,这就是滞洪排沙。滞洪排沙的效果受滞洪历时、排沙时机、开闸时间、泄量大小和洪水漫滩程度等因素的影响。汛期沙量集中,一般来说,开闸及时,滞洪历时短,下泄量大,洪水不漫滩或少漫滩,则排沙效率高,这时利用滞洪排沙往往效果较好。例如,河北省洗马林水库在某次洪水中利用滞洪排沙,$Q_入/Q_出 \approx 10$,进库含沙量为147 kg/m³,出库含沙量达365 kg/m³,不仅排走带来的泥沙,还利用壅水冲刷冲走部分前期淤沙,排沙效果显著。

(2)异重流排沙

水库蓄水期间,由于清浑水密度不同,当挟沙洪水形成潜入库底运动的异重流时,若能适时打开排沙洞(或冲沙底孔),就可将大部分泥沙排走,减少水库的淤积。黑松林水库异重流排沙的 7 次观测结果显示,平均排沙率为61.2%,最高达91.4%。官厅水库1953—1957 年实测资料表明,其异重流排沙比达20% ~ 40%。2004 年夏,黄河水利委员会在小浪底水库进行调水调沙,利用万家寨和三门峡水库联合调度,在小浪底水库形成异重流排沙,减轻了库区泥沙淤积,取得了较好的结果。

小浪底水库异重流排沙

异重流排沙的效果与洪水流量、含沙量、泥沙粒径、泄量、库区地形、开闸时间及底孔尺寸和高程有关。洪水流量大、历时长,使异重流能持续运动到坝前,排沙效果好;入库洪水含沙量大,粒径细,泥沙不易沉降,可运至坝前排出;另外库区地形平顺、比降大、回水短、泄量大、底孔高程低等特点都能提高异重流排沙率。

异重流排沙的特点是:刚开始排出水流的含沙量大,排沙效率高;当洪峰降落后,含沙量和排沙效率都逐渐下降。浑水潜入清水会出现部分浑水扩散,特别是潜入点附近泥沙在主槽两侧滩地大量淤积,使排沙效率有所下降。异重流排沙的优点是弃水量小,有利于水库蓄水兴利。

(3)泄空排沙

当水库放空时,回水末端逐渐向坝前移动,库区会发生溯源冲刷和沿程冲刷,这种排沙方式称为泄空排沙,是保持长期有效库容的重要措施。如果在水库泄空的最后阶段,突然加大泄量,冲刷效果将更加显著。在泄空排沙过程中,沿程冲刷能把回水末端淤积的泥沙带到坝前;溯源冲刷又能将沿程冲刷带到坝前的泥沙排出库区,并逐渐向上游发展。

(4)基流排沙(常流量排沙)

水库泄空后,依靠挟沙不饱和的常流量畅泄冲刷主槽,可以恢复有效库容,这种排沙方式称为基流排沙。基流排沙的特点是:开始阶段冲刷强度较大,随着时间的推移冲刷逐渐减弱,当主槽纵比降趋于相对稳定时,冲刷降为最小。基流排沙的效果取决于常流量及其含沙量的大小,流量大、含沙量小则排沙效果好。

(5)机械清淤排沙

利用水力排沙都要消耗一定的水量,对于缺水干旱地区和没有设置排沙底孔的水库则不适宜,这时就可以采用机械方式将淤积在库区的泥沙排出水库,保持一定的兴利库容。机械清淤有挖泥船、吸泥泵或虹吸清淤装置,这些方法适用于中小水库和航道的清淤,但其费用较高,管理较复杂,只能在局部范围内采用。

综上所述,水库排沙措施要因地制宜、因时制宜,根据河流水沙特性合理地选用,正确处理排沙与蓄水的矛盾,充分发挥水库的综合效益。

红旗渠

第二节　取水工程及渠系泥沙

为了满足用水的需要,人类常常在河道两岸设引水口取水。早在 2000 多年前,我国劳动人民就修建了都江堰、郑国渠、秦渠等大型引水灌溉工程。到了近代,河流更是工农业和城市生产生活用水的主要来源。

引水口的设置应能引入设计流量,满足引水保证率,同时要求保持取水口的稳定。由于引水必定引入泥沙,因此会带来引水口和渠道的淤积以及水质处理问题;此外,大量引水还会造成引水口上、下游河道变动,导致径流的巨大改变甚至会影响河流的稳定性,引起河道萎缩。如果处理不当,这些问题会导致取水工程的破坏和淤废。因此,在规划、设计和管理取水工程时,必须妥善解决水流带来的泥沙问题。

一、取水工程的取水防沙

根据是否修建拦河壅水坝,取水工程可分为无坝引水和有坝引水。

(一)无坝引水工程的取水防沙

当河道中的水位、流量能够满足自流引水条件时,在河道两岸的适当位置开挖取水口,这种无须拦河筑坝的引水方式就是无坝引水。无坝引水一般在引水口处设有水闸,以控制入渠流量。无坝引水由于工程简单、投资省、收效快而得到广泛采用。但是这种引水方式受河道水流要素变化的影响较大,引水保证率较低,在引水的同时往往不可避免地引进较多的泥沙。在冲积性河流上,引水口附近河道的河床演变,对引水口的正常运用影响很大。

1.取水口位置的选择

(1)弯道引水口位置的确定

弯道凹岸顶冲点的下游是设置无坝引水口的理想位置,利用弯道环流的水沙运动特性,可以引取表层清水(图 10.8)。一般引水口至弯道起点的距离为河宽的 4~5 倍,采用正面引水的方式。

在弯道顶冲点附近环流作用最强,水流靠岸,水深较大。同时由于环流的作用,含沙量

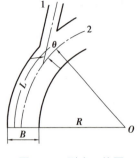

图 10.8　引水口位置

低的表层水流流向凹岸,含沙量较高的底层水流流向凸岸,故引水口选在凹岸不仅容易将水流引入渠道,而且还可以减少入渠泥沙。虽然弯道凹岸常年受主流顶冲,弯顶容易崩塌后退,但只要采取合理的护岸措施,就能够保持取水口的稳定。

（2）直河段取水口位置的确定

当需要在直河段设置取水口时,水流从主河道进入取水口,流线弯曲,靠近引水渠一侧的水面降低,使引水口前表、底层水流的分流角、宽度都不相同。底流流速小,易于转弯,泥沙容易进入引水渠。因此在直河段布置取水口,需要采取防沙工程措施,调整进口流态,减小底流宽度,以减少入渠泥沙。

（3）进水闸的布置

在保证工程安全的前提下,应尽量使进水闸靠近河岸布置,使闸前引水渠最短。因为引水渠过长,入渠水流阻力增大,不利于引水;同时在进水闸关闭时,引水渠成为"盲肠",易产生异重流淤积。此外,口门附近容易形成回流,使大量粗沙淤积形成拦门沙。这种淤积体既阻碍了进水,开闸引水时又会将大量泥沙带进渠道。当河岸土质较差,抵御水流冲击能力较弱时,进水闸应布置在距河岸较远的地方,以保证闸身的安全。另外,进水闸的底板高程是控制引水、防止推移质泥沙入渠的重要因素。一般情况下,闸底板应比闸前设计水位下的平均河底高 1~2 m。

2. 稳定取水口的措施

弯道凹岸是设置引水口的理想位置,但在实际工程中不一定能遇到可以利用的天然河湾。为了创造凹岸引水的条件,需要采取措施将河段整治成人工弯道。如图 10.9 所示,在微弯河段的凸岸布置一系列丁坝固滩促淤,形成平顺的圆弧形岸线,同时在凹岸顶冲点附近进行护岸,在取水口附近整治形成适合引水的人工弯道。

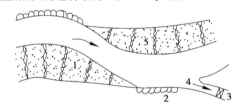

图 10.9　整治后形成的弯道引水口

1—丁坝;2—护岸;3—进水闸;4—引水渠;5—边滩

取水口附近河道的主流如果经常摆动,会对取水口的正常运行产生不利影响。对于取水工程,一方面希望河道主流能常年贴靠取水口,另一方面又不希望水流冲刷危及取水口渠首建筑物的安全。为防止取水口出现"脱溜"现象,通常采取局部整治措施,利用一些导流、挑流工程控制河势。图 10.10 为某河道下游引水渠首采用两种类型的丁坝,将主流挑向取水口附近。为防止水流的顶冲和淘刷,在取水口上下游一定范围内需要布设护岸工程。对于不稳定的河道,这种局部整治措施常受上游河势变化的影响,这时应对全河段的防洪、航运、引水等要求统筹兼顾,统一安排工程措施。

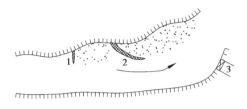

图 10.10　某河引水口整治工程示意图
1—上挑丁坝;2—下挑丁坝;3—引水口

3. 引水渠首的防淤措施

（1）叠梁

叠梁是一种机动、灵活的防沙工程措施,一般是把 0.3～0.5 m 高的钢筋混凝土板或木制横梁,根据防沙要求,逐块安装在进水闸检修门槽内,以防止底沙进入渠道。

（2）导流堤

在非通航的中小河流上,当引取流量较大时,为了有利于引水和防沙,常在渠首设置导流堤。导流堤的作用是收缩水流,壅高闸前水位,引水入渠,保证引进必需的流量。导流堤是引水槽的组成部分,导流堤轴线与水流方向的夹角 θ 一般为 10°～20°,引水槽进口呈喇叭形收缩。

（3）冲沙道

当引水渠较长且没有修建拦沙闸,闸后又无低地可建沉沙池时,可根据地形条件修建冲沙道。冲沙道可与原河道、其他河道或湖泊连接,被冲刷的泥沙可由原河道或其他河道输送至下游,也可淤沉在湖泊中。

（4）侧向引水的防沙措施

当取水口布置在河道两侧,从河道侧面引水时,水流流线弯曲产生横向环流。这时河道表层水流流速高,具有较大的惯性随主流流向下游,改变其方向流进引水口较为困难;而底层水流则相反,即含沙量高的底层水流更容易进入取水口。为预防侧向引水口的淤积,可在引水口下唇修建截水短丁坝,壅高闸前水位,改善表层水流引水条件,使表流容易进入引水口;或在引水渠口门附近顺河道水流方向设置拦沙潜堰、导流屏等。

（5）拦沙闸

对于具有较长引水渠的取水口,为了解决进水闸关闭时引水渠内的泥沙淤积问题,在引水渠临河岸处增设结构比较简单的拦沙闸。当进水闸停止引水时,关闭拦沙闸使挟沙水流不能进入引水渠,从而避免引水渠的异重流和泥沙淤积。

（6）其他措施

在长引水渠口门前设置防淤帘,也可防止进水闸停水期引渠内产生浑水和异重流淤积。修建防淤帘比建拦沙闸节约投资,但运行管理较麻烦。在没有条件设置拦沙闸的引水口,为了避免引水渠淤堵,还可采取水力拉沙的方法清淤。在关闸停水期间,需要观测引水渠的淤积状况,当淤积达到一定程度时,需要开闸放水,利用闸前水头将淤积的泥沙冲走。利用水力冲沙在大水大沙期间要关闸避开沙峰,沙峰过后采取"高水头、大流量"强力冲刷的措施。在冲沙前要泄空输水渠及沉沙池积水以加大比降,从而将引水渠和输水渠中淤积的泥沙一起冲走。

(二)有坝引水工程的取水防沙

当河流中水位较低不能满足自流引水时,需要修建拦河低坝来壅高水位,这种取水工程即有坝引水工程。有坝引水工程工作可靠,有利于综合管理,在我国有着广泛应用。常用的有坝引水建筑物有以下 3 种形式。

1.侧面引水枢纽

侧面引水枢纽布置的特点是:在河流正面布置壅水建筑物和冲沙设施,在河流的侧面布置进水闸。枢纽主要由溢流坝、冲沙闸和进水闸组成,如图 10.11 所示。取水口前缘与坝轴线的夹角以 105°～110°为宜,引水时,水流经过沉沙池再进入引水闸,多余水流通过溢流坝下泄。当沉沙池内泥沙淤积超过允许限度时,必须打开冲沙闸进行冲沙。在冲沙时,必须关闭闸门,停止引水。

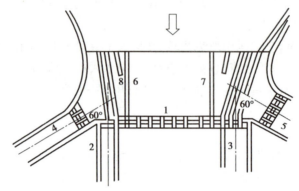

图 10.11　某侧面引水枢纽工程平面布置

1—泄洪闸;2,3—东、西冲沙闸;4,5—东、西进水闸;

6,7—东、西导水墙;8—导沙坎与沉沙池

2.正面引水枢纽

正面引水枢纽布置的特点是:利用弯道环流,将河道表层清水导向引水口,底层挟沙水流引向泄水闸,形成正面引水侧面排沙的布局。建筑物除进水闸和泄水闸外,还常修建形成弯道环流的上游导流堤,如图 10.12 所示。

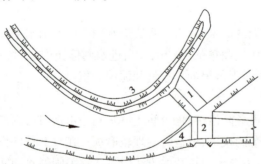

图 10.12　正面引水枢纽工程布置

1—冲沙闸;2—进水闸;3—导流堤;4—曲线形闸坎

正面引水枢纽把进水闸设在弯道凹岸迎流处,而泄水闸与水流方向斜交。这种布置既利用了河湾的天然环流,也利用了侧向泄水所产生的环流。有些低水头引水枢纽还在进水闸前

设置了曲线形导流墙和螺旋流冲沙槽,强化环流并将底沙推向排沙道,如图 10.13 所示。

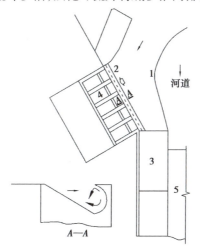

图 10.13 曲线形导流墙和螺旋流冲沙槽

1—导流墙;2—螺旋流冲沙槽;3—排沙道;4—引水口;5—拦河坝

从防止悬移质泥沙进入渠道的角度来看,正面引水要比侧面引水优越。不过正面引水的进水闸一般都紧靠凹岸主流,导流堤容易遭环流的淘刷而破坏,应注意导流堤的防冲保护。

3. 底栏栅取水枢纽

我国西部山溪性河流坡陡流急,河床多为卵石、砾石,为了防止卵石进入渠道,可以采用底栏栅式取水。底栏栅式引水渠首,由底栏栅堰、引水廊道、进水闸、泄洪冲沙闸、导沙坎、导流堤、溢流坝等组成,其平面布置如图 10.14 所示。底栏栅堰既能壅水,又能作为引水廊道。当水流经底栏栅堰顶时,大于栅隙的卵石被拦截,从堰顶随流排至下游河道,而水流则穿过底栏栅进入引水廊道,再通过进水闸输送至引水渠。底栏栅取水枢纽结构简单、投资少,能有效排除推移质泥沙,但小于栅缝的泥沙容易进入引渠,并堵塞栏栅。

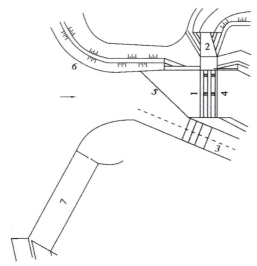

图 10.14 底栏栅式取水工程平面布置

1—栏栅堰;2—引水廊道;3—泄洪冲沙闸;4—引水渠;5—导沙坎;6—导流堤;7—溢流坝

二、渠系泥沙的防治

织女渠淤积

在多沙河流上引水,虽然在渠首采取各种防沙排沙措施,但总有部分泥沙进入引水渠道。因此需要采取有效措施,防止因水流挟沙能力不足造成渠道的严重淤积,降低输水能力;同时要防止渠道被冲刷破坏,维持渠道的稳定。

(一)渠道稳定措施

渠道稳定主要表现在两个方面:一是要求渠道在一段时间内保持冲淤平衡的稳定状态;二是要求渠道保持不冲不淤的稳定状态,这里讨论后者。保持渠道稳定的措施主要有以下 3 种方式。

1.渠首防淤清淤

引水渠设置螺旋流冲沙槽、侧面排沙道,及时排走进入引渠的泥沙,利用机械拖淤清理口门前的泥沙。

2.沉沙池

在进水闸下游适当地点修建沉沙池,集中处理进入渠道的泥沙。通过自流引水沉沙,或淤填洼地涝田,或利用泥沙进行堤防的淤临淤背,再让清水流回渠道。

3.设计稳定渠道

通过合理设计渠道横断面、纵比降和护坡,提高渠道防冲能力和水流挟沙能力,使较细的泥沙能输送至田间,维持渠道的稳定。这里仅介绍沉沙池。

(二)沉沙池

沉沙池的平面形状可分为直线型(或矩形)、曲线型和沉沙条渠 3 种。在沉沙池的进出口处一般都设有控制闸门,根据出口含沙量的状况,可以调节池中水位、流速,以便提高泥沙落淤效率。

1.直线型沉沙池

直线型沉沙池如图 10.15 所示,它可分为单室、双室、多室和有侧渠的沉沙池。

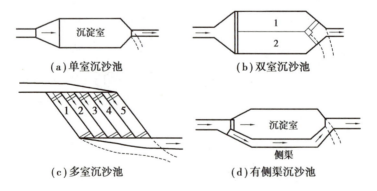

(a)单室沉沙池 (b)双室沉沙池

(c)多室沉沙池 (d)有侧渠沉沙池

图 10.15 直线型沉沙池的形式

单室直线型沉沙池是最简单的形式,适用于流量小于 15 ~ 20 m^3/s 的渠道。其缺点是冲洗淤沙时必须停止向渠道供水。流量大于 15 ~ 20 m^3/s 的渠道,可采用双室或多室沉沙池;当一个沉沙池冲洗时,其他沉沙池还可向渠道供水,且冲洗沉沙池所需的流量较小。

带有侧渠的沉沙池的特点是:沉沙池冲洗时可由侧渠供水,使供水不致中断,但水流含沙量较大。为了减少入渠泥沙,应尽可能地在供水量最小的情况下进行冲洗。

2. 曲线型沉沙池

曲线型沉沙池在山溪性多沙河流的渠首工程中应用较多。这种沉沙池结构简单,造价低廉,施工方便,而且排沙效果良好,如图 10.16 所示。

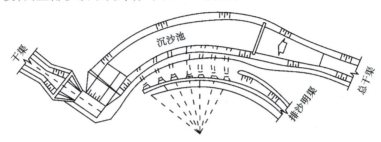

图 10.16　曲线型沉沙池的形式

3. 沉沙条渠

沉沙条渠广泛应用于黄河下游引黄灌区的渠首,它是利用背河的天然洼地作为沉沙池,在沉沙池内用围堤和格堤分成若干条渠,各条渠可分期轮换使用,能充分发挥其沉沙容积的作用。

第三节　河流泥沙利用

河流中的泥沙是水流与河床相互作用、引起河床演变的媒介。泥沙的冲淤会给防洪、引水、航运带来许多严重的问题,需要采取措施妥善处理。但是级配适宜的泥沙又是良好的建筑材料,可用来筑堤建坝、制作混凝土砂浆或烧砖;从坡面汇流的黏细颗粒泥沙含有大量的腐殖质和有机肥料,引入田间可以改良土壤结构,提高土壤肥力。因此,河流泥沙是一种可供开发利用的有效资源。

一、河流泥沙利用情况

河流泥沙利用情况主要为沟道用洪用沙、建筑用沙、沉沙淤地改土和引沙淤筑堤(滩)等。

1. 沟道用洪用沙

在一些经常出现高含沙洪水的支流沟道上修筑淤地坝,汛期淤地坝可以滞洪拦泥造地,既可以减少水土流失进入大河,又可以治理沟道增加农田。这已成为我国大江大河总体治理规划中的重要组成部分。

2. 建筑用沙

在我国一些平原河流上,到处都有挖淘河床粗沙的现象。这种沙级配均匀、粗细适中,是良好的建筑材料。这类挖沙虽然拓深了河道,但大多是无规划的行为,有些挖沙会危及堤岸安全,甚至破坏河槽、妨碍行洪。因此,开挖建筑用沙应进行规划和组织,与浅滩疏浚、挖槽清淤有机地结合起来,以利于防洪与航运。有的地方还利用引水渠或沉沙池的清淤泥沙,通过挤压做成免烧砖,用来垫筑房台等。

3.沉沙淤地改土

将工农业引水或专门引洪的泥沙沉淤在低洼盐碱地、荒滩、涝田内,并使表层沉淤泥沙的级配符合农作物生长的要求。我国西北地区与黄河下游广泛采用这种方法,达到压碱改土、淤造良田的目的,取得了良好的效果。这类工程被称为放淤(改土)工程。

4.引沙淤筑堤(滩)

利用专用机具设备引水输沙,将河道、河滩里的泥沙输运淤沉在堤防的临、背两侧,加高加固堤防;或者将泥沙输运淤沉在低洼荒滩,使其淤筑到一定的高度,然后再淤地改土,把低洼荒滩改造成能够满足一定防洪要求的耕田或移民区。这类工程被称为淤筑工程。

二、放淤(改土)工程

(一)放淤工程的类型

把河流中含沙量较高的浑水引入预定区域沉沙改土,使其满足使用要求,这一区域称为放淤区。根据放淤区的形式、规模、放淤方式和生产任务的不同,放淤工程的类型如下:

1.按生产任务

(1)放淤灌溉

将含沙量较高的浑水引进沉沙池,待泥沙沉淀后,将清水或仅含极细泥沙的低含沙浑水用于灌溉或供水,简称淤灌。一个沉沙池淤满后可以改造为田地,再利用其他沉沙池沉淤泥沙。这种淤灌工程就是沉沙池工程,一般是灌溉引水工程的组成部分。

(2)放淤改土

将汛期含沙量较高的浑水直接送入低洼盐碱地(淤区)灌淤,淤高洼地,压碱改土造田。在改土造田的过程中,实行年内"一水一麦",即在汛期淤区放水淤灌,汛后种麦;也可在汛期(麦收后)种抗涝高秆作物。经放淤沉积后的清水通过排水河道送走,或通过渠系供下游农田灌溉使用。在放淤改土完成后,再修建配套灌溉渠系。黄河上的放淤工程大多如此。

2.按淤区平面布置

(1)湖泊式淤区

湖泊式淤区是沿洼地边缘筑堤而成的,其形状一般都不规则,放水沉沙时像人工湖。当挟沙水流进入淤区后突然扩散,过水断面剧增而流速骤减,大部分泥沙在较短的流程内呈扇形淤积,往往形成拦门沙,影响引水。淤区内泥沙淤积沿主流纵向发展较快,但横向淤积分布不均匀,淤厚从中间向两侧迅速递减。有时淤区形成几股汊道,水流十分散乱。这种淤区由于淤积分布不均匀,降低了沉沙池的利用率;同时淤积物的粒径分布也不均匀,对耕作不利。此外放淤水面宽阔,风浪较大,增加了守护围堤的困难。其突出的优点是:施工简单、围堤工程量小。

（2）条渠式淤区

条渠式淤区的外形较规则，多为带状或香蕉形。淤区内纵向和横向流速分布比较均匀，因而纵横向淤积发展都较均匀，淤区利用率较高。淤土粒径不论是在平面上还是在沿垂线上，分布都比较均匀，能够满足耕作的要求，是放淤改土的较好形式。其缺点是：淤区围堤的工程量大。

（3）格田式淤区

格田式淤区是由许多格堤围成的格田组成的，外形一般不规则。其淤积发展特点介于湖泊式淤区与条渠式淤区之间。但由于格田几何尺度不大，通过控制格田的几何尺寸和进出流条件，可以使淤积分布较为均匀，明显优于湖泊式淤区。格田式淤区的围堤工程量没有条渠式淤区大。因此，不少大规模放淤工程都采用这种淤区平面布置形式。

3. 按放淤方式

（1）静水放淤

静水放淤过程是：关闭退水闸，将浑水引进淤区到设计水位后关闭进水闸，进行静水沉淀；当沉淀基本结束时，打开退水闸排出清水。同一个淤区静水放淤可重复多次，直至达到设计放淤厚度为止。这种方式放淤，淤积物厚度和粒径分布都比较均匀，造田改土效果好。浑水中泥沙几乎全部沉淀在淤区，退水基本是清水，可避免排水河道的淤积。其缺点是：放淤速度慢，工期较长。目前单纯的静水放淤方法已很少被采用。

（2）动水放淤

动水放淤是指调节淤区进、出口闸门，使淤区始终保持动水沉沙。泥沙在运动过程中沿程落淤，水流到达退水闸后及时排出，但退水闸不可避免地含有一定量的泥沙。淤区退水含沙量可以通过调整退水闸门，抬高出口水位，将其控制在允许范围内。动水放淤的速度较快，但淤积物厚度和粒径分布不如静水放淤均匀。另外，如果退水控制不当，退水含沙量超过允许值，将会造成下游渠道或排水河道的淤积。动水放淤主要是把放淤区作为沉沙池的情况下采用。

（3）静水和动水结合放淤

这种方式可以充分发挥两种放淤方式的优点，避免它们的缺点，放淤效果较好。动静结合放淤的具体方法是：先进行动水放淤，待淤积厚度接近设计高程时，再进行静水放淤。这样可使表层淤积一定的厚度，分布比较均匀的细泥，以满足农业耕作要求。在盐碱化较严重的地区，可考虑在放淤开始时增加一次静水放淤，其目的是在地表先形成一层黏土覆盖层，用来隔离下层的盐碱。

4. 按引取浑水方式

根据引取浑水方式的不同，放淤工程还可分为自流放淤和机械放淤。在地理条件具备的情况下，自流放淤流量大，放淤面积大，成本低，但放淤时间和放淤高程均受自然条件限制。与此相反，机械放淤一般流量较小，放淤面积较小，费用较高，但放淤时间和放淤高程基本上不受限制，放淤效率较高。机械放淤目前主要用于加固堤防和填筑高地。

为了使淤区能够淤得比较均匀，有利于耕作，不造成下游渠系或排水河道的淤积，应根据具体情况灵活运用上述放淤方式。

（二）淤区规划原则

①综合利用江河水沙资源，充分发挥粗沙固堤填洼、细沙改土肥田的综合效益。

②采取分区分期轮番放淤的方式，力争当年放淤、当年耕种。

③健全排水和截渗系统，尽可能地减少淤区附近地下水位的抬高，避免次生盐碱化。另外，需要考虑大量引流放淤对干流河道用水和通航的影响。

④选择地势低洼、土地贫瘠、人烟稀少、引水排水条件较好的地方作为放淤区，尽量利用原有的引水、排水设施和原有的堤防、高岗作围堤，减少工程投资。

⑤合理布置格田区的大小，选择合适放淤时机，力求放淤区落淤分布均匀，土壤粒配良好，以利于农业耕种。

（三）放淤工程设施

1. 引水口

自流放淤工程一般采取无坝引水方式直接在临河处设闸取水，引水口布置在凹岸顶冲点附近，可提高取水取沙的保证率。

2. 输沙渠

输沙渠的规划设计参见高含沙水流渠道规划设计。

3. 淤区

淤区工程包括进、出口工程，围堤工程，导（格）堤工程等。如果一条输沙渠同时淤灌若干淤区，那么淤区的进口应布置在输沙渠两侧，出口应紧接排水渠道。条渠式淤区可单口进退水，湖泊式或格田式淤区可多口进退水。淤区进、出口均设有简易水闸，便于控制水位、流量。退水口的底槛应高于原有地面，超高不小于设计的最小淤厚。退水闸应设置叠梁式闸板，以便控制退泄清水。淤区四周修建围堤的标准要因地制宜，一般堤高0.8 m（可以控制水深0.5～0.7 m），堤顶宽2.0～5.0 m，边坡视土壤性质常取1:1.3～1:1.5。淤区面积根据放淤要求和引水引沙量综合考虑确定。

4. 截渗及排水工程

放淤时淤区的渗水将引起邻区地下水位的抬高。因此，在修围堤时，应开挖截渗沟和排水工程，及时排走渗水，降低地下水位，以防止周边土壤盐碱化。

三、淤筑工程

（一）淤筑工程的分类

1. 根据目的

根据目的分，淤筑工程可分为淤筑堤防工程和淤筑高地工程两种。

①淤筑堤防工程旨在改善河道行洪条件，巩固河道堤防的淤筑工程。在黄河下游又称为淤临、淤背。

②淤筑高地工程是开发改造低滩、填高洼地的淤筑工程。筑高荒滩后用于安置移民的淤筑工程又称为淤滩工程。

2. 根据引水沉沙方式

根据引水沉沙方式分，淤筑工程可分为自流引水淤筑和扬水淤筑两种。

①自流引水淤筑是指利用河道两岸原有的引水设施,如涵闸、虹吸管、引水渠等进行自流引水淤筑(图10.17)。这种淤筑方式投资少,但引沙条件取决于大河含沙量,引水引沙的时间和淤填高度受自然条件限制。

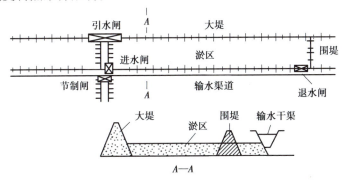

图 10.17 单闸自流引水沉沙淤筑工程示意图

②扬水淤筑是通过高压水枪或绞刀搅拌,获取高质量浓度泥浆,采用泥浆泵、挖泥船等专用机具,通过管、渠输送至沉沙区进行淤筑(图10.18)。这种方式淤筑效率高,淤填高度和淤筑时间限制少,但投资较大。

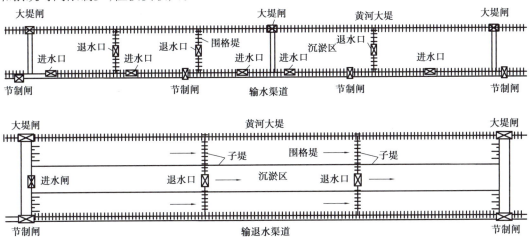

图 10.18 多闸自流引水沉沙淤筑工程示意图

当然也可以将两者结合起来,即采用先自流再扬水的方式,其目的是增加淤填面的高度。

(二)淤筑堤防工程

在一些冲积河流下游,堤防的临河、背河处经常散布着一些坑塘、洼地、串沟,有的地方在临堤处形成平行堤防的"堤沟河"。汛期一旦洪水漫滩,容易引起串沟夺溜、大水偎堤或者发生"滚河"形成临堤行洪。这些情况对堤防极其不利,成为汛期防洪的隐患。另外,有些河流因河道淤积或堤防薄弱、防渗抗冲能力差,达不到设防标准,需要加高、加宽大堤以巩固堤防。

淤背固堤是黄河下游在治河实践中的一项重要创举,是改善河道行洪条件、巩固堤防而实施的利用河流泥沙的工程措施。通过淤背加固,填平了大堤背河侧的低洼坑塘,加大了堤防宽度,延长了渗径,增强了堤身的稳定性,有效解决了堤防漏洞、渗水、管涌等险情,提高了堤防防御洪水的能力。

在河道内每挖取 1 亿 m³ 泥沙就相当于在 800 km 长、500 m 宽的河道中平均挖深 0.25 m，起到了减缓河床淤积抬高的作用。淤背固堤是在黄河河道中取土，减少了挖毁农田；按平均挖深 1.0 m 计算，已完成的淤背固堤土方，共计可减少挖毁农田近 6 万 hm²，相当于近百万农民的耕地。由于采用水力输送，减少了挖地的赔偿，节约了大量工程建设资金。实践证明，进行淤背固堤且达到加固标准的堤段，发生大洪水时，背河都没有险情发生。因此淤背固堤是进行黄河下游治理、确保黄河长治久安的一项重要战略措施。

（三）淤筑高地工程

1. 自流引水沉沙，挖淤筑高地面工程

从多沙河流引水需处理大量的泥沙，利用低洼地所做的沉沙池不用太长时间就会淤平，要继续引水就得采用工程措施处理引水泥沙。这类淤筑工程（图 10.19）就是利用挖泥船，通过挖淤、搅拌等方式，将沉沙池泥沙以高质量、高浓度泥浆形式输送到沉沙池附近淤筑区，既能将该处地面淤高，又能保持沉沙池正常工作所需的沉沙库容。例如，山东位山引黄灌区采用挖淤方式筑高沉沙池池周和输沙渠两侧地面 5.0~7.0 m，盖淤压沙还耕地，并且沿渠建立了利用弃沙制砖的砖厂，较好地处理了引水泥沙的问题。

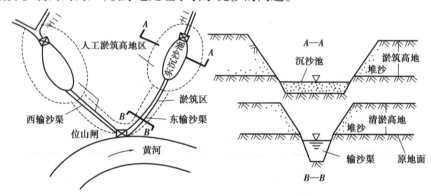

图 10.19　引水沉沙淤筑高地示意图

2. 提水淤滩筑高地面工程

当一些河流具有一般洪水不淹没的广阔河漫滩时，在不影响河道行洪的前提下，利用河边新滩或河槽中的泥沙将部分滩区淤筑成满足一定防洪标准的可耕高地，将其作为农业开发利用或安置移民。这种淤筑滩地、束窄河道的工程被称为淤滩工程或淤改工程（图 10.20）。

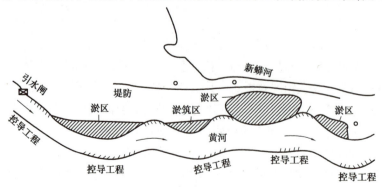

图 10.20　黄河淤滩工程总体平面位置图

第十一章 治水记

【学习任务】

了解中国水利在习近平总书记关于治水思想的指引下取得的显著成就,见证治水兴国的战略思想为粮食安全、经济安全、社会安全、生态安全和国家安全提供的有力保障。

【课程导入】

长江经济带、黄河流域高质量发展、环渤海经济圈、长三角一体化、粤港澳大湾区,新时代的中国,正以江河水系汇聚起磅礴的发展能量。治水安邦、兴水利民,江河安澜、国泰民安,锦绣中国、水美人和;中华文明源于江河、辉耀东方。党的二十大报告明确提出:"从现在起,中国共产党的中心任务就是团结带领全国各族人民全面建成社会主义现代化强国、实现第二个百年奋斗目标,以中国式现代化全面推进中华民族伟大复兴。"

《治水记》是中央广播电视总台财经节目中心制作的大型纪录片,该片于2024年2月4—8日在央视综合频道(CCTV-1)18:00档首播;2024年2月5—9日在央视财经频道(CCTV-2)13:00档重播。

第一集:善水善治

中国以占全球6%的淡水资源养育着全世界近20%的人口。40万 km 骨干渠道,浇灌着10.55亿亩耕地,生产了全国77%的粮食和90%以上的经济作物。中国以有限的水资源支撑着全世界最完备的工业体系。习近平总书记深刻指出,水是生存之本、文明之源,要想国泰民安岁稔年丰,必须善于治水。

第一集:善水善治

习近平总书记站在"两个一百年"奋斗目标的历史交汇点上,擘画国家江河战略、擘画国家发展蓝图。奔腾不息的长江、源远流长的黄河,滋养着中华民族;灿烂辉煌的中华文明将世代传承、赓续万年。

第二集:节水优先

在这个看起来70%都是水的地球上,缺水一直是可持续发展的关键挑战,而且愈演愈烈。全球水资源中只有0.4%是淡水,中国水资源人均拥有量只有世界平均水平的1/4。作为全球第二大经济体,科学统筹节约利用有限水资源,中国正在努力寻找优选答案。

第二集:节水优先

习近平总书记指出,要坚持以水定城、以水定地、以水定人、以水定产,把水资源作为最大的刚性约束,合理规划人口、城市和产业发展。

第三集:空间均衡

滚滚长江东逝水,东去入海的水量每年有 9600 亿 m³ 之巨,相当于 20 个黄河。南方水多,北方水少。真正把宏伟设想和精巧布局变成现实,是国家经济实力、组织能力和执行能力的高度结合。

第三集:空间均衡

习近平总书记指出,水网建设起来,会是中华民族在治水历程中的又一个世纪画卷,会载入千秋史册。智水中国,治水未来。

第四集:系统治理

水润万物而不争,这十年,中国立足人与自然和谐共生,坚持山水林田湖草沙系统治理,智慧安澜、生态宜居、文化繁荣,一条条幸福河湖正融入中国社会经济发展和人民日常生活中。文明因水而生,文明因治水而兴。

第四集:系统治理

习近平总书记指出,尊重自然、顺应自然、保护自然,坚持系统观念,站在人与自然和谐共生的高度谋划发展。习近平总书记强调,治水要良治。良治内涵之一就是善用系统思维,统筹水的全过程治理,不能头疼医头、脚疼医脚;必须考虑山水林田湖草沙各方面的各种要素以及他们之间的关系。

第五集:两手发力

2016 年 6 月 28 日,中国水权交易所挂牌成立,这是世界第一家,也是唯一一家由国家推行并成立的水权交易所。它的使命是运用市场化机制优化水资源配置。与此同时,一个多层次系统性工程正在展开。政府的有形之手和市场的无形之手在合力推进。

第五集:两手发力

习近平总书记指出,继长江经济带发展战略之后,我们提出黄河流域生态保护和高质量发展战略,国家的江河战略就确立起来了。江河战略是习近平总书记亲自擘画、亲自部署的重大国家战略。

参考文献

［1］索丽生,刘宁.水工设计手册［M］.2版.北京:中国水利水电出版社,2011.

［2］张玉环,李周.大江大河水灾防治对策的研究［M］.北京:中国水利水电出版社,2004.

［3］中华人民共和国国家统计局,中华人民共和国民政部.中国灾情报告:1949—1995［M］.北京:中国统计出版社,1995.

［4］中华人民共和国水利部.2023年全国水利发展统计公报［M］.北京:中国水利水电出版社,2024.

［5］钱宁,张仁,周志德.河床演变学［M］.北京:科学出版社,1987.

［6］熊治平.河流概论［M］.北京:中国水利水电出版社,2011.

［7］李炜.水力计算手册［M］.2版.北京:中国水利水电出版社,2006.

［8］熊治平.江河防洪概论［M］.2版.武汉:武汉大学出版社,2009.

［9］柳学振,佟名辉.治河与防洪［M］.北京:水利电力出版社,1991.

［10］罗全胜,梅孝威.治河防洪［M］.2版.郑州:黄河水利出版社,2014.

［11］许武成,王文.洪水等级的划分方法［J］.灾害学,2003,18(2):68-73.

［12］水利部黄河水利委员会,黄河防汛总指挥部办公室.防汛抢险技术［M］.郑州:黄河水利出版社,2000.

［13］水利部长江水利委员会.长江流域水旱灾害［M］.北京:中国水利水电出版社,2002.

［14］陈述彭,黄绚.洪水灾情遥感监测与评估信息系统［J］.自然科学进展(国家重点实验室通讯),1991,1(2):97-101.

［15］国家防汛抗旱总指挥部办公室,水利部南京水文水资源研究所.中国水旱灾害［M］.北京:中国水利水电出版社,1997.

［16］中华人民共和国水利部.河流泥沙颗粒分析规程:SL 42—2010［S］.北京:中国水利水电出版社,2010.

［17］武汉水利电力学院河流泥沙工程学教研室.河流泥沙工程学［M］.北京:水利电力出版社,1981.

［18］崔承章,熊治平.治河防洪工程［M］.北京:中国水利水电出版社,2004.

［19］中央防汛总指挥部办公室.防汛抢险技术手册［M］.北京:水利电力出版社,1958.

［20］李国庆.治河及工程泥沙［M］.北京:中央广播电视大学出版社,2005.

［21］国家统计局综合司.新中国五十年统计资料汇编［M］.北京:中国统计出版社,1999.

［22］涂启华,杨赉斐.泥沙设计手册[M].北京:中国水利水电出版社,2006.

［23］伍光和,王乃昂,胡双熙,等.自然地理学[M].北京:高等教育出版社,2008.

［24］谢鉴衡.河床演变及整治[M].武汉:武汉大学出版社,2013.

［25］赵纯厚,朱振宏,周端庄.世界江河与大坝[M].北京:中国水利水电出版社,2000.

［26］赵业安,周文浩,费祥俊,等.黄河下游河道演变基本规律[M].郑州:黄河水利出版社,1998.

［27］中华人民共和国水利部.中国河流泥沙公报(2023)[M].北京:中国水利水电出版社,2024.

［28］顾慰慈.城镇防汛工程[M].北京:中国建材工业出版社,2002.

［29］水利水电规划设计院,长江流域规划办公室.水利动能设计手册:防洪分册[M].北京:水利电力出版社,1988.

［30］雒文生.河流水文学[M].北京:水利电力出版社,1992.

［31］郭生练.水库调度综合自动化系统[M].武汉:武汉水利电力大学出版社,2000.

［32］中华人民共和国水利部.水库洪水调度考评规定:SL 224—1998[S].北京:中国水利水电出版社,1999.

［33］中华人民共和国水利部.堤防工程设计规范:GB 50286—2013[S].北京:中国计划出版社,2013.

［34］住房和城乡建设部,中华人民共和国国家质量监督检验检疫总局.防洪标准:GB 50201—2014[S].北京:中国标准出版社,2015.

［35］中国工程院"21世纪中国可持续发展水资源战略研究"项目组.中国可持续发展水资源战略研究综合报告[J].中国工程科学,2000,2(8):1-17.

［36］中华人民共和国水利部,中华人民共和国国家统计局.第一次全国水利普查公报[M].北京:中国水利水电出版社,2013.

［37］焦爱萍,王俊.堤防隐患探测新技术[J].水利科技与经济,2003,9(1):66-67.